W0073293

Christoph Giesa
Lena Schiller Clausen

New Business Order

Christoph Giesa
Lena Schiller Clausen

New Business Order

Wie Start-ups Wirtschaft und Gesellschaft verändern

HANSER

Bibliografische Information der Deutschen Nationalbibliothek
Die Deutsche Nationalbibliothek verzeichnet diese Publikation in der
Deutschen Nationalbibliografie; detaillierte bibliografische Daten
sind im Internet über http://dnb.d-nb.de abrufbar.

1 2 3 4 5   18 17 16 15 14

© 2014 Carl Hanser Verlag München
Internet: http://www.hanser-literaturverlage.de
Lektorat: Martin Janik
Herstellung: Andrea Reffke
Umschlaggestaltung und Illustrationen: Bureau Hardy Seiler
Satz: Kösel, Krugzell
Druck und Bindung: Friedrich Pustet, Regensburg
Printed in Germany
ISBN 978-3-446-43874-3
E-Book-ISBN 978-3-446-43890-3

INHALT

Inhalt

VORWORT

Mehr Selbstorganisation wagen

Lesen macht klug. Zumindest in diesem Fall. Sie halten ein kluges Buch in der Hand. Lesen Sie es. Sie werden nach der Lektüre ein deutlich tiefenschärferes Bild davon haben, wie Unternehmen in Zukunft Werte schöpfen. Dieses Zukunftsbild leitet sich aus der Gegenwart ab.

Lena Schiller Clausen und Christoph Giesa sind verdammt gute Beobachter. Ihre Objekte der Betrachtung sind Vorreiter. Gedankliche Pioniere, Einzelunternehmer und Unternehmen, die verstanden haben, dass es dem klassischen Management heute geht wie dem Verbrennungsmotor: Sie stoßen an die Grenzen der systemimmanenten Optimierungsmöglichkeiten. Ökonomisch gesprochen steigen auf beiden Feldern die Grenzkosten.

Motorentwickler müssen immer mehr Aufwand betreiben, um immer geringere Effizienzgewinne zu erzielen. Manager in großen Organisationen handeln, allen Innovationslippenbekenntnissen zum Trotz, weiterhin als Prozessoptimierer. In einer durch und durch vernetzten Welt lassen sich Prozesse aber bekanntlich leicht kopieren. Dafür sorgt unter anderem die Unternehmens-IT. Wenn alle die gleiche Software nutzen, kann sich keiner wirklich absetzen. Die Halbwertszeit der Wettbewerbsvorteile durch verbesserte Prozesse befindet sich entsprechend im Sinkflug. Prozessinnovation reicht mit etwas Glück noch bis zum nächsten Quartalsende. Der nächste technologische Paradigmenwechsel lugt derweil schon um die Ecke.

Dieses Buch zieht aus dieser Analyse die richtigen Schlüsse. Wir müssen Wertschöpfung und Arbeit neu organisieren. Wenn wir es nicht tun, tun es andere. Und wir verschwinden vom Markt. So einfach geht Kapitalismus. Immerhin daran wird sich nichts ändern.

New Business Order ist ein wunderbar ambivalenter Titel. In der Weltordnung der Unternehmen, wie wir sie als Kinder kennenlernten, werden in den kommenden beiden Jahrzehnten viele alte Supermächte untergehen und neue entstehen. Die Welt braucht Energie und Finanzdienstleistungen, aber keine Energiekonzerne oder Banken. Kleine Spieler erkennen Glaubenssätze in Märkten, kehren diese um und rollen mit disruptiven Produkten oder Geschäftsmodellen ganze Branchen auf. Erfolg und wachsende Anzahl mittelgroßer Unternehmen, die flexibel auf sich rasch ändernde Kundenbedürfnisse reagieren, werden die neue Weltwirtschaftsordnung ebenfalls kennzeichnen.

Gleichzeitig, und hier versteckt sich die höhere Bedeutung des Buchtitels, geben sich Unternehmen mit Zukunft gerade eine neue Geschäftsordnung – neue Verfahrensregeln, wie wir gemeinsam ökonomische Werte schaffen.

New Business Order erzählt von vielen kleinen und wenigen großen Organisationen, deren Werte Neugier, Offenheit und Teilhabe sind. Die Gier nach dem Neuen treibt sie an. Sie suchen sich Inspiration und Reibung bei Menschen und Unternehmen, die Dinge ganz ähnlich oder gerade ganz anders sehen. Sie haben verstanden, dass Innovation ein Mannschaftssport ist. Also das Neue immer seltener durch einsame Genies vom Schlage Edison in die Welt kommt, sondern Kreativität in interdisziplinären Teams ihre schöpferische Wirkungskräfte entfaltet. Und diese Teams im Übrigen auch gemeinsam nach der Antwort auf die Frage suchen: Warum machen wir das hier eigentlich?

Große Organisationen können in diesem Kontext viel von Start-ups lernen, die beide Autoren als Gründerszenekenner beschreiben. Sinn und Bedeutung eines Unternehmens, die Frage nach dem Warum, stehen bei Start-ups oft am Anfang und im Zentrum aller unternehmerischen Überlegungen. Wer Sinn und Bedeutung seines Unternehmens gefunden hat und immer wieder schärft, ist als Organisation nicht kopierbar. Intrinsisch motivierte Mitarbeiter mit gemeinsam entwickeltem Ziel werden stetig neue Wettbewerbsvorteile erzielen, während sich hierarchisch geprägte Organisationen weiter in ihren Ränkespielen verstricken.

Aus all dem leitet sich ein radikal neues Führungsverständnis ab. Die Zeiten, in denen der Chef es immer besser wusste, sind endgültig vorbei. Teilhabe in der Praxis heißt: Mehr Selbstorganisation wagen. Führen heißt moderieren. Ergebnisse sichern. Unterstützen, wo Erfahrung hilft. Sich raushalten, wenn sich Innovationen dank der Kreativität der vielen ihren Weg aus dem Unternehmen in den Markt bahnen. Das sind die neuen Verfahrensregeln für Führungskräfte.

Ich freue mich sehr, dass mein Unternehmen, die partake AG, als Beispiel in diesem Buch vorkommen darf. Am liebsten würde ich *New Business Order* im Unternehmen zur Pflichtlektüre machen. Das kann ich leider nicht. Wir haben in der Partake hierarchische Weisungsbefugnisse abgeschafft. Ich kann nur dafür werben. Und versichern: Dieses Buch macht nicht nur klug, weil es eine kompilierende Meisterleistung der aktuellen Diskussion und Literatur zum Thema Neue Arbeit und Neue Führung ist. Weil es so gut geschrieben ist, macht es auch noch Spaß.

Dr. Juergen Erbeldinger, CEO partake AG

PROLOG

Es ist wahrlich nicht einfach, in der heutigen Zeit Manager zu sein. Alles ist in Bewegung, vermeintlich ewige Wahrheiten bekommen Risse. Das, was man gelernt hat, trägt nicht mehr als Basis, aber die Rente ist noch weit. Gleichzeitig wird der Druck immer größer, und er kommt von allen Seiten gleichzeitig. Die Chefs verstehen auch nicht mehr, was dort draußen los ist. Sie ziehen sich in ihr Schneckenhaus zurück, anstatt mutig zu entscheiden. Aber natürlich erwarten sie weiterhin Performance, die Zahlen müssen stimmen. Umsatz und Marge geraten trotzdem weiter unter Druck, daran ändert auch nichts, dass in den Forecasts jedes Jahr die Trendumkehr geplant wird. Papier ist geduldig, aber der Kunde, wie man ihn kannte, existiert einfach nicht mehr. Er fordert jetzt schnellere und bessere Problemlösungen zu günstigeren Preisen. Masse ist ihm nicht mehr gut genug, er möchte maßgefertigte Lösungen, die am besten auch noch ökologisch und sozial korrekt sind. Und wenn er die nicht bekommt, dann baut er sie sich eben selbst.

Der Markt ist zunehmend transparent – und auf ihm tummeln sich immer mehr Unternehmen, die es vor fünf Jahren noch nicht einmal gab. Nicht nur die Kunden spielen verrückt, auch die Arbeitnehmer – und vor allem die, die man gerne für sich gewinnen würde. Je besser sie ausgebildet sind, desto genauer wissen sie, was sie wollen. Aber das ist meistens nicht das, was man anzubieten hat. Egal welche Programme man auflegt, egal wie viele Ideen man antestet, egal wie viele Studien man liest: So richtig kommt man nicht voran bei dem Versuch, Antworten auf Fragen dieser neuen Zeiten zu finden, in denen alles aus den Fugen geraten scheint. Es ist zum Haareraufen.

All denjenigen, die sich der Problematik schon bewusst sind, wollen wir mit diesem Buch Handwerkszeug in die Hand geben, wie sie damit umgehen können. Allen anderen, die derzeit noch glauben, dass die Entwicklung vielleicht an ihnen vorbeiziehen wird, wollen wir diesen Zahn ziehen. Wer als Manager nicht in den nächsten fünf Jahren gut abgesichert in Rente gehen kann, der wird nicht umhinkommen, sich mit den Zeichen der Zeit zu beschäftigen und sich zu überlegen, wie er sein Unternehmen aufs richtige Gleis setzen kann. Denn – und das werden wir auf den nächsten Seiten zeigen – es gibt eigentlich niemanden, der sich sicher sein kann, dass nicht auch seine Branche Gegenstand von Verwerfungen wird, wie sie Mitteleuropa nach dem Zweiten Weltkrieg noch nicht erlebt hat. Ölpreisschock, Mauerfall oder die frühen Auswirkungen des Internets erscheinen wie ein Kindergeburtstag gegenüber dem, was in den nächsten Jahren passieren wird. Das werden vor allem die großen Strukturen, die Konzerne zu spüren bekommen – weil sie einerseits am meisten zu verlieren haben, andererseits auch unbeweglicher und dadurch im Schnitt am schlechtesten vorbereitet sind. Ihre beste Antwort auf die Situation wäre, die eigene Branche selbst auf den Kopf zu stellen, bevor es jemand anderes tut. Denn keine Frage: Die Sektoren, Branchen und Unternehmen, die reif für eine solche disruptive, also zerstörende Entwicklung sind, werden immer zahlreicher. Wo immer die Digitalisierung, der Wertewandel, die breite Verfügbarkeit von Produktionsmitteln an Boden gewinnen, ist der Umbruch nicht mehr weit. Schumpeter hätte sicher seine wahre Freude an dieser Reinform schöpferischer Zerstörung gehabt, wie er sie schon vor über 70 Jahren beschrieben hat.

Die Musikindustrie ist das inzwischen wohl meistzitierte warnende Beispiel dafür, was insbesondere die Digitalisierung mit einer Branche machen kann. Gleichzeitig ist es natürlich auch ein Lehrstück dafür, wie die Verweigerung etablierter Unternehmen, in diesem Fall der Plattenmultis, die Entwicklungen als Chance zu begreifen, dazu führte, dass die Veränderung über sie hinwegrollte. Leistungsfähige Technologien setzen sich immer durch. Wer glaubt, sie erfolgreich bekämpfen zu können, steht nicht nur auf der Seite von Schreibmaschinenherstellern und Musikkonzernen, sondern auch von mittelalterlichen Kirchenfürsten, die versuchten, den Buchdruck einzudämmen, oder den Maschinenstürmern des 18. und 19. Jahrhunderts, die versuchten, die Industrialisierung zu stoppen. Treiber der Veränderung sind inzwischen kaum noch die altbekannten Konkurrenten, sondern Start-ups oder ganze Netzwerke aus neuen oder vormals branchenfremden Unternehmen und aktiven Konsumenten.

Die Wirtschaft steckt, wie die Gesellschaft als Ganzes, in einem Wandel, der allen Etablierten enorme Anpassungsfähigkeit abfordert. Nun setzt sich mehr und mehr die Erkenntnis durch, dass es nicht so weitergehen wird, wie es doch immer seit dem Wirtschaftswunder mit den grundsätzlich gleichbleibenden Regeln irgendwie weiterging. Wir wollen versuchen, die unterschiedlichen Perspektiven zusammenzubringen – die der großen Strukturen, der Konzerne, der Hierarchien, der Geschichte und des langjährigen Erfolges und die der kleinen Strukturen, der Start-ups, der Kreativen, der Flexiblen und Vernetzten. Wir wollen Prinzipien erklären, Anwendungsmöglichkeiten eruieren und mögliche Schnittstellen definieren. Und wir wollen Anregungen geben, wie man diese Schnittstellen optimal gestalten und managen kann. Damit wenden wir uns vor allem an die, die in Unternehmen Verantwortung tragen – oder in Zukunft tragen wollen. Aber auch für alle anderen, die sich in der einen oder anderen Form mit der Frage beschäftigen, wie die Wirtschaftsordnung von morgen – die New Business

Order – aussehen wird, sollte dieses Buch Inspiration und Einsichten bringen. Das hoffen wir zumindest. Natürlich haben auch wir keine Glaskugel zu Hause stehen, die uns die Zukunft vorhersagt. Aber die braucht es auch gar nicht. Das, was wir in diesem Buch beschreiben, existiert und passiert schon. Nur die Auswirkungen sind bisher noch für jeden unterschiedlich.

Wer sagt, was er will, muss auch immer dazusagen, was er nicht will. Und was wir ganz sicher nicht wollen, ist, den größten Teil dieses Buches mit Dingen zu füllen, die an anderer Stelle schon von klugen Menschen umfassend dargelegt wurden. Wir werden hier keine Generationenstudien auswälzen und ganze Kohorten von Individualisten versuchen, über einen Kamm zu scheren. Und wir werden auch ganz sicher nicht die Geschichten rund um Apple, Google und Co. ein weiteres Mal aufwärmen und ausrollen. Aus unserer Sicht macht es viel mehr Sinn, die Unternehmen genauer zu betrachten, die keine abgehobenen Raumschiffe mit einer Gelddruckmaschine im Keller sind. Deswegen haben wir versucht, Beispiele zu finden, die für »Otto Normalunternehmer« vergleichbar und erreichbar erscheinen.

Wir wollen in diesem Buch keine Blaupause entwickeln, die für alle gleichermaßen kopierbar ist. Vielmehr wollen wir den Blick auf die Entwicklungen lenken, die wir für relevant halten, und einige Prinzipien aufzeigen, von denen wir glauben, dass sie taugen, um mit dem Wandel umzugehen. Allerdings wird jeder, der sich davon angesprochen fühlt, für sich, für seine Position und für sein Unternehmen eigene Ableitungen treffen müssen, wie genau er mit den neu gewonnenen Erkenntnissen umgehen möchte. Wir werden kein Fertighaus aufstellen, das am Ende für alle ein bisschen und für niemanden so richtig passt. Wir bieten stattdessen einen Werkzeugkasten an, aus dem sich jeder bedienen kann.

Dieses Buch ist mit einer gehörigen Portion Optimismus geschrieben, aus einem positiven Welt- und Menschenbild heraus. Wir glauben, dass wir uns trotzdem am Machbaren orientiert haben. Sollte jemand an der einen oder anderen Stelle das

Gefühl haben, dass das nicht ganz zutrifft und wir vielleicht zu idealistisch auf die Dinge blicken, dann werden wir das akzeptieren. Gleichzeitig rufen wir aber auch denjenigen dazu auf, zu prüfen, ob er vielleicht schlicht die Augen vor dem verschließt, was nicht sein kann, weil es nicht sein darf. Wer in diesem Buch nur die Bestätigung dafür sucht, dass am Ende doch alles so bleiben kann, wie es ist und immer war, der sollte hier aufhören, zu lesen.

Wir versuchen, uns den Dingen differenziert zu nähern. Aber in dieser Differenziertheit werden wir auch die Probleme, die Fehler, die eingefahrenen Prozesse, die Pseudoinnovationen, die in vielen Firmen Einzug gehalten haben, beschreiben und als das benennen, was sie oftmals sind: eine Gefahr für den Fortbestand vieler Unternehmen.

Hamburg, im September 2013

TEIL 1

Um sich den Herausforderungen stellen zu können, muss man sie verstanden haben. In Teil 1 versuchen wir, ein wenig Licht ins Dunkel zu bringen. Welche Entwicklungen entfalten gerade ihre ganze Kraft? Welche Auswirkungen werden sie mit sich bringen? Und vor allem: Was sind die Gründe, die es so vielen Unternehmen so schwerfallen lassen, auf die neuen Herausforderungen adäquat zu reagieren? Wir werden zeigen: Die meisten Probleme sind hausgemacht. Das ist eine gute Nachricht, denn es heißt auch, dass Veränderungen möglich sind.

Teil 1

Die Realität als kontinuierliche Störung

Wir gehen auf eine Reise durch Geschichte, Gegenwart und Zukunft der Wirtschaft. Dabei werden wir die Ruinen mancher großer Marken besuchen, die vergessen in den Wüsten ausgestorbener Branchen stehen. Danach geht es vorbei an aufblühenden Jungunternehmen in schillernd-bunten Start-up-Biotopen und an zugemauerten Festungen von Großorganisationen, umgeben von den Irrgärten des Internets. Reisen bildet, heißt es – und wir sind überzeugt, dass das für diesen gemeinsamen Trip ganz besonders gilt.

Unsere kleine Reise beginnt in der Vergangenheit. Wenn es in Deutschland seit der Wirtschaftswunderzeit zwei unverrückbare Wahrheiten gab, dann die, dass jeder, der nach Wohlstand strebte, sich auf dem Weg dorthin zunächst ein Auto und später ein Eigenheim zulegte. Letzteres mag vielleicht heute auch noch gelten, aber das Auto als Statussymbol hat seinen Zenit überschritten. Das heißt nicht, dass es in Zukunft keine Autos mehr auf Deutschlands Straßen geben wird. Aber immer mehr deutsche Haushalte werden kein eigenes mehr besitzen und stattdessen die vorhandenen Autos mit anderen Menschen zusammen nutzen. Die Idee dahinter heißt Carsharing.

Ende 2011, als dieses Buchprojekt erste Konturen annahm, war die These, dass Carsharing den Automobilmarkt von Grund auf verändern würde, noch relativ gewagt. Nur zwei Jahre später hat sich der Trend bestätigt. So schnell kann es gehen. Neben den schon vorher etablierten, zumeist regionalen Anbietern mischen nun vor allem große Namen fleißig mit. In vielen Großstädten sind Hunderte oder Tausende Smarts von car2go unterwegs, einer gemeinsamen Tochter der Daimler AG und des Autovermieters Europcar. BMW versucht, zusammen mit Sixt, mit DriveNow und einer breiter differenzierten Fahrzeugflotte nachzuziehen. Und auch Volkswagen versucht sich inzwischen zaghaft auf diesem Gebiet.

In Deutschland waren 2012 fast eine halbe Million Menschen als Carsharing-Nutzer angemeldet. Die Tendenz ist steigend. Schon in den Jahren zuvor lag die Wachstumsrate im deutlich zweistelligen Bereich, wie der Bundesverband Carsharing in seinem Jahresgutachten feststellt. Während es in Deutschland bisher noch ein Miteinander der Automobilfirmen und der Autoverleiher gibt, sieht das in den USA schon anders aus. Dort übernahm 2012 der Autoverleiher Avis Budget den nach eigenen Angaben weltweit führenden Carsharing-Anbieter Zipcar – für eine halbe Milliarde Dollar. Das lässt erahnen, dass nicht nur die Autobauer, sondern auch klassischen Autovermieter die Bedrohung ihres klassischen Geschäftsmodells durch Carsharing erkannt haben. 500 Millionen Dollar scheinen für die späte Erkenntnis aber eine hohe Strafe.

Das Wettbewerbsumfeld hat sich verschoben. Früher trugen die Wettbewerber von Daimler, BMW und Volkswagen alleine die Namen anderer Automobilproduzenten. Mit dem Carsharing kommen nun aber neue Anbieter auf den Markt rund um die Mobilität, die zumindest von den Herstellern lange nicht als direkte Konkurrenz wahrgenommen wurden. Vielleicht auch, weil man sie eher als Kunden kannte. Mit der Veränderung der Bedürfnisse der Menschen verändert sich auch der Gesamtmarkt. Inzwischen kann sich jeder Konsument seinen ganz eigenen Mobilitätsmix gestalten. Für die Hersteller erweitert sich so zwangsläufig ihr Wettbewerbsumfeld.

Wenn Avis Budget sich einen Carsharing-Anbieter einverleibt und Daimler mit car2go einen gründet, spielen beide in Zukunft auf dem gleichen Feld. Während das Stammgeschäft beider Branchen unter Druck gerät, machen sich die Unternehmen damit zusätzlich in einem neuen Wachstumsfeld Konkurrenz. Doch darauf beschränken sich die neuen Herausforderungen lange nicht mehr. Im Wettbewerb um den Stadtverkehr gesellen sich inzwischen auch noch die Bikesharing-Anbieter dazu. In Deutschland wurde das Monopol der Bahn auf Langstrecken gekippt, sodass auch hier mit Fernbussen dem Konsumenten eine weitere kostengünstige Option zur Fortbewegung zur Verfügung steht. Dazu kommen noch die schon seit Jahren erfolgreichen Mitfahrzentralen – ebenfalls eine Form des Carsharing. Die Abgrenzung zwischen einst unterschiedlichen Branchen verwischt zunehmend. Doch wie weit kann das gehen?

Hätte jemand vor fünf oder vor zehn Jahren dem Vorstand eines großen Automobilherstellers gesagt, dass er es innerhalb so kurzer Zeit mit einer so großen Zahl unterschiedlichster neuer Mitbewerber aus ursprünglich anderen Märkten zu tun bekommt, er wäre für verrückt erklärt worden. Inzwischen ist es unbestrittene Realität – und vermutlich nur der Anfang eines noch deutlich weiter gehenden Umbruchs. Aber warum ist Carsharing gerade jetzt plötzlich so erfolgreich? Platzmangel in den Städten, teure Parkplätze, hohe Beschaffungs- und Unterhaltskosten für Autos – all das gibt es schon länger, ohne dass frühere Carsharing-Angebote sich besonderer Beliebtheit erfreut hätten.

Klar, der Leidensdruck hat zugenommen. Kaum noch kostenlose Parkflächen in den Großstädten, Umweltzonen, teilweise sogar Verbote, mit Privatautos in die Innenstadt zu fahren – all das hat viele Menschen zum Nachdenken gebracht. Nun führt alleine Nachdenken aber selten zu einem radikalen Wandel im Konsumentenverhalten. Erst in der Kombination mit den neuen Technologien kam die Lawine ins Rollen – mit dem Sprung des Internets von den Desktop-Rechnern auf mobile Endgeräte, vor allem Smartphones. Diese erlauben es den Carsharing-Kunden, ohne vorherige Planung ein Auto in ihrem nächsten Umkreis zu finden und es dann auch – innerhalb definierter Nutzungsgebiete – dort abzustellen, wo es ihnen gerade passt. Früher musste man gemeinsam genutzte Autos reservieren und an derselben Stelle, an der man sie abgeholt hat, auch wieder abgeben. Bei Fahrtunterbrechungen lief die Uhr gnadenlos weiter, sodass der Vorteil gegenüber einem klassischen Mietwagen oder einem eigenen Auto relativ schnell dahin war. Smartphone-Apps sorgen mittlerweile für eine ganz neue Transparenz und ein neues Komfortgefühl und machen Carsharing damit für viele Menschen endgültig zu einer echten Alternative.

Unsere Reise ist noch nicht zu Ende. Wir verlassen den Automobilmarkt und begeben uns auf die Suche nach den Spuren, die die Digitalisierung zuvor auch schon in anderen Industriezweigen hinterlassen hatte. Wenn Konsumenten neue Technologien in die Hände bekommen, geschehen regelmäßig Dinge, die einer Menge Manager Kopfzerbrechen bereiten. Der PC löste die Großrechner ab – und machte nicht nur deren Herstellern, sondern auch denen von Schreibmaschinen Probleme. Ganze Märkte verschwanden und mit ihnen große Namen wie Triumph-Adler, die vorher über Jahrzehnte unantastbar schienen.

Als die PCs sich dann auch noch über das Internet untereinander vernetzten und nach und nach die Bandbreiten stiegen, kam die nächste Branche ins Trudeln. Diesmal traf es die großen Musikkonzerne. Gerade noch hatte man gefeiert, dass die Menschen beim Umstieg von Vinyl auf CDs ihre Musik ein zweites Mal kaufen mussten, was ein veritables Zusatzgeschäft war. Aber nun waren die Unternehmen mit der Herausforderung konfrontiert, dass Menschen das Internet nutzten, um Musik zu tauschen, anstatt sich die CDs wie früher brav im Laden zu kaufen. Die Musikindustrie war hier auch deswegen (traurige) Avantgarde, weil selbst zu Zeiten schwacher Bandbreiten ein paar Megabyte für eine MP3-Datei schnell heruntergeladen waren. Und das war noch nicht alles.

Die Digitalisierung veränderte nicht nur die Möglichkeiten der Nachfrageseite, sondern sorgte darüber hinaus für eine radikale Demokratisierung der Produktionsmittel. Wer in der Vergangenheit über den Flaschenhals Plattenfirma versuchen musste, seine Musik zu produzieren und zu vertreiben, braucht plötzlich nicht einmal mehr ein professionelles Studio und einen Tontechniker, sondern kann am Heimcomputer eigene Songs zusammenmixen – ohne Qualitätsverlust. Und auch Vermarktung und Vertrieb lassen sich mittlerweile mit wenigen Klicks selbst gestalten – über das Internet.

Erst wollte man all das nicht glauben. Dann versuchte die alte Musikindustrie, es zu verhindern, anstatt sich eine Strategie zurechtzulegen, wie man diesen neu entstehenden Vertriebskanal selbst bespielen könnte. Das sollte sich rächen, und am Ende lachten die Protagonisten der neuen Welt. Mahatma Gandhi hat für deren Situation in einem anderen Kontext die richtigen Worte gefunden: »Erst ignorieren sie dich, dann lachen sie über dich, dann bekämpfen sie dich – und dann gewinnst du.« Die Entwicklung der Musikindustrie seit Beginn der Digitalisierung ist der Beweis für diese Aussage. 2011 konnte sie in Deutschland inzwischen das erste Mal seit 1997 einen weiteren Umsatzverlust vermeiden, im Vergleich hat sie aber seitdem deutlich mehr als ein Drittel ihres Gesamtumsatzvolumens eingebüßt. Im Rückblick überrascht es wohl keinen mehr, dass Software, Filme und Bücher als Nächstes dran waren. Doch wie geht es weiter?

Die Liste lässt sich durchaus auch mit aktuelleren Beispielen fortsetzen. Als die New-Economy-Blase Anfang des neuen Jahrtausends platzte, schlugen sich Unternehmensführer noch reihenweise vor Schadenfreude auf die Schenkel. Besonders groß dürfte der Applaus in Fürth, Frankfurt und Hamburg bei den alteingesessenen Versandhändlern gewesen sein. Denn obwohl Firmen wie boo.com bestens finanziert zum Angriff auf die alten Geschäftsmodelle geblasen hatten, scheiterten sie am Ende an einer zu kleinen Zahl von Onlinekäufern, fehlender Erfahrung und vor allem an mangelnden Bandbreiten.

Auch wenn der Knall groß war, setzten sich die Prinzipien der Herausforderer mit der Zeit und auf leisen Sohlen trotzdem durch. Inzwischen ist von den ehemaligen Platzhirschen im Versandhandel nur noch die Otto Group am Markt. Quelle und Neckermann haben nacheinander die Segel streichen müssen. Alle drei fanden zunächst auf eBay, dann auf Amazon, später dann auf Zalando und heute auf die vielen verschiedenen kleinen Onlineshops und deren erweitertes Serviceangebot keine Antwort. Obwohl sie selbst mit ihren Onlineauftritten natürlich auch vom explodierenden E-Commerce-Anteil profitierten, reichte es nicht, um die Verluste im klassischen Kataloggeschäft zu kompensieren. Die Erkenntnis, dass mit kleineren Justierungen die Zukunft nicht zu gestalten ist, kam für zwei der drei Großen schon zu spät.

Ähnliches gilt für den Zeitungsmarkt. Alleine in Deutschland verschwand innerhalb kürzester Zeit die *Financial Times Deutschland* komplett vom Markt, und die altehrwürdige *Frankfurter Rundschau* wird inzwischen nur noch mit einem kleinen Kernteam unter Beteiligung der FAZ-Verlagsgruppe weitergeführt. Warnende Stimmen hatten diese Entwicklung schon in der New-Economy-Zeit vorhergesagt, aber sie wurden bestenfalls ignoriert, meistens belächelt und im schlimmsten Fall sogar verhöhnt. Immerhin schrieb die Zeitungsbranche weltweit rund um das Jahr 2000 gerade einen Rekord nach dem anderen. Heute lacht bei den Verlagen kaum noch einer.

Fredmund Malik, der renommierte Managementvordenker glaubt, dass es schon in wenigen Jahren die Hälfte der heutigen Fortune-Global-500-Unternehmen, also der umsatzstärksten Firmen weltweit, nicht mehr geben wird. So formulierte er es zumindest in einem offenen Brief an junge Ökonomen, der auf *Spiegel Online* veröffentlicht wurde. Das ist eine mutige Prognose, aber würden wir wirklich Geld dagegensetzen? Welche Firmen wird es als Nächstes erwischen? Welche Branchen stehen heute vielleicht noch dort, wo die Musikkonzerne, Zeitungsmacher und Versandhändler vor einem Jahrzehnt standen?

Mit der Frage im Hinterkopf brechen wir zur nächsten Etappe unserer Reise auf. Schwer wiegen die Versteinerungen einst lebendiger Organismen, die wir als Souvenirs unterwegs einsammeln. Es sind die Werte, Mechanismen und Glaubenssätze, die uns viele Jahre begleiteten, bis sie keine Antworten mehr auf die neuen Fragen liefern konnten. Davon finden sich noch einige bei den klassischen Intermediären, etwa in der Tourismusbranche. Aber auch dort werden sie seltener, weil die Unternehmen unter der zunehmenden Verankerung des

Internets in allen Lebensbereichen sehr zu leiden haben. Für Geschäftsmodelle, deren Leistung in einem Markt unvollkommener Information vor allem darin besteht, dem Kunden eine bequeme Anlaufstelle für möglichst viele seiner Bedürfnisse zu bieten, ist zunehmende Transparenz bei gleichzeitiger Zunahme von Optionen und Variationen natürlich Gift. Aber auch für diejenigen, die nicht alleine Dienstleistungen vermakeln, sondern die mit greifbaren Produkten zu tun haben, steht derweil die nächste Herausforderung schon vor der Tür.

Die Rede ist von einem Phänomen, das derzeit noch wie eine Spielerei wirken mag, aber das Potenzial hat, erst unser Denken, dann unsere Möglichkeiten und schließlich ganze Branchen auf den Kopf zu stellen: der 3-D-Druck. Nicht zuletzt der amerikanische Präsident Barack Obama positionierte das Thema als wichtige zukünftige wirtschaftliche Entwicklung, als er es in seiner »State of the Union«-Rede im Februar 2013 erwähnte. Er stellte fest, dass es das Potenzial habe, »den Prozess von fast allem, was wir herstellen, zu revolutionieren«. 1000 Schulen sollen in den USA bis 2015 mit Maker-Laboren ausgestattet sein. Die Zeit von Werkunterricht mit Säge und Feile scheint vorbei.

Dabei ist auch die Idee des 3-D-Drucks, wie die des Carsharing, nicht neu, sondern jahrzehntealt. Erst seit vor einiger Zeit Patente ausliefen, gelang es aber, erste relevante Produkte in zufriedenstellender Qualität und zu akzeptablen Preisen herzustellen. Zunächst sah man in der 3-D-Drucktechnik vor allem Nutzungsmöglichkeiten im Sinne eines Rapid Prototyping, also der Erstellung von ersten Entwürfen und Modellen. Dabei blieb es aber nicht. Zahnfüllungen sind vermutlich eines der bekanntesten Produkte, bei dem die Technik schon tagtäglich eingesetzt wird. Nicht nur in großen staatlichen und privaten Forschungslabors wird nach neuen Anwendungsmöglichkeiten geforscht und die Technik weiterentwickelt. Vor allem in den vielen sogenannten Hackerspaces arbeiten weltweit Hobbyforscher, Bastler und kleine Firmen an ihrer kleinen Revolution, die ihre Spuren in den etablierten Unternehmen hinterlassen wird. Hier gilt, was früher schon einmal für die PCs galt: Die breite Verfügbarkeit einer Technologie ebnet den Weg für ihren Siegeszug. Das notwendige Anwendungswissen wird schon jetzt überall geteilt und mag für nachfolgende Generationen schnell eine Selbstverständlichkeit werden.

Einfache 3-D-Drucker sind inzwischen für unter 1000 Euro zu haben. Es ist nur noch eine Frage der Zeit, bis jede Community Zugang zu einem 3-D-Drucker hat, bevor er in ein paar Jahren dann in jedem Haushalt zu finden ist. Was man dann damit anstellt? Nun, da sind der Fantasie kaum Grenzen gesetzt. Vermutlich wird es damit anfangen, dass man sich einfache Plastikteile ausdruckt, etwa Keile, um die Tür offen zu halten, und Ersatzteile für die Spül- oder die Waschmaschine. LEGO-Steine haben ebenso gute Chancen, vorne mit dabei zu sein, wie in einem nächsten Schritt einfache Porzellanartikel. Tassen, Teller, Schalen – von da ist der Weg zu Geschirr aus Metall und Glas nicht mehr weit. Brillengestelle sind vielleicht als Nächstes dran, auch Schlüssel können irgendwann zu Hause nachgemacht werden. Und spätestens dann wird es auch Zeit, dass Barbie, Ken und all ihre Freunde nicht mehr in China, sondern im lokalen 3-D-Drucker zum Leben erweckt werden. Vielleicht folgen dann sogar kompliziertere Produkte, zum Beispiel funktionsfähige Uhren und Turnschuhe oder sogar ganz neue Produkte, die mit anderen Fertigungsverfahren gar nicht herstellbar waren. Man könnte meinen oder hoffen, wir Autoren hätten uns nun doch vom Vorsatz verabschiedet, hier keine Utopien zu beschreiben. Aber weit gefehlt: Die Technologie existiert bereits, und viele der beschriebenen Produkte wurden längst erfolgreich ausgedruckt. Es fehlen derzeit noch die in der Breite verfügbaren, massenfähigen und für jedermann bezahlbaren Endgeräte. Aber ihre Entwicklung ist bereits im vollen Gange.

Darüber hinaus stellt sich die Frage, wie es Menschen möglich sein soll, derartig komplexe Produkte ohne entsprechendes Know-how herzustellen. Auch darauf gibt es schon die Antwort: 3-D-Drucker werden, wie normale Drucker auch, über den Computer gesteuert. Mit der richtigen CAD-Vorlage ist der Druck eines dreidimensionalen Produkts genauso einfach wie das Bedrucken eines Blattes Papier. Und CAD-Vorlagen sind genauso einfach zu (ver)teilen wie Bilder, digitale Musik oder Videos. Schon heute gibt es genügend Seiten im Internet, auf denen sich Interessierte 3-D-Druckvorlagen kostenlos herunterladen können. Thingiverse ist so ein Beispiel. Die Verbreitung des Anwenderwissens rund um Nutzen und Nutzbarmachung dieser Technologien sichert das Internet, und mit ein bisschen Geschick oder einem CAD-Kurs und etwas Erfindergeist ist man schließlich selbst in der Lage, eigene Vorlagen zu erstellen. Und es geht noch einfacher: Die neue Generation von 3-D-Druckern ist mit 3-D-Scannern ausgestattet, sodass jedes Objekt ganz einfach originalgetreu repliziert werden kann. Es ist vermutlich nur eine Frage der Zeit, bis die ersten Bauanleitungen für Nike-Sportschuhe, Swatch-Uhren oder Bulgari-Ringe kursieren. Das ist dann zwar nicht legal, aber das ist der Tausch von Musik auch nicht, was die Branche trotzdem nicht vor massiven Verwerfungen bewahren konnte.

Wer nun davon ausgeht, dass er schon alleine aufgrund der Größe seiner Produkte auf der sicheren Seite sei, kann sich auf eine böse Überraschung vorbereiten. Sicherlich wird der Fokus der Produkte, die beim Anwender direkt ausgedruckt werden, auf kleinen bis mittelgroßen Artikeln liegen. Aber so wie man in der Vergangenheit auch kein ganzes Buch zu Hause kopiert hat, sondern dafür in den Copyshop ging, so kann es in Zukunft auch noch mehr spezialisierte 3-D-Druckdienstleister geben, die dann den Produktionsprozess größerer Objekte für jedermann übernehmen. Wahrscheinlich werden Autowerkstätten ihren eigenen 3-D-Drucker haben, auf dem sie Plastik-, Gummi- und Metallersatzteile und ganze Schaltkreise drucken oder fräsen, anstatt sie vom Hersteller oder einem Zwischenhändler zu beziehen. Personalisierung wird immer weniger in den Fabriken geschehen (müssen), sondern liegt in der Hand des Einzelnen oder eben in der von spezialisierten Dienstleistern. Die Demo-kratisierung der Produktionsmittel fördert damit allerdings nicht nur eine Entwicklung vom passiven Konsumenten zum aktiven Produzenten, sondern im nächsten Schritt die Weiter-entwicklung des aufgeklärten Konsumenten, der kritisch fragt – und handelt. Spinnt man diesen Gedanken weiter, wird lang-sam klar: Es geht bei den Verwerfungen, die diese Entwicklungen hervorrufen, nicht um ein paar wenige Unternehmen. Sie ha-ben Einfluss auf komplette, oftmals weltweit organisierte Wert-schöpfungsketten, die bald neu gedacht werden müssen.

Wenn Produkte immer seltener in Asien massenproduziert, sondern in Deutschland nach Bedarf und individuell gedruckt werden, betrifft das nicht nur den Produzenten, der sich fragen muss, welche Rolle er in diesem Wertschöpfungsprozess noch spielt. Es betrifft genauso den Händler, egal ob stationär oder online. Es betrifft außerdem die Unternehmen, die heute per See- oder Luftfracht die Logistik für die Warenlieferungen koor-dinieren und ausführen, und schließlich die Logistikfirmen, die in Deutschland die Lagerung und die sogenannte letzte Meile – den Weg zum Endkunden – bedienen. All das wird ganz be-stimmt nicht auf null reduziert werden. Wahrscheinlich werden sogar große Teile bekannter Marktstrukturen bestehen bleiben. Aber das ändert nichts daran, dass die anstehenden Veränderun-gen eine extrem große Herausforderung für die Verantwort-lichen darstellen. Denn wenn schon eine kurze Rezession für viele Unternehmen zum Problem wird, was hat es dann für eine Wirkung, wenn zehn, 20 oder 30 Prozent des Marktes weg-brechen oder sich zumindest neu verteilen?

Immer wenn wir auf unserer Reise unseren Souvenirkoffer öffnen, die Fundstücke fein säuberlich nebeneinander aufreihen und ihre Geschichten erzählen, beginnen selbst die Unterneh-men, die aufgrund ihres Forschungsaufwandes oder des großen Platzbedarfs fast unangreifbar erscheinen, sich hektisch umzu-schauen: Was kommt auf ihre Branche zu? Die Pharmaindustrie wird mit Argusaugen auf ein Phänomen namens Biohacking schauen, das immer weitere Kreise zieht. Biohacker sind private Forscher, die sich entweder alleine oder aber gemeinsam mit Gleichgesinnten Labors ausstatten und dort ihre ganz eigenen Versuche und Studien anstellen. Ihnen kommt entgegen, dass man inzwischen Labortechnik, die früher den Wert eines Kleinwagens oder sogar eines Einfamilienhauses hatte, zu relativ kleinen Preisen bekommt. Ein Genkopierer kostet um die 500 Euro, ein komplettes Labor kann man sich für weniger als 4000 Euro einrichten, wie die Autoren Hanno Charisius, Sascha Karberg und Richard Friebe in einem Selbstversuch festgestellt haben, den sie in ihrem Buch *Biohacking* beschreiben.

Es ist zwar nicht zu erwarten, dass plötzlich nur noch Privatleute am Wochenende Medikamente oder Testverfahren entwickeln, an denen die großen staatlichen oder privaten Labors scheitern. Noch ist es so, dass die meisten Menschen, die sich mit Biohacking beschäftigen, eher spielerisch-experimentell mit dem Thema umgehen. Da wird die eigene DNA analysiert, und es werden Gene so umprogrammiert, dass sie im Dunkeln leuchten. Aber wenn man an den Anfang der 90er-Jahre des letzten Jahrhunderts zurückgeht, dann beschränkten sich damals auch viele Hobbyprogrammierer zunächst darauf, einfache Spiele zu programmieren oder Tannenbäume aus grünen Zahlen auf den Bildschirm zu zaubern. Der Schritt von spaßigen hin zu nützlichen und weitreichenden Anwendungen war da allerdings schon nicht mehr weit.

Die Motivation der Menschen hinter derlei Experimenten ist vielfältig. Mancher möchte vor allem am eigenen Leiden etwas ändern. Andere treibt die pure Neugier, wieder andere die Überzeugung der Hackerszene, dass Wissen nicht hinter die verschlossenen Türen der großen Konzerne und Staatsorganisationen gehört. Und dann gibt es noch die, die in ihrer Freizeit versuchen, Bakterien dazu zu bringen, Biotreibstoff herzustellen. Was in der Welt wohl los wäre, wenn es tatsächlich jemand schaffen sollte? Vor allem wenn derjenige dann nicht zum Patentamt laufen würde, sondern seine Erkenntnisse als

»Open Source« zur Verfügung stellt, so wie es in der Szene üblich ist.

Ein erfolgreicher Versuch dieser Art kann eine gesamte Branche an die Wand stellen. Nicht nur, weil er ein Konkurrenzprodukt kreiert, sondern auch noch ein gesamtes Geschäftsmodell infrage stellt. Menschen können inzwischen mit relativ niedrigem Aufwand ihre eigene DNA auf gewisse Gendefekte untersuchen. Der Nachweis, dass man mit einer im Vakuum schnell abgerollten Tesafilmrolle einfache Röntgenaufnahmen machen kann, wurde schon 2008 von amerikanischen Physikern erbracht. Es wäre doch verwunderlich, wenn individualisierte Medizin demnächst nicht mindestens genauso attraktiv würde wie individualisierte iPhone-Hüllen. Auch wenn nicht Millionen Menschen in der Zukunft in Kellerlabors gegen den Krebs forschen werden: Die Zahl der Computerhacker war und ist auch überschaubar, aber durchaus schlagkräftig.

Ähnlich sieht es im Nahrungsmittelbereich aus. Zunächst mag der Trend des Urban Gardening oder Urban Farming – wenn Flachdächer und Balkone oder Baubrachen in Städten mit Essbarem bepflanzt werden – vielleicht nicht dazu geeignet sein, die industrielle Landwirtschaft vor größere Probleme zu stellen. Aber längst gibt es Überlegungen, auf Hochhäusern kombiniert Gemüseanbau und Fischzucht zu betreiben. Das würde bis zu 80 Prozent des sonst benötigten Wassers und den sonst benötigten Dünger sogar komplett sparen und ganz nebenbei noch die Klimatisierung der Häuser selbst kostengünstiger und einfacher machen. So werden plötzlich aus absurd klingenden Ideen Geschäftsmodelle.

Und der Druck wird immer größer. Wer weiß, wie lange etwa der Widerstand gegen künstlich hergestellte Nahrungsmittel noch anhält? Der Aufschrei über Analogkäse und Schinkenimitat ist inzwischen verklungen, aber was, wenn der Protest mit Macht wiederkehrt? Noch ist grüne Gentechnik ein Reizwort. Aber betrachtet man die Richtungsänderungen der Politik in den letzten Jahren wird klar, wie schnell sich die Wetterlage ändern kann.

Früher reichte es, als Unternehmer oder Manager einen guten Draht zum örtlichen Bürgermeister zu unterhalten, um im Zweifel bei einer notwendigen Werkserweiterung schnell grünes Licht zu haben. Politische Schulung gehörte eher selten zur Ausbildung von Managern, aber inzwischen lauern auch aus dieser Richtung überall Gefahren – und gleichzeitig Chancen. Was ist zum Beispiel mit Regulierungen beim Thema Datenschutz? Mit einem Handstreich können ganze Geschäftsmodelle in sich zusammenfallen – oder neue entstehen. Was, wenn zum Beispiel plötzlich die Nutzung von Kundendaten eingeschränkt wird? Und sind die Unternehmen vorbereitet, wenn es kurzfristig die Pflicht oder die Notwendigkeit geben sollte, sensible Daten auf Servern innerhalb der EU, anstatt auf Serverfarmen von Amazon, Google und Co. in den Vereinigten Staaten zu speichern? Die Herausforderungen beschränken sich dabei noch nicht einmal auf die internetnahen Themen. Auch im gesellschaftspolitischen Bereich ist eine gewisse Atemlosigkeit zu beobachten. Wer hätte vor fünf Jahren gedacht, dass wir heute schon eine ernsthafte Debatte über die Frauenquote führen würden? Das Antidiskriminierungsgesetz hat schon den Weg gewiesen, vielleicht folgen in nicht allzu ferner Zukunft verpflichtende Blindbewerbungen?

Natürlich gibt es auch genügend Beispiele, in denen die etablierten Kräfte Regulierung als Abwehrstrategie für sich genutzt haben. Noch vor einigen Jahren konnte die Deutsche Post erreichen, dass mit einer Gesetzesänderung nur für ihre Branche ein Mindestlohn möglich wurde. Damit fegte sie die meisten Herausforderer im Bereich der Geschäftspost vom Markt. Nachdem das Verfassungsgericht die Regelung kassiert hatte, rührte die Politik allerdings keinen Finger mehr, um nachzubessern. Dafür wird heute über einen allgemeinen gesetzlichen Mindestlohn diskutiert, was vor Jahren noch kaum ernst zu nehmen war. Die öffentliche Meinung hat sich in nur wenigen Jahren gedreht. Ähnliche Eingriffe wie im Falle der Post erscheinen in Zukunft immer unwahrscheinlicher und werden wohl auch von den europäischen Organen zunehmend kritischer unter die Lupe genommen. Vielleicht neigt die Politik inzwischen aber sogar in die gegenteilige Richtung? Es bleibt festzuhalten: Die Garantie des eigenen Gewinnmodells wird in Zukunft immer seltener über die Abwehr von Wettbewerb mithilfe von Gesetzen oder Vorschriften möglich sein. Die Entwicklung von Zukunftsfähigkeit, so viel ist sicher, wird dann mehr sein müssen als der Versuch, eine Mauer zu bauen.

Eine Branche, für die dieser Kampf noch am Anfang steht, ist der Bankensektor. In der Vergangenheit hatte man vor allem die Bank als Ansprechpartner, wenn man als Privatperson oder als Unternehmer Geld brauchte. Vor allem wenn es um Beträge ging, die ein paar Hundert oder Tausend Euro überstiegen. Eigentlich jeder Gründer musste auf dem Weg zum Prototyp, zum Maschinenpark, zur Lagerhalle, zum fertigen Produkt – kurz zur Umsetzung der eigenen Idee – an den Bankberatern der Filialbanken vorbei. Diese erhoben Daten, füllten Formulare, stellten Fragen und berieten sich mit Gremien, um am Ende den Daumen zu heben – oder zu senken. Facebook, da kann man sich relativ sicher sein, hätte bei der lokalen Sparkasse oder dem Ableger der Deutschen Bank keinen Kredit bekommen. Wie hätte denn der zuständige Bankkaufmann auch das Geschäftsmodell bewerten sollen, das Mark Zuckerberg damals vermutlich selbst noch nicht einmal erklären konnte? Es ist natürlich nachvollziehbar, dass Banken nur dann größere Beträge zur Verfügung stellen, wenn sie sich sicher sein können, dass sie das Geld auch wieder zurückbekommen. Für große Vorhaben mit bewiesenem Geschäftsmodell gibt es außerdem private Kapitalgeber, die einerseits größere Risiken eingehen, dafür aber auch höhere Renditen erwarten. Nur dazwischen, da klaffte lange Zeit ein großes Loch. Mit dem hatten vor allem innovative Gründer und Kleinunternehmer zu kämpfen.

Inzwischen gibt es aber auch hier Alternativen – unter dem Stichwort Crowdfunding zusammengefasst. Dabei wird – einmal mehr – der Intermediär, nämlich die Geschäftsbank, ausgeschaltet und die Verbindung zwischen privatem Geldgeber und Kreditnehmer direkt hergestellt. Anstatt einen einzelnen Bankberater über die Freigabe der Gesamtsumme entscheiden zu lassen, die sich aus den vielen kleineren Einlagen vieler verschiedener Bankkunden speist, werden beim Crowdfunding die potenziellen Gläubiger direkt angesprochen. Je mehr Geldgeber zusammenkommen, desto größer wird die Gesamtsumme, ohne dass aber das Risiko für den einzelnen ansteigt.

Da die Vermittlung typischerweise netzbasiert funktioniert, sind die Transaktionskosten äußerst gering und ermöglichen den Einstieg schon mit sehr kleinen Beträgen von wenigen Hundert Euro. Damit sinkt gleichzeitig auch das absolute Risiko – und so die Investitionshürden. Dass damit nennenswerte Beträge zu machen sind, beweist das Hamburger Start-up Protonet, das für das Einwerben einer Darlehenssumme von 200 000 Euro gerade einmal 48 Minuten und insgesamt 216 Kreditgeber brauchte. Denen ist das Risiko, das sie eingehen, durchaus bewusst. Aber gleichzeitig bleibt es für jeden in der Summe überschaubar. Gründer Ali Jelveh ist sich sicher: »Bei der Bank hätten wir mit einem Anliegen in dieser Dimension entweder gar nicht vorstellig werden müssen, oder wir wären nur zu deutlich schlechteren Konditionen zum Zuge gekommen.«

Auf amerikanischen Plattformen wie Kickstarter werden schon regelmäßig Projekte mit einem Umfang von über einer Million Dollar realisiert – und es fließt immer mehr Geld in den Markt. Die staatlichen Regulierungen, wie das Halten einer Banklizenz, wissen die Betreiber der Plattform durch Kooperationen mit der für »Social Banking« bekannten Fidor Bank AG bereits zu umgehen. Es ist womöglich nur eine Frage der Zeit, bis die alteingesessenen Banken versuchen werden, solche Umgehungsstrategien unterbinden zu lassen. Doch selbst wenn sie sich damit kurzfristig durchsetzen sollten, wären sie noch lange nicht auf der sicheren Seite. Und das gilt nicht nur für das Thema Kreditvergabe. Google etwa ist schon seit Jahren im

Besitz einer europäischen Banklizenz. Es ist damit für das lukrative Kreditkartengeschäft der Banken ebenso eine Bedrohung wie etwa eBay mit seinem inzwischen breit etablierten Bezahldienst PayPal. Händler und Softwareschmieden, Einkaufsplattformen und soziale Netzwerke waren immer schon Bankkunden. Heute sind sie dazu auch noch deren Konkurrenten – ausgestattet mit einem großen Vorteil: Sie dominieren den Zugang zu den Endkunden. Daran wird kein Regulierungsansatz mehr etwas ändern können.

Die Zeit lässt sich eben nicht zurückdrehen. Die Realität stellt heute deutlich höhere Ansprüche als noch vor zehn oder 20 Jahren, auch wenn es nicht immer auf den ersten Blick sichtbar ist. Autos haben zwar immer noch vier Räder, aber ihre Rolle hat sich verändert. Es wächst die Erkenntnis, dass man schöne und praktische Dinge nicht unbedingt besitzen muss. Man muss nur Zugang dazu haben. Leihen oder Teilen kann dank der immer größeren Transparenz durch das Internet auch eine elegante und kostensparende Option sein. Wer sich gestern noch eine Wasserwaage oder ein Gitarrenstimmgerät kaufte, lädt sich heute bereits eine App dafür herunter. Wer heute noch im Baumarkt oder im Möbelhaus kauft, druckt sich vielleicht morgen schon Werkzeug, Pflegeutensilien, Geschirr, Besteck oder Spielsachen für die Kinder selbst und braucht dafür nur noch Grundstoffe.

»Why own it?« – diese Frage ist inzwischen sinnbildlich gleichermaßen für eine Lebensphilosophie wie auch für ein Geschäftsmodell. Sharing, also die gemeinsame Nutzung oder das Teilen von Gütern, beschränkt sich dabei schon lange nicht mehr auf Autos und Fahrräder, sondern zieht seine Kreise immer weiter. Wohnungen, DVDs, Bohrmaschinen, Waschmaschinen, sogar Essen kann geteilt werden, bevor es schlecht wird. Wo ist die Grenze? »Bei Hygieneartikeln«, sagt Philipp Glöckler, und er muss es wissen. Er kaufte im Selbstversuch mehrere Monate nichts anderes als Lebensmittel – und eben Hygieneartikel. Ansonsten besorgte er sich alles, was er brauchte, leihweise über die von ihm entwickelte Sharing-App WHY own it.

Dabei setzt er auf die Macht der Netzwerke. Denn nur mit den eigenen Facebook-Freunden ist über WHY own it das Teilen möglich, weil es für den Verleih von Besitz dann doch entweder ein robustes Vertragswerk – wie bei den kommerziellen Carsharing-Anbietern – oder ein persönliches Vertrauensverhältnis braucht. Ist das gegeben, sind die Möglichkeiten aber nahezu grenzenlos. Vom nagelneuen Snowboard über eine Gitarre bis hin zum Segelboot hat sich Glöckler schon erfolgreich alles besorgt, was er brauchte. Auf die Frage, was ansonsten besonders erfolgreich geteilt wird, ist die Antwort überraschend: Nagellack. Das Produkt hatte Glöckler sicher nicht im Sinn, als er auf die Idee von WHY own it kam, aber das Beispiel ist sinnbildlich für die Erkenntnis: Wenn man den Nutzern die Freiheiten gibt, Plattformen so zu nutzen, wie es ihren Bedürfnissen entspricht, machen sie vielleicht nicht immer das, was man denkt, aber immerhin machen sie etwas daraus. Und auf jeden Fall wirbeln sie ganz nebenbei Bestehendes durcheinander.

Wir sind am Ende unserer kleinen Reise angekommen. Aber wir überlegen schon wieder, wo unser nächster Trip hingehen könnte. Wo werden wir die nächsten Versteinerungen finden? Die Energieversorgung dezentralisiert sich bereits. Vielleicht folgt bald die Vernetzung mit einer ebenso dezentralen Entsorgung mit angeschlossener Wiederaufbereitung? Und wer weiß, vielleicht bauen die Menschen nicht nur alleine oder gemeinsam mit anderen in Zukunft wieder vermehrt ihr eigenes Obst und Gemüse an, sondern drucken sich Fleisch- oder Sojaimitat zu Hause dazu? All die hier genannten Dinge haben eines gemeinsam: Sie sind bereits da. Manche davon haben den Durchbruch schon geschafft, manche stehen kurz davor, bei manchen ist der Weg noch weit. Manche Technologie wird sich vielleicht auch gar nicht durchsetzen. Oder nur sehr eingeschränkt und in Bereichen, in denen man vielleicht auch derzeit noch gar nicht damit rechnet. Ganz sicher gibt es weitere Entwicklungen, die noch im Verborgenen vorangetrieben werden oder einfach noch nicht im Fokus stehen, die aber ganze Branchen durchschütteln können. Und auch die Politik wird in den nächsten Jahren noch einige Volten zeigen, die für Verwerfungen in Märkten sorgen können.

Alleine hat man in Zukunft keine Chance mehr, alle Entwicklungen, Veränderungen und sich andeutende Trends mitzubekommen. Die Demokratisierung der Wirtschaft, die Verfügbarmachung wichtiger Produktionstechniken für weite Kreise der Bevölkerung ist nicht aufzuhalten und sorgt für eine gehörige Unordnung. Um flexibel und reaktionsschnell zu sein und im immer dichter werdenden Nebel erfolgreich navigieren zu können, wird der Erkenntnisprozess alleine nicht ausreichen. Es wird darüber hinaus in vielen Unternehmen Anpassungen in Struktur und Hierarchie, Arbeitsorganisation und Umgang brauchen. Die Herausforderung ist dabei vor allem, nicht nur oberflächlich oder hektisch vermeintlichen Trends hinterherzulaufen, sondern klar zu definieren, was für einen selbst passfähig ist. Das ist eines ganz sicher nicht: trivial.

REMEMBER

- Die Zukunft zeigt sich in der Gegenwart als Krise. Die Alarmsignale sind das Verschwinden etablierter, namhafter Unternehmen, das Auftauchen von neuen Namen und die Aufweichung von Branchengrenzen und bekannten Geschäftsmodellen.
- Der offensichtliche Auslöser dieser Krise ist der technologische Fortschritt. Dahinter stecken gesellschaftliche Veränderungen, die durch diesen beschleunigt werden. Es gilt: Sich einmalig anzupassen reicht nicht mehr aus. Wer kein dauerhaft anpassungsfähiges Geschäftsmodell hat, muss damit rechnen, bald Lösungen für Probleme anzubieten, die es gar nicht mehr gibt.
- Mauern gegen den Wandel zu bauen ist keine Lösung mehr. Die Emanzipation von Konsumenten, bis hin zum Selbstproduzenten, schreitet unaufhaltbar fort. Mit der Verbreitung von Fähigkeiten und Wissen rund um die Produktion verschwimmen die

Grenzen der klassischen Rollen von Konsument und Produzent. Intermediäre laufen Gefahr, überflüssig zu werden.

- Was aus der Perspektive der Etablierten ein Risiko ist, ist aus der Perspektive neuer Marktteilnehmer eine Chance. Die Unsicherheiten der Zeit bieten die Möglichkeit, enger zusammenzurücken, mit den Kunden ins Gespräch zu kommen und mit Konkurrenten gemeinsame Produkte und Geschäftsmodelle zu entwickeln.

READ

- Charisius, Hanno; Friebe, Richard; Karberg, Sascha: Biohacking. Gentechnik aus der Garage. München, Carl Hanser Verlag 2013

  Die eigene DNA hat etwas Geheimnisvolles. Die Autoren öffnen einem die Augen, wie sich auch Privatleute an die Entschlüsselung dieses Schatzes machen können, und was in Zukunft alles möglich sein wird.

- Hammersley, Ben: 64 Things You Need to Know Now for Then. How to face the digital future without fear. London, Hodder & Stoughton 2012

  Hammersley liefert eine besonders kurzweilige, bisweilen abgefahrene, aber immer relevante Aufzählung der Dinge, die man für das Leben im 21. Jahrhundert wissen sollte.

- Malik, Fredmund: »Brief an junge Ökonomen«. In: Spiegel Online, http://www.spiegel.de/karriere/berufsstart/brief-an-junge-oekonomen-die-mission-der-manager-von-morgen-a-755834.html

  In dieser kurzen Abhandlung wirft Malik einen Blick auf die fundamentalen Veränderungen in der Wirtschaft, die aus seiner Sicht anstehen.

- Obama, Barack: State of the Union Address 2013. http://www.whitehouse.gov/state-of-the-union-2013

  Obamas Statement gilt als wegweisend – und gewinnt im Kontext sogar noch an Format.

Gestörte Beziehungen

Wer kennt nicht Momo? Wer erinnert sich nicht an die Grauen Herren, die den Menschen die Zeit stehlen, sie immer effizienter und effektiver machen und ihnen ein langweiliges Leben mit dem ewigen Blick auf die Uhr aufzwingen wollen? Mit cleverer Argumentation und netten Anreizen schaffen sie es, die Bewohner eines verschlafenen Dorfes zu Einzelkämpfern im Wettbewerb gegen die Zeit abzurichten und den Ort in eine Effizienzmaschinerie zu verwandeln. Als eifrige, aber intelligente kleine Zeitsparer beginnen die Dorfbewohner, sich bald zu fragen, was mit der gesparten Zeit eigentlich passiert. Dann machen sie eine erschütternde Entdeckung: Die Grauen Herren klauen sie ihnen, denn sie brauchen die gesparte Zeit als Nahrungsquelle und Lebenselixier. Als die Dorfbewohner auch noch feststellen müssen, dass ihre von Austausch, Lebensfreude und Kreativität geprägte Dorfgemeinschaft an ihrer Zeitsparerei zugrunde geht, beginnen sie, sich zu wehren. Am Ende steht ein Happy End – in diesem Fall: die Emanzipation.

Nun mag der Vergleich von Großunternehmen mit den Grauen Herren ein wenig überzogen klingen, aber in Wahrheit gilt: Das ist noch harmlos. Mancher Student, junge Selbständige oder Unternehmensgründer hat ein noch viel schlechteres Bild von den Protagonisten der alten Wirtschaftswelt. Teilweise aus Erfahrung, teilweise aus Erzählungen. Anstatt aber wie Momo Veränderungen anzuregen, gehen die Jungen lieber weg – oder kommen gar nicht erst. Das ist ihre Form des Widerstands. Und währenddessen warten und hoffen sie, dass sich die alten grauen Strukturen bald selbst abschaffen und den Menschen, die für sie arbeiten, die Freiheit schenken.

Man sollte es nicht persönlich nehmen, denn es sind nicht die Spieler dieses altmodischen Spiels, denen die Jungen den Rücken kehren, sondern das Spiel selbst. Ihnen missfällt das Regelwerk: Business-Administration-Naturgesetze, die eine kleine Zahl längst verstorbener Managementtheoretiker vor vielen Jahrzehnten, manchmal Jahrhunderten zu Papier gebracht haben. Diese dürften sich ins Fäustchen lachen, wenn sie von einem fernen Stern aus beobachten könnten, wie ihre Theorien immer noch großen Einfluss auf die unternehmerische Praxis haben: bei der Verteilung von Macht, der Gestaltung von Prozessen, Festlegung von Budgets, Einteilung von Ressourcen, Entlohnung von Mitarbeitern, Zerstückelung von Herausforderungen und Lösungen in kleine Portionen und sogar bei der Definition von Arbeit. Sie würden sich wundern, dass die aufgeklärte Arbeits- und Wirtschaftswelt von heute noch immer am Rockzipfel des Industriezeitalters hängt, obwohl sie längst erwachsen geworden sein müsste. Immerhin hat sie mit grundlegenden Veränderungen zu kämpfen, die immer heftiger werden. Aber vielleicht ist auch gerade das der Grund: Der rapide Wandel der Umwelt schürt so viel Unsicherheit, dass man sich Schutz suchend noch ein wenig fester an die warme Schürze einer überkommenen Denkschule klammert.

Er ist verständlich, der Wunsch nach Konstanten, wenn da draußen täglich alles auf den Kopf gestellt wird, was gestern noch niet- und nagelfest im Boden verankert war. Schuld daran scheint das Internet zu sein, das gerade einmal das Alter eines jungen Erwachsenen hat, aber schon jetzt alles besser und schneller kann und weiß. Es verbreitet sich wie ein Virus, verändert sich permanent, passt sich an, ist unangreifbar, weil es kein Zentrum hat, sondern nur aus Peripherie besteht. Wie zuvor nur Weltreligionen oder politische Systeme legt es die neuen Prinzipien fest, nach denen die ganze Welt der Netzarbeiter ihr Miteinander gestaltet: zufällig, offen, ungelenkt, demokratisch, antihierarchisch, dezentral.

Da ist es kein Wunder, dass in den Augen der im Netz Beheimateten die traditionellen Organisationen wie gallische Dörfer wirken, die nicht aufhören wollen, einem übermächtigen Eindringling Widerstand zu leisten. Sie bilden kleine Exklaven einer alten Zeit, um ihre Managementtraditionen zu bewahren. An den Schnittstellen zwischen den Welten sitzen Führungs-

kräfte mit Erfahrungsschätzen aus der alten Welt. Und die fühlen sich nicht mehr verstanden und wertgeschätzt, wenn sie
der neuen Generation gegenübertreten, die nicht mehr bereit
ist, nach ihren Regeln zu spielen. Es ist ein Dilemma. Während
die eine Seite das Gefühl hat, dass ihr unrecht getan wird, ohne
sich bewusst zu machen, dass sie an ihrem Image nicht ganz
unschuldig ist, geht es der anderen Seite genauso.

Schauen wir uns die Situation einmal aus der Vogelperspek-
tive an. Ein Vorstellungsgespräch: Am Tisch sitzen sich zwei
Menschen gegenüber, die in der Wahrnehmung ihres Gegen-
übers und der Sicht auf sich selbst kaum unterschiedlicher sein
könnten. Der klassisch ausgebildete Personaler wirft seinen ersten Blick dorthin, wo er ihn schon immer hingeworfen hat.
Dabei sind die wahren Qualifikationen, die sein Gegenüber
ausmachen, gar nicht mehr in dessen tabellarischem Lebenslauf
zu finden. Aber wie soll er sonst den hoch qualifizierten Nachwuchs rekrutieren, dessen Welt und Wertesystem, Wissen, Kompetenzen und Interessen er eigentlich nicht richtig versteht? Wie
soll er mit diesen Wissens- und Kreativarbeitern umgehen, die
zusätzlich zu ihrem Bildungsstand und Schulabschluss – oder
vielmehr unabhängig davon – Fähigkeiten entwickelt haben,
die ihre vernetzte Welt von ihnen fordert – und gefördert hat?

Was ihnen die Bildungsinstitutionen nicht beibringen konnten, haben sie sich selbst beigebracht – in den unendlichen
Weiten des Internets und durch Interaktion mit anderen.
Gemeinsame Wertschöpfung steht im Mittelpunkt, ob nun in
Open-Source-Projekten, beim Nebenjob in der Agentur, im
Internet-Start-up oder an anderer Stelle. Kämen sie alleine mit
ihren Abschlüssen wie Baltic Management Studies oder Ad-
venture- oder Coffeemanagement auf Bachelor und würden um
einen Job bitten, man könnte angesichts solch hochgradig ein-
seitiger Spezialisierungen guten Gewissens ablehnen. Aber es
sind eben nicht ihre Studiengänge alleine, die sie ausmachen,
sondern insbesondere ihre Blogs über Fotografie oder Fleisch,
die unglaubliche Masse Follower ihres Twitter-Accounts mit

Fakten und Analysen zu demokratischen Beteiligungsformen, oder das von ihnen gemanagte Diskussionsforum mit Tausenden von Mitgliedern. Was gerne einmal unter Hobbys abgelegt wird, sagt heute mehr über die Qualitäten und Fähigkeiten der Bewerber aus als die Note aus der Statistikklausur. Wer artig die Studienbücher gewälzt hat, hat nicht den Unternehmer- oder Managementgeist geatmet wie diejenigen, die seit ihrem 18. Lebensjahr Erfahrung als Selbständige gesammelt oder bei den unterschiedlichsten NGOs oder Initiativen im Nebenjob so dies und das – vor allem irgendwie was mit Internet – gemacht haben.

Der Personaler aber sieht in dieser Bewerbung auf seinem Tisch nur einen brüchigen Lebenslauf, weil sich der versteckte rote Faden seinem traditionellen Blick verschließt. Dabei zeigt sich hier neben der fachlichen Qualifikation durch das Studium vor allem eines, nämlich ein selbstverständlicher Umgang mit Wandel, mit neuen Technologien, Erfahrungen im Selbstmanagement und Motivation von gleichgestellten Teams. Wer keine stabilen Bedingungen vorfindet, entwickelt die Fähigkeit, immer wieder in neuen Konstellationen zu neuen Fragestellungen neue Lösungen zu finden. Inwieweit der junge Bewerber dazu in der Lage ist, was für eine Persönlichkeit er mitbringt, wie begeisterungsfähig er ist, all das könnte man aus genau den Lebensgeschichten ablesen, für die es kein Feld im Bewerbungsformular gibt.

Man sollte meinen, der Personaler würde sich über so viele Ecken und Kanten freuen, nachdem er es jahrelang immer mit denselben geschliffenen und austauschbaren Lebensläufen zu tun hatte. Aber weit gefehlt. Viel zu oft werden diese Menschen einfach in ein neues Schema gepackt. Das nennt sich dann »Generation Y« oder sogar »Generation Z«, »Millennial« oder eben »Digital Native« und ist in Personalerhandbüchern mit Scheu vor Verantwortung, latentem ADHS, Leistungsfeindlichkeit und mangelnder Belastbarkeit hinterlegt. Man glaubt, ihnen fehle die Bereitschaft zum Problemlösen, denn konfliktscheu seien sie nämlich auch, die Hierarchieabtrünnigen ohne Stress-resistenz. Das sagen zumindest die Medien.

Halt! Wie war das noch gleich? Die Vorurteile und der Vergleich mit Momos Grauen Herren sind überzogen und ungerechtfertigt, denn auch große Unternehmen sind sehr verschieden und vielfältig und können durchaus spannend und beweglich sein? Keine Frage, Stereotype sind immer unfair und beschreiben den einzelnen Fall kaum treffend. Aber denen, die ungefragt zu Mitgliedern der Generation Y gemacht und damit rücksichtslos über einen Kamm geschoren werden, geht es ganz ähnlich. Räumen wir ein wenig auf: Um die Menschen zu verstehen, deren Kompetenzen man lieber heute als morgen für sein Unternehmen gewinnen möchte, deren Werdegang man aber nicht in der Lage ist, zu verstehen, muss man zunächst das Verallgemeinern abstellen.

Noch nie gab es eine so große Vielfalt an Lebensentwürfen wie in unserer Zeit, in der jeder die Chance hat, sich individuell auszuleben und zu entwickeln. Da macht es einfach keinen Sinn mehr, die Summe aller Eigenschaften zusammenzufügen und durch die Anzahl der Objekte zu teilen. Denn wenn man sich an diesem Durchschnitt orientiert, spricht man konstruierte Menschenbilder an, die es in dieser reinen Form gar nicht gibt. Es ist natürlich verständlich, dass man versucht, das Unverständliche greifbar zu machen, indem man nach wiedererkennbaren Merkmalen sucht und daraus Muster bildet. Wer jedoch alleine aufgrund gemeinsamer Geburtenjahrgänge Menschen in einen Topf wirft und mit Labels versieht, wird Schwierigkeiten haben, den Zugang zu ihnen zu finden. Mit der Konsequenz, dass ihm der dringend notwendige Nachwuchs aus diesen Jahrgängen ausbleibt.

Sollte man dann doch zur beiderseitigen Zufriedenheit die Hürde des ersten Kennenlernens erfolgreich genommen haben, steht man vor dem nächsten Problem. Wie managt man seine neuen Mitarbeiter mit ihrer je nach Persönlichkeit ausgeprägten Mischung aus Kreativität und Originalität, Risikobereitschaft und Wagemut, Andersartigkeit, Pragmatismus und Experimentierfreude? Denn die Inhaber solcher Eigenschaften brauchen und nehmen sich Freiheiten, für die sich in klassischen Hierarchien kaum Raum schaffen lässt. Und wenn, dann ursprünglich nur ziemlich weit oben. Dass dieser Raum kompromisslos vom jungen Kreativarbeiter eingefordert wird, sorgt bei seinen Managern für Verständnislosigkeit. Auf dem Weg zu mehr Freiraum forderten die Strukturen früher vor allem Anpassungsfähigkeit und Eigenschaften wie Selbstdisziplin, Demut und Mäßigung. Damit alleine braucht man den Neuen aber nicht mehr kommen. Die fehlende Anerkennung der alten Ordnung durch die nachfolgenden Generationen führt bei den Etablierten wiederum schnell zum Gefühl, dass damit eine Entwertung ihrer Kompetenz einhergeht. Wer seine hart erarbeitete Erwerbsbiografie so respektlos infrage gestellt sieht, wird nur schwer das Verständnis für sein Gegenüber aufbringen können. Und so packt das frisch ins Spiel eingestiegene junge Talent seine sieben Sachen und zieht weiter, während für die Alteingesessenen nur die bittere Erkenntnis bleibt, genau einen der Mitarbeiter verloren zu haben, die das Unternehmen in das digitale Zeitalter führen sollten.

In den Medien wird diese Entwicklung manchmal mit einem vermeintlich neuen Menschentypus, dem »Karriereverweigerer«, erklärt. Dabei ergibt sich ein Bild von hochtalentierten, gut ausgebildeten Menschen, die sich bereits im jungen Alter mit »Work-Life-Balance« beschäftigen, bevor sie überhaupt das erste Mal gearbeitet haben, und denen das Thema Vereinbarkeit von Familie und Beruf wichtig ist, bevor sie überhaupt eine Familie haben. Man möchte das manchmal faul nennen, in der alten Welt. Dazu würden sie schon früh im Arbeitsleben die Freiheit einfordern, die sie sich eigentlich erst erarbeiten müssten. Das wiederum hätte man früher frech genannt. Dabei handelt es sich natürlich um ein Zerrbild, das mit der Realität wenig zu tun hat. Andere Denker wiederum stellen schulterzuckend fest, dass das im Grunde schon immer so war mit der

»Jugend von heute«. Sie sind überzeugt, dass die jungen Arbeitskräfte schon wieder auf den Pfad der Tugend zurückkommen würden, wenn sie die Annehmlichkeiten eines Firmenwagens oder eines Managergehaltes erkannt haben. Die Vertreter beider Positionen liegen zwar weit auseinander – aber gleichermaßen falsch. Was sie nämlich übersehen: Es besteht ein grundlegender Unterschied zu den Tagen, als die Grauen Herren noch junge Burschen waren.

Hinter der Abkehr vom klassischen Weg steckt mehr als die herbeigesehnte Work-Life-Balance. Es ist auch nicht die Unlust auf zahllose Koordinierungstreffen, schwierige Personalgespräche und unflexible Arbeitszeiten in Großorganisationen; die kannten die Generationen davor auch schon. Der Unterschied ist, dass es inzwischen Alternativen gibt, die es früher nicht gab. So gibt es die Möglichkeit, direkt etwas zu einer größeren Sache beizutragen, ohne sich als kleines Rädchen im großen Getriebe fühlen zu müssen. Man kann Wert darauf legen, Bildung mit Kompetenzen zu verknüpfen und unterschiedlichste Aufgaben zu einem selbst kreierten Job zusammenzufügen. Und man nutzt die Möglichkeit, sich, seine Methoden und seine Aufgaben permanent weiterzuentwickeln – nicht nur einmal im Jahr bei einer Fortbildung und nach einem reflektierenden Mitarbeiterentwicklungsgespräch mit der zugeteilten Führungskraft. Das hat mit Karriereverweigerung nichts zu tun und sollte auch nicht als Mode missverstanden werden – denn es ist eine Lebenseinstellung. Es gibt in der heutigen Zeit genügend Möglichkeiten, sich selbst zu verwirklichen. Das, was einem im Beruf fehlt, holt man sich im Zweifel auf der anderen Seite der Work-Life-Wippe – in der Freizeit in Open-Source-Projekten und anderen Crowdsourcing-Aktivitäten, die im schlimmsten Fall sogar in Konkurrenz zu den Produkten des Arbeitgebers stehen. Der hat eigentlich das Verständnis, die Arbeitskraft seiner Mitarbeiter gegen Strafe exklusiv gepachtet zu haben. Aber das ist ein Recht, das sich in der Anonymität des Netzes nicht mehr durchsetzen lässt.

Hinter dieser Skepsis gegen das Führen und Geführtwerden steckt nicht etwa ein dogmatisches Mindset, das Schwierigkeiten mit Autoritäten hat, sondern der Glaube an die Vernunft des Menschen und dessen unbedingten Kooperationswillen. Wer so denkt, baut sich eigene Strukturen, ob in Google-Circles oder Twitter-Listen. Jeder ist der Mittelpunkt seines eigenen Netzes und einer Vielzahl von Organisationsdiagrammen, die selten Pyramiden gleichen, sondern meistens Kreisen – mal konzentrisch, mal überlappend. Man ist sein eigener Chef und erwartet das auch von allen anderen. Hierarchien braucht man nicht. Spätestens seitdem man die Gelähmtheit gespürt hat, die diese mit sich bringen, den oft erprobten Erstickungstod, der Ideen, Entwicklungen oder sogar gleich dem ganzen herbeigesehnten Wandel ein jähes Ende bereitet.

Eigentlich dürfte diese Sehnsucht, etwas zu bewegen, kein gestandener Manager den nachrückenden Akteuren zum Vorwurf machen. Denn im Grunde ticken sie nicht anders als er früher. Fast jeder, der heute ganz oben ist, hat einmal angefangen mit dem Ziel, etwas bewegen zu dürfen und einen Fußabdruck zu hinterlassen. Er hat sich nach Entscheidungsfreiheit gesehnt. Etwas Neues ausprobieren zu können und dabei auch Fehler machen zu dürfen gehörte zu seinen Zielen. Um dorthin zu kommen, ist er selbstverständlich den Weg gegangen, der dorthin führte. Das hieß für ihn, sich den Regeln der Hierarchien zu unterwerfen, von der Wahl des Studiengangs bis hin zu den Unwegsamkeiten im Karrierelabyrinth. Für ein wenig mehr Entscheidungsfreiheit und Selbstverwirklichung hat er Ohrfeigen eingesteckt, sich auf dem Weg nach oben einsam gefühlt, manchmal gegen die eigenen Glaubenssätze gehandelt, die Familie vernachlässigt und das sportliche Talent gegen ein stressbedingtes Speckbäuchlein oder gar eine Raucherlunge eingetauscht. Alle modernen Generationen von Arbeitnehmern waren schon auf der Suche nach einer Antwort, ob das nicht auch anders geht. Nun endlich scheint die Zeit dafür gekommen.

Der Anspruch, nicht die gleichen Fehler wie die Vorgänger zu machen, gepaart mit dem Wissen über Alternativen, lässt die Nachwuchskräfte heute endlich andere Wege beschreiten. Weil sie es können. Sie haben in netzbasierten Projekten, wie online-basierten Petitionen für oder gegen Gesetzesentwürfe, Organisation von Open-Source-Netzwerktreffen oder Betreuung von Social-Media-Kanälen oder Webseiten ihrer Sportvereine, nicht nur ihre Skills, zu programmieren, zu designen und zu texten, verfeinert, sondern sich daran gewöhnt, mit sofortiger Wirkung etwas umsetzen zu können. Sie haben durch ihre Blogs, Barcamps, soziale Initiativen bereits etwas aufgebaut, mit ihrer Nischenexpertise weltweit Menschen begeistert, vielleicht sogar Einfluss gewonnen und ihre Spuren hinterlassen. Dass sie für das Austesten einer neuen Idee nicht unbürokratisch einen Prototyp entwerfen und am Markt testen dürfen, sondern ein wasserfestes schriftliches Konzept erarbeiten sollen, Lobbyarbeit bei den Kollegen betreiben und womöglich Wochen auf die Rückmeldung der Vorgesetzten warten müssen, halten sie für ineffizient und ineffektiv. Den klassischen Weg zu gehen bedeutet für sie, einen Umweg zu gehen, den sie sich und ihrem Arbeitgeber in den Zeiten des immer schnelleren Fortschritts nicht zumuten wollen.

Wer heute sein Potenzial testen, etwas bewegen und auch führen will, der gründet am besten selbst. Wenn Selbständigkeit bis vor einigen Jahren noch bedeutete, dass man viel alleine arbeitete, bieten virtuelle und reale Netzwerke, Projektgruppen und Gemeinschaftsbüros heute eine Vielfalt an Kooperationsmöglichkeiten und den täglichen Kontakt zu Gleichgesinnten. Die neuen Strukturen sind keine steilen Organisationsdiagramme, sondern breite Netzwerke aus Schnittstellen. In den eigenen Unternehmen werden Karriere, Hierarchien und Business und die Fähigkeit, zu managen, neu definiert. Nicht Untergebene werden gesteuert, sondern Märkte, Aufgaben und Inhalte, Kooperationen mit Mikrounternehmern, Netzwerke aus Kunden und gleichgestellten Mitgründern. Man orientiert sich an dem, was man in den ersten Jahren in Großunternehmen gelernt hat, nämlich Wissen über Märkte, Internationalität, Vielfalt und Professionalität, und kombiniert es mit den neuen Werten.

Bei allem Idealismus und aller Zukunftsliebe merken aber auch die jungen Entrepreneure schnell, dass längst nicht alles, was das eigene Unternehmen mit sich bringt, rosig ist – aber dafür arbeiten sie selbstbestimmt. Oft ist weniger Geld im Spiel, dafür müssen mehr existenzbedrohende Entscheidungen getroffen und Überstunden geleistet werden, für die es natürlich keine Vergütung gibt. Aber ohne unerwartete Budgetkürzungen, Umstrukturierungen aufgrund interner politischer Interessen oder größerer wirtschaftlicher Zusammenhänge, die sich dem eigenen Wirkungskreis entziehen, bleibt immerhin die krank machende ewige Sinnfrage aus. Aus Selbstbestimmtheit, Entfaltung und freier Gestaltung des Arbeitslebens speist sich die Zufriedenheit – die positive Bilanz einer Work-Life-Balance. Das wäre eigentlich eine schlechte Nachricht für alle Unternehmen auf der Suche nach guten Köpfen. Gäbe es nicht viele junge und fähige Menschen, für die die Selbständigkeit vielleicht doch nicht das Richtige ist – oder zumindest nicht für immer. Auch sie bringen die beschriebenen Eigenschaften mit. Sie teilen mit den anderen Mitgliedern ihrer Generation ein Wertegerüst und Erfahrungen, aber ziehen daraus für ihr Leben unterschiedliche Schlüsse. Und das ist die gute Nachricht.

Einige von ihnen verirren sich in den südlichsten Teil Deutschlands. An der Zeppelin Universität (ZU) in Friedrichshafen am Ufer des Bodensees beschäftigen sich die gut 1000 Studierenden und über 100 Wissenschaftler schon länger mit Lösungen für die gerade beschriebene Beziehungsstörung zwischen alter und neuer Wirtschaftswelt. Auf der silbern spiegelnden Visitenkarte der ZU steht übrigens genau diese Frage: »Auch beziehungsgestört?« Die Antwort der ZU: »Wir nicht!« Zwar kann dort eine Vielzahl von eher klassischen Fächern wie Wirtschaftswissenschaften, Soziologie, Kommunikations- und Kulturwissenschaften, Politik- und Verwaltungswissenschaften studiert werden, doch wer hier einen Bachelor oder Master of Arts macht, hält zugleich vor allem ein von Personalern anerkanntes Zeugnis darüber in den Händen, ein engagierter, kritischer, selbstbewusster und vernetzt denkender junger Mensch zu sein.

2003 gegründet, bietet die ZU unter der Leitung von Professor Stephan A. Jansen dem Arbeitsmarkt mit ihren Absolventen einen Standard für das Unstandardisierte, für die »Musterbildung der nächsten Probleme«, wie Universitätspräsident Jansen es nennt. »Die ZU bietet in gewisser Weise die Sicherheit, Menschen zu gewinnen, die Unsicherheit zu lieben gelernt haben.« Den Studenten wiederum bietet die ZU einen Freiraum für die Vielfalt an Themen, Weltsichten und Herangehensweisen, etwa im Rahmen eines zweisemestrigen Forschungsprojektes zu Energie, Architekturen, Katastrophen oder Revolutionen im ersten Studienjahr.

Was woanders als brüchiger Lebenslauf vom Bewerbungsstapel fliegt, wird mit »Anti-Streber-Stipendien« gefördert und in einem multidisziplinären Ansatz von Forschung und Lehre zusammengeführt, der in der Selbstbezeichnung als »Universität zwischen Wirtschaft, Kultur und Politik« verankert ist. Für Universitätspräsident Jansen ist die ZU »eine unerschrockene Anregungsarena der Selbstbildung« – ganz ohne ein standardisiertes Studium oder Absolventenbild. So beträgt die Regelstudienzeit der Bachelor-Studiengänge an der ZU nicht nur sechs, sondern acht Semester. Das zusätzliche »Humboldt-Jahr« – mehr Alexander als Wilhelm – dient den Forschungsreisen für eigene Fragen. Dabei handelt es sich um den Versuch, Bildung nicht effizienter, sondern effektiver zu gestalten.

Wer mit dem Scheitern von etablierten Strukturen aufgewachsen ist, mit der Erkenntnis, dass das Vorhandene den Veränderungen der Technologie und dem gesellschaftlichen und wirtschaftlichen Wandel nicht gewachsen ist, der wird nach neuen, nachhaltigen Lösungen streben. Dazu gehören Arbeits- und Organisationsformen und Wertesysteme, die passen. Warum sollte man sich auch allzu sehr anpassen, wenn damit keine Garantie mehr verbunden ist, dass man dafür etwas zurückbekommt und der Job bis zur Rente sicher ist? Dahinter steckt nicht der Wunsch, es einfach anders als die Eltern zu machen, und schon gar keine Revolution aus Selbstzweck. Pragmatismus trifft es wohl am besten, denn es geht darum, etwas zu etablieren, das anpassungsfähiger ist als die alten Strukturen. Etwas, das die auf uns alle zurasende Veränderung zu einer Stärke macht – und das permanent, nicht nur bei der nächsten Krise. Aber all das kann auch innerhalb eines Unternehmens geschehen. Wenn man es schafft, die »Beziehungsprobleme« zwischen arrivierten und nachrückenden Generationen in den Griff zu bekommen.

REMEMBER

- Arbeitsmärkte werden zu Arbeitnehmermärkten – der Arbeitnehmer wird zunehmend den Ton angeben. Besonders die nachrückenden Generationen, die schon früh in Projektnetzwerken gelernt haben, auf die Wirksamkeit ihres Handelns zu achten, bringen Organisationen in Zugzwang. Ihren Lebenslauf gestalten sie lieber als ein Portfolio aus vielfältigen Projekten, anstatt ihn auf die klassische Führungskarriere auszurichten. Mit dem Machtkampf auf den Karriereleitern können sie nicht viel anfangen, sondern werden vor allem durch Möglichkeiten zur Sinnstiftung, freien Entfaltung und Mitgestaltung motiviert.
- Mit der Entwicklung hin zum Arbeitnehmermarkt wird es vermehrt zu Auseinandersetzungen zwischen alter und neuer Welt kommen. Die im alten System sozialisierten Manager werden sich nicht einfach vom Wettbewerb und den Machtkämpfen verabschieden, die bisher über den beruflichen Erfolg der Einzelnen in Großorganisationen entschieden. So werden sich beide Seiten als vermeintliche Verweigerer und Bremser gegenüberstehen. Flexibilität wird auf beiden Seiten gefragt sein.

- Die neue Generation von Managern hat eine Vielzahl von finanziellen, politischen und gesellschaftlichen Katastrophen erlebt, die aufgrund der engen globalen Vernetzung und der komplexen Abhängigkeiten der weltweiten Geschehnisse immer näher an den Einzelnen heranrücken. Man hat sich mit der Normalität der Katastrophe einerseits abgefunden, setzt aber andererseits auf mehr Eigeninitiative, ein stärkeres Miteinander und macht sich mit viel Engagement an die Änderung der Spielregeln.

READ

- Friebe, Holm; Lobo, Sascha: Wir nennen es Arbeit. München, Heyne Verlag 2006
  Das Buch wurde zwar schon 2006 veröffentlicht, ist aber bis heute unerreicht, wenn es darum geht, das kreative und digitale Lebensgefühl in Abgrenzung zur Welt der Festanstellung zu beschreiben.
- Pauer, Nina: Wir haben keine Angst – Gruppentherapie einer Generation. Frankfurt am Main, S. Fischer Verlag 2011

Sind wir jetzt alle Kreativwirtschaft?

Nachwuchsprobleme? Wenigstens für einen Wirtschaftszweig sind das böhmische Dörfer. Für die Kreativwirtschaft. Auch wenn mancher sich darunter immer noch ein paar versprengte Nerds mit Hornbrillen vorstellt, die sich lustige, verrückte oder überzogene Werbeplakate und -filme einfallen lassen und eigentlich den ganzen Tag über am Kickertisch stehen, sieht die Realität doch ganz anders aus. Immerhin erreicht die Bruttowertschöpfung der Kreativwirtschaft inzwischen die Größenordnung der Automobil- oder Elektroindustrie. »Kreativität ist der neue Treiber der Wirtschaft«, schrieb Richard Florida in seinem Bestseller *The Rise of the Creative Class* und meinte damit, dass die kreativen Industrien zunehmend wichtig für unseren Wohlstand werden. Zehn Jahre später steht fest: Er hat recht behalten. Seit immer öfter unterstrichen wird, dass die menschliche Kreativität die ultimative Ressource ist, versuchen zunehmend auch klassische Organisationen, ein Stück von diesem Kuchen zu ergattern. Keiner weiß, was kommt, aber alle sind sich einig, dass das Rezept für Erfolg in diesen Zeiten des Umbruchs und Neuanfangs lauten muss: Kreativität wirtschaftlich nutzbar machen – sie kultivieren. Also auf, wir werden jetzt alle Kreativwirtschaft. Doch Moment, was ist das überhaupt?

Laut den meisten Definitionen ist damit die Vielzahl der Unternehmen und Industrien gemeint, die ihren Ursprung in individueller Kreativität und kreativen Fähigkeiten haben und die das Potenzial der Generierung und Nutzung geistigen Eigentums für die Schaffung von Arbeitsplätzen und Wohlstand im Allgemeinen zu nutzen wissen. Die Definition kommt für Deutschland immer vergleichsweise trocken daher. Das mag daran liegen, dass der Begriff Kreativwirtschaft und seine Definition aus einer Enquete-Kommission des Bundestages stammen, die erst 2007 den Wirtschaftszweig in Deutschland offiziell definierte und abgrenzte. Oder vielmehr alles unter einen Hut steckte, was irgendwie als schöpferische Tätigkeit verstanden werden kann und nicht so gut in die anderen Sparten passte. Gefragt wurde von den Betroffenen keiner. So ergibt es sich dann, dass die Ein- und Zuteilung durch die Organe der Wirtschaftsförderung und ihre Statistiken einen sehr heterogenen Wirtschaftszweig skizziert, der elf Untergruppen enthält, die dem Einzelhandel, unternehmensnahen und anderen Dienstleistungsbereichen entstammen, egal ob Softwareprogrammierer, Theaterschauspieler, Projektmanager und Berater im Medienbereich, Musiker, Journalisten, Architekten oder Designer.

Die Kreativwirtschaft vereint viele wissensintensive Branchen, eine hohe Selbständigen- und Gründerquote und flexible, selbst organisierte Arbeitsverhältnisse. Die meisten Unternehmen haben weniger als zehn Mitarbeiter, sind aber zugleich in große Wertschöpfungsnetzwerke aus Freiberuflern und anderen Unternehmen aus der Kreativwirtschaft eingebunden. Ein Gegensatz aus hohen Bildungsabschlüssen, aber verhältnismäßig niedrigen Einkommensaussichten gehört zum Alltag der Kreativwirtschaft. Dahinter steckt allerdings in den seltensten Fällen der Glaube an einen Bohemian Lifestyle oder das romantische Bild vom verarmten Künstler, auch wenn Themen wie die Vereinbarkeit von Sozialleben und Arbeit, Selbstverwirklichung und Sinnhaftigkeit tatsächlich oftmals eine vergleichsweise wichtige Rolle spielen.

Viele der kreativen Branchen haben einen hohen Anteil an Quereinsteigern, was vor allem damit zu tun haben mag, dass es viele Fragestellungen, Themenbereiche und Jobs vor wenigen Jahren noch gar nicht gab. Geschweige denn die dazugehörigen Ausbildungsmöglichkeiten. So werden immer wieder unterschiedliche Aufgabenfelder miteinander zu ganz neuen Dienstleistungen und damit Beschäftigungsmöglichkeiten kombiniert und wohlklingende Jobtitel dazu kreiert. Viele Produkte aus den kreativen Branchen sind immaterieller Natur – Dienstleistungen, Musik oder Software – und die Produktentwicklungszyklen nur begrenzt planbar und sehr ergebnisoffen. Auch physische Produkte sind oft Unikate, und ihre Produktionsverfahren werden ebenso permanent weiterentwickelt wie die Produkte selbst, sodass sich die kreative Wertschöpfung selten in industrieller Massenfertigung erbringen lässt.

Die Arbeitsweise in der Kreativwirtschaft zeichnet sich durch einen hohen Grad an Mobilität, Flexibilität und zunehmender Virtualität aus, und die Zusammenarbeit geschieht vor allem in informellen Netzwerken, zum Teil über virtuelle Plattformen, aber vor allem auch an gemeinsam gestalteten realen Arbeitsorten wie Gemeinschaftsbüros und Start-up-Inkubatoren. Diese sind meist in den sogenannten Kreativvierteln der Städte angesiedelt, die oftmals Heim- und Arbeitsplatz zugleich sind. Genutzt wird die Infrastruktur einerseits für reale Zusammenarbeit und Wissensaustausch und andererseits als Nährboden für Kreativität, für neue Projekte, Ideen und Lösungen, ihre Weiterentwicklung und Umsetzung. Die Auslöser für die Suche nach neuen Lösungen sind meist Probleme, die aus technologischen oder gesellschaftlichen Veränderungen entstehen. Oft geht es auch um das Bedürfnis, bestehende Dienstleistungen oder Produkte an neue Gegebenheiten anzupassen oder schlicht noch besser zu machen. Die Unzulänglichkeiten der etablierten Marken und großen Unternehmen sind somit die Nischen der Kreativszene.

Da es nicht das primäre Ziel der Kreativwirtschaft ist, Innovationen zu generieren, sind ihre Entstehungsgeschichten oft diffus. Die dazugehörigen kreativen Prozesse sind meist Community-basiert, werden weder zentral gesteuert noch im Verlauf bewusst gemanagt. So sind Ideen in der Regel genauso wenig wie ihre Umsetzung das Ergebnis der Arbeit einer einzelnen Person, sondern das Produkt von Interaktion und Wissensaustausch sowie konkreten Kooperationen in den Wertschöpfungsprozessen. Die Unbeholfenheit, mit der sich die klassische Wirtschaft der Kreativität nähert, mag einerseits an eben diesen notwendigerweise offenen Prozessen liegen und andererseits daran, dass mit der Definition von Kreativität oft kreativ umgegangen wird und sie oft als eine messbare Größe missverstanden wird. Romantisch verklärt hält man sie für den tief in uns schlummernden kleinen Künstler. Psychologen hingegen definieren Kreativität als den kognitiven Prozess, der zu einer originellen, neuen, einzigartigen oder ungewöhnlichen und zugleich anwendbaren, passenden oder nützlichen Einsicht, Idee oder Lösung führt. Oder einfacher: die Fähigkeit, etwas zu erschaffen, das neu und nützlich ist.

Kreativität ist also vielfältig, individuell, kann nur durch soziale Prozesse gehoben werden und wird erst durch ihre Anwendung sichtbar. Jemand wird dann als kreativ beschrieben, wenn er ein Problem eigenständig erkennt, sich dazu eine Lösung überlegt, sie ausprobiert, herumexperimentiert und schließlich eigenständig – allerdings selten alleine – umsetzt. Kreativität zu kultivieren heißt, kreative Prozesse zu verstehen, ihnen Raum zu geben und zu vertrauen, sie freizusetzen – nicht: sie zu bändigen. Denn die Anwendung von Kreativität lässt sich kaum organisieren – und schon gar nicht arbeitsteilig. Die dadurch entstehenden Reibungsverluste würden den kreativen Prozess ad absurdum führen und vor allem: das Ergebnis unbrauchbar machen. Denn kreative Prozesse dürfen – um effektiv zu sein – bestenfalls eingeleitet, aber nicht vorgeplant werden und müssen vor allem ergebnisoffen angelegt sein. Der Todesstoß für Kreativität ist es, ihr verlässliche Prognosen abzuverlangen und zu versuchen, sie in Fünfjahresplänen abzubilden, oder bahnbrechende Ergebnisse zu erwarten, aber den Prozess als Montagsmalerei zu begreifen. Der Mehrwert von Kreativität wird auch denen vorenthalten bleiben, die kurzfristige Erfolge suchen, weil sie etwa auf ein positives Ergebnis in der nächsten Jahresbilanz angewiesen sind oder die Effizienz ihrer Abteilung steigern müssen. Geht der Blick alleine auf Strukturen und Prozesse oder verfällt man dem Irrglauben, dass Kreativität sich über ein paar hippe Methoden und Workshops abbilden lässt, läuft man in eine Sackgasse.

Dem aufmerksamen Leser mag es langsam dämmern: Was die Kreativwirtschaft ausmacht, lässt sich nicht zentral organisieren – also auch nicht in einer zentral strukturierten Organisation abbilden. Das muss aber auch gar nicht sein. Denn durch ihre netzwerkartige, lose Struktur verfügt sie auch so schon über eine außerordentliche Belastungsfähigkeit und konnte damit während der Krise nachweislich zur Stärkung der Binnenwirtschaft beitragen – und das Wachstum anderer Branchen fördern. Besonders innerhalb der internationalen Technologiebranche gehört es schon länger zum guten Ton, sich mit Start-ups zusammenzutun. Der Schmierstoff für eine reibungslose Annäherung ist Geld: Corporate Venturing – also die Beteiligung von Konzernen oder Großunternehmen an Start-ups – als Wachstumsstrategie. Jeder Konzern, der was auf sich hält, betreibt Inkubatoren und investiert in Start-ups, Gründer oder deren Ideen. Viel zu selten aber gehen aus diesen Corporate-Venture-Unternehmungen tatsächlich Erfolge hervor. Für jedes erfolgreiche Beispiel, das einem einfällt, gibt es ein Vielfaches an gescheiterten Projekten, von denen man noch nie gehört hat.

Das mag daran liegen, dass Investitionen, die in den Kernbereich eines Konzerns fallen, schlicht als Aufkäufe und Integration in die Konzernstruktur vonstattengehen. Hier werden die frisch in den riesigen Konzernkörper implantierten zarten Start-up-Projekte von den schweren alten Organen erdrückt oder aber perfekt in dessen Organismus integriert. Wer erinnert sich noch an Flickr? Schon 2003, lange vor Instagram und Facebook machte Flickr Fotografie zu einem sozialen Erlebnis im Web. Bis der Spaß ein zähes Ende fand – in den Fängen von Yahoo!. Es war einer der verzweifelten Versuche des angestaubten ehemaligen Stars der New Economy, sich mittels Startups neu zu erfinden. Yahoo! ist dabei nicht alleine. Nein, man könnte meinen, es hätte sich eine Gruppe von Unternehmen auf ein neues Genre konzentriert: Start-up-Tragik. Der Plot ist regelmäßig gleich und geht ungefähr so: Beliebter, aber noch ganz junger Internetservice mit engagierten Communitys wird von altem Hasen umworben und lässt sich darauf ein. Die erhofften Freiheiten erweisen sich als Wunschdenken, er wird im Ganzen verschluckt, von den Steinen im Magen des großen sperrigen Unternehmens zermahlen und am Ende abgehängt wieder ausgespuckt.

Aber der Reihe nach. Nur wenige Ideen werden zu erfolgreichen Start-ups, die das Internet nachhaltig zu formen vermögen. Bei ihnen findet die Kombination aus Code und Menschen zu einer magischen Kombination zusammen, die auch auf etablierte Unternehmen eine große Anziehungskraft ausüben. Deren Interesse löst verständlicherweise bei vielen Startups ein besonderes Gefühl der Anerkennung und Wertschätzung aus. Mit einem Verkauf des Start-ups an ein größeres Unternehmen kann man nicht nur selbst viel Geld machen, sondern meistens hofft man auch, dass sich ein Feld an ungeahnten Möglichkeiten für die weitere Entwicklung auftut. Die Belegschaft und die Organisation bleiben normalerweise zunächst erhalten, dazu kommen schier unendliche Quellen an finanziellen Mitteln, der Anschluss an erprobte Vertriebs- und Marketingstrukturen und administrative Ressourcen, die eine Konzentration auf das Wesentliche erlauben: die Idee, den Code und die Menschen, die ihn schreiben.

Die Realität sieht aber in der Regel anders aus, nicht nur bei Flickr. Dort stand kurz nach der Übernahme im Jahre 2005 die Integration an. Die Abteilung für Unternehmensentwicklung bei Yahoo! entwickelte Lastenhefte für die Zusammenführung der beiden Unternehmen, was ehrlicherweise ein rein einseitiges Unterfangen war und die schrittweise Angleichung des Start-ups an die bestehenden Strukturen des großen Unternehmens bedeutete. Wie üblich war auch bei Flickr die Auszahlung der Kaufsumme gestaffelt und an das Erreichen der festgelegten Zwischenetappen und Meilensteine dieser Integration geknüpft. Das Team von Flickr musste sich in den ersten vielen Monaten nach dem Kauf auf die Integration in die Yahoo!-Struktur konzentrieren – und dabei blieb die eigentliche Stärke auf der Strecke, nämlich die kontinuierliche Weiterentwicklung der Fotografie als soziales Erlebnis. Während die Foto-Community den Gedanken mit unterschiedlichsten Gruppen, Streams, Rollen und Nutzerrechten weiterentwickelt sehen wollte und später auf eine mobile Version ihrer Lieblings-App wartete, steckte das Flickr-Team bis über beide Ohren in der Gestaltung der technischen Schnittstellen für die Integration mit Yahoo!.

Was nach außen zu sehen war, war Stillstand – die Todsünde für jede Community-basierte Applikation, die noch in den Kinderschuhen steckt. Die Konsequenzen waren auf allen Ebenen verheerend. Für die vormals nach außen und vorne gerichteten Entwickler und Gründer des Start-ups wurde der Blick in die integrationsgetriebenen Hinterhöfe der App eine Qual, was bei den meisten Teammitgliedern schließlich zum Rückzug führte. Wo vormals mit besonderer Energie Überstunden gerissen wurden, entstand nun Lähmung, die den Zusammenbruch der von den Gründern gelebten Start-up-Kultur einläutete. Die Talfahrt war ab diesem Punkt vorprogrammiert. Das Unternehmen, das vormals die ersten Schritte des Internets Richtung Social Web mitgestaltet hatte, schlief langsam und qualvoll ein, und die User wandten sich anderen Applikationen zu. Auch das komplette Redesign der Flickr-Oberfläche im Mai 2013 konnte daran bisher nichts ändern, sondern löste bei den noch wenigen vorhandenen Nutzern nur weitere Empörungsstürme aus.

Yahoo! hatte Flickr unter anderem mit dem Ziel gekauft, innerhalb der etablierten Strukturen des Unternehmens wieder für frischen Wind zu sorgen. In der Realität entwickelte sich die Integration in die genau gegensätzliche Richtung. Statt die Kultur, die Innovationsfähigkeit, die Agilität und den Pragmatismus des Start-ups ins Unternehmen zu integrieren, wurde Flickr in die schwerfälligen Entwicklungs-, Entscheidungs- und Budgetmechanismen von Yahoo! eingebunden. Als Flickr aufgrund seines Stillstandes an Zuspruch verlor, wurden auch die Budgets und Ressourcen gekürzt, und der Teufelskreis aus schwindenden Usern und noch weniger Ressourcen für die Weiterentwicklung des Services wurde unaufhaltbar. Heute fristet Flickr ein Dasein in der Bedeutungslosigkeit, in guter Gesellschaft mit anderen vormals revolutionären Applikationen wie Delicious, Brizzly oder StumbleUpon, die unter den Dächern von Yahoo!, AOL und eBay ihren Spirit und damit auch ihre Fans einbüßten.

Es ist erstaunlich, dass Flickr bisher nicht das gleiche Schicksal wie GeoCities ereilte. Diese früher sehr beliebte Plattform, auf der Menschen recht einfach ihre eigenen Webseiten bauen konnten, wurde 1999 von Yahoo! für ganze 3,5 Milliarden Dollar gekauft – übrigens das Dreifache von dem, was man für den Blogging-Service Tumblr im Frühsommer 2013 auf den Tisch blätterte. Nur wenige Jahre nach dem Kauf wurde der Service eingestellt, und GeoCities verschwand von der Internetoberfläche. Es wird spannend sein, zu sehen, ob man bei Yahoo! aus den Fehlern der Vergangenheit gelernt hat und es mit Tumblr besser macht.

Leider ist die Geschichte auch bei Investitionen in Start-ups, die nicht zum ursprünglichen Kernbereich des Mutterunternehmens zählen, keine viel bessere. Dort fehlt es den Konzernen regelmäßig am Verständnis für das Geschäftsmodell, das sie gerade gekauft haben – und damit verknüpft auch am notwendigen langen Atem. Oftmals werden die Start-ups wie ein drittes Bein an den Körper des Konzerns angenäht und von diesem wie eine störende Extremität zwar ernährt, ohne aber von den Funktionen des Gesamtorganismus profitieren zu können. Dazu kommt, dass der Aufbau eines Start-ups üblicherweise länger dauert als ein Konjunkturzyklus, und so kommt es leider sehr häufig vor, dass ein Projekt schon früh abgebrochen wird, weil es nicht schon nach kurzer Zeit erfolgreich läuft. In schwierigen Zeiten werden zuerst die Aktivitäten unter die Lupe genommen, die (noch) nicht zum Kerngeschäft gehören. Corporate Ventures stehen diesbezüglich in der ersten Reihe, was nicht selten dazu führt, dass mit den ersten Sparmaßnahmen das gefühlt nutzlose dritte Bein wieder amputiert wird. Zum Schluss bleibt eine hässliche Narbe – und oftmals die Angst aller Beteiligten, sich mit einem ähnlichen Thema die Finger zu verbrennen. Dann lässt man es doch lieber gleich.

Weder Hybride noch Übernahmen oder andere Lösungsversuche, die bestenfalls auf viel Geld, aber wenig Zeit beruhen, sind die Lösung für das Kreativitätsproblem von großen Unternehmen. Eine Anpassung von Großorganisationen an die informellen, dezentralen, flexiblen und netzwerkartigen Strukturen, die schon die Kreativwirtschaft stark gemacht haben und aus denen sich das Wachstum generiert, wäre jetzt der fromme Wunsch – muss aber wohl als Utopie im Raum stehen bleiben. Eine Politik der kleinen Schritte und eine sukzessive Annäherung und Anpassung auf vielen Ebenen über die üblichen Konjunkturzyklen hinaus hat sich schon in vorhergegangenen wirtschaftlichen Umwälzungen als valide Überlebensstrategie für große Organisationen bewiesen. Der erste Schritt in die richtige Richtung ist wohl, die Hoffnung auf das Wiedereinkehren von betriebswirtschaftlicher Normalität aufzugeben – und den Ausnahmezustand als normal anzusehen. So kommt man gar nicht mehr auf die Idee, spannende Konzepte langatmig zu integrieren, sondern man gibt ihnen die Möglichkeit, die Gunst der Stunde zu nutzen, und unterstützt nach besten Kräften. Dann kann man auch als Großkonzern durchaus ein bisschen Kreativwirtschaft sein.

REMEMBER

- Kreativität ist ein kognitiver Prozess, der zu einer originellen, neuen, einzigartigen oder ungewöhnlichen und zugleich anwendbaren, passenden oder nützlichen Lösung eines Problems führt. Kreativität ist vielfältig, individuell, kann nur durch soziale Prozesse gehoben werden und wird erst durch ihre Anwendung sichtbar. Kreativ sein bedeutet, ein Problem eigenständig zu erkennen, sich dazu eine Lösung zu überlegen, sie auszuprobieren, daraus zu lernen, die Lösung zu verbessern und erneut damit herumzuexperimentieren.
- Lose Netzwerke und reale Räume sind die Heimat und Infrastruktur der Kreativwirtschaft. Innovation wird in den zufällig anmutenden Prozessen geboren, die in der Kreativwirtschaft ablaufen. Sie sind vor allem diffus, praxisorientiert und experimentgetrieben, Community-basiert und werden natürlich weder zentral gesteuert noch im Verlauf bewusst gemanagt oder arbeitsteilig organisiert. So sind Ideen in der Regel genauso wenig wie ihre Umsetzung das Ergebnis der Arbeit einer einzelnen Person, sondern das Produkt von Interaktion und Wissensaustausch sowie konkreten Kooperationen in den Wertschöpfungsprozessen.
- Die Auslöser für Innovationen sind meist Probleme, die aus technologischen oder gesellschaftlichen Veränderungen entstehen. Die Unzulänglichkeiten der großen Systeme und Organisationen sind somit die Nischen der Kreativszene.
- Der Tod der Kreativität sind optimierte, effiziente Prozesse und einheitliches und vereinheitlichendes Management. Kreativität

entfaltet sich nur in ergebnisoffenen Prozessen, lässt sich also nicht zentral organisieren, standardisieren und optimieren.

- Kreativität kann nicht als Rundum-sorglos-Paket gekauft werden. Die Vergangenheit zeigt, dass Unternehmensaufkäufe oder andere derartige Lösungsversuche, in die viel Geld, aber wenig Zeit investiert wird, das Innovationsproblem von großen Unternehmen nicht lösen, weil sie nicht auf organisationales Lernen ausgelegt sind. Notwendig ist eine sukzessive Annäherung und reziproke Anpassung auf vielen Ebenen über die üblichen Konjunkturzyklen hinaus.

READ
- Florida, Richard: The Rise of the Creative Class. New York. Basic Books 2002
  Viel gelobt und viel kritisiert ist das Werk unbestritten das einflussreichste zur Entwicklung der Kreativwirtschaft, der kreativen Klasse und ihres Einflusses auf Wirtschaft und Gesellschaft.

Innovation als Kampfbegriff

Die Unternehmen, die in den letzten Jahren für größere Umweltkatastrophen verantwortlich waren, haben alle vorbildliche Nachhaltigkeitsberichte. Manch einer wurde in der Zwischenzeit sogar mit Preisen ausgezeichnet. Lässt sich daran ein Sinneswandel ablesen? Zweifel sind angebracht. Denn viele der Kandidaten hatten auch schon tolle Nachhaltigkeitsberichte, bevor es zum Sündenfall kam. Überspitzt gesagt könnte man meinen, ein Hochglanzbericht würde als Kontraindikator fungieren: Die, die etwas zu verbergen haben, investieren am meisten in ihr grünes Mäntelchen.

Ganz ähnlich scheint es sich mit dem Thema Innovation zu verhalten. In vielen Unternehmen ist Innovation zwar ein Schlagwort, das eine zentrale Rolle in der internen und externen Kommunikation spielt, dem aber der Unternehmensalltag nicht mal ansatzweise gerecht wird. Wer innovativ ist, spricht kaum noch drüber. Wer es aber nicht ist, spricht über fast nichts anderes mehr. Innovation scheint zu einem Mantra geworden zu sein, zu einer leeren Sprechformel gegen die Angst. In vielen Unternehmen, die irgendwie, irgendwo und irgendwann den Anschluss verpasst haben, bekommt der Glaube an die Innovation fast schon religiöse Züge: Eine Innovation möge uns erlösen! Amen!

Dabei wird der Begriff Innovation oftmals falsch genutzt. Der Buchautor Braden Kelley hat es in einem Beitrag für die weltweit gelesene Webseite *innovationexcellence.com* in vorbildlicher Weise geschafft, Innovation zu definieren – und dabei ganz nebenbei auch noch die Abgrenzung zur Erfindung geleistet: »Innovation verwandelt die nutzbare Saat der Erfindung in eine Lösung, die höher als jede bestehende Alternative bewertet und weithin eingesetzt wird.« Eine Erfindung allein ist also noch keine Innovation. Sie wird erst dazu, wenn sie sich als nützlich erweist und auf breite Akzeptanz stößt. Und erst dann wird sie auch wirtschaftlich nutzbar.

Starke Innovationen zeichnen sich nach Kelley durch die Kombination aus Nutzenerzeugung, Nutzenzugang und Nutzenverständnis aus. Das heißt, dass nicht nur der Nutzengewinn gegenüber der bestehenden Lösung, dem Status quo, groß genug sein muss, damit sich ein Wechsel lohnt. Dieser Wechsel sollte auch möglichst einfach erfolgen können, und dem Kunden muss deutlich werden, dass es diesen Nutzengewinn überhaupt für ihn gibt. Gerade Letzteres ist erfolgsentscheidend, wenn das Produkt eine radikale Veränderung des Nutzungsverhaltens verlangt. Das klappt in der Regel nur, wenn Produkte möglichst intuitiv gestaltet und die Kunden am Anfang nicht damit alleine gelassen werden.

Nun lässt man sich diese Beschreibung auf der Zunge zergehen und schon wird klar: Eine einzelne Person oder auch eine Abteilung kann den Auftrag »Innovation« alleine gar nicht stemmen. Noch nicht einmal das Beispiel von Steve Jobs, der weithin als größter Innovator unserer Zeit gefeiert wird, bildet die Ausnahme zur Regel. Denn auch wenn manch wichtige Idee tatsächlich von ihm kam, gab es gerade zu Beginn auch furchtbare Fehleinschätzungen seinerseits – sowohl bei Apple als auch bei seiner zweiten Firma NeXT. Die kosteten ihn nur deswegen nicht den Kragen, weil viele Teams an anderen Stellen im Unternehmen ganz ohne Steve Jobs eigene Visionen und Produkte entwickelten, ohne die die Geschichte von Apple wohl nicht zu der Legende geworden wäre, die sie heute ist.

Der Glaube, dass neue Märkte mit neuen innovativen Produkten erobert werden, die von ein paar ganz wenigen genialen Köpfen geboren werden, ist ein Trugschluss. Werfen wir einen Blick auf die großen Innovationen, die heute maßgeblichen Einfluss auf die Gestaltung unserer Gesellschaft und die Wirtschaft haben. Das sind nicht die Leistungen einzelner Menschen oder einzelner Organisationen gewesen. Das Internet ist dafür zweifellos das beste Beispiel. Um von der Erfindung des digitalen Datenverkehrs bis zu dem zu kommen, was wir heute als Internet begreifen, haben unzählbar viele Menschen und Organisationen einen Beitrag leisten müssen. Mit »small pieces loosely joined«, also nur lose verbundenen, kleinen Teilen, beschreibt der Internetphilosoph David Weinberger in seinem gleichnamigen Buch das Internet. Er untermauert damit die Idee, dass ungelenktes, dezentrales Zusammenwirken vieler Kräfte – um nicht zu sagen Chaos – die Innovationen hervorbringt, die sich am weitreichendsten, stärksten und vor allem nachhaltigsten in unserer Welt verankern werden. Die Rahmenbedingungen, die das Internet ermöglichten und von denen es zugleich profitierte, sind seither in vielen anderen erfolgreichen innovativen Projekten wiederzuerkennen: Offenheit, Asynchronität, Veränderbarkeit, Dezentralität sowie die Abwesenheit von Hierarchie und Zielvorgaben.

Wäre also der nächste logische Schritt, die beschriebenen ungelenkten, vielfältigen Mechanismen eins zu eins auf das eigene Unternehmen zu übertragen? Wohl eher nicht. Kaum ein Unternehmen würde derartige Grundvoraussetzungen für Innovation schaffen wollen, denn sie sind ganz einfach zu konträr zu den Grundfesten, auf denen die klassische Unternehmensorganisation beruht. Aber das müssen sie auch gar nicht, da der Innovationsdruck zunächst gar nicht so hoch ist wie immer vermutet. Die Vergangenheit hat schließlich immer wieder gezeigt, dass Innovationen alleine noch lange nicht die Zukunft eines Unternehmens sichern. Auch wer einen Treffer landet, läuft immer wieder Gefahr, an der nächsten Ecke schon wieder überholt zu werden. So kann das Überleben eines Unternehmens oft besser mit cleverer Adaption oder Rekombination schon bekannter Lösungsansätze gesichert werden. Dafür gibt es genügend starke Beispiele: Wer würde etwa den Samwer-Brüdern absprechen, dass sie über die Jahre eine ganze Zahl zukunftsfähiger Geschäftsmodelle in Deutschland eingeführt haben? Dabei setzen sie alleine darauf, Innovationen aus anderen Märkten, vor allem aus Nordamerika, in neue Märkte auszurollen. Als »Copycats« oder »Klonkrieger« werden sie dafür gerne beschimpft – aber damit haben sie wohl zu leben gelernt. Und mancher Kritiker mag vor allem seinem Ärger darüber Luft machen, dass er nicht selbst darauf gekommen ist.

Ein anderes Beispiel findet sich im Mobilfunkbereich. Über die Jahre betrachtet ist Nokia sicher das innovativere Unternehmen als HTC oder Samsung gewesen. Aber was hat es der Firma gebracht? Sie wurde abgehängt, als der Markt in Richtung Smartphones kippte. Die gesammelten Patente halfen im operativen Geschäft überhaupt nicht mehr. Im September 2013 kam dann der große Knall: Nokia stieß seine Handysparte ab, der Aktienkurs schoss in die Höhe. Der BlackBerry-Hersteller Research in Motion, der selbst noch einer der Treiber der Entwicklung gewesen war, die Nokia das Leben schwer machte, musste ebenfalls abreißen lassen, als die Nachfrage eindeutig in Richtung Touchscreens zeigte, und kam nur wenige Wochen nach Nokia ins Visier potenzieller Käufer. Um weiterhin erfolgreich zu sein, hätte es schon gereicht, erfolgreich adaptieren zu können. Nokia und Research in Motion haben das nicht geschafft und stattdessen viel zu lange auf ihre eigenen Produktinnovationen gesetzt. In genau dieser Zeit wurden sie von Samsung und HTC abgehängt.

Der Mobilfunkmarkt wird schon länger nicht mehr von echten Innovationen getrieben, die dezentral zur Verfügung gestellte Software lässt es nur so aussehen. Echte bahnbrechende Erfindungen sind seit der ersten Version des iPhones von Apple nicht zu beobachten. Man müsste also nur im Strom mitschwimmen. Aber selbst diese Form, die Zukunftsfähigkeit eines Unternehmens sicherzustellen, ist eben alles andere als trivial. Hektik ist dabei die falsche Antwort, auch wenn man sie leicht mit Geschwindigkeit verwechselt. Auch bringt es nichts, seine grundlegenden Prinzipien über Bord zu werfen. Man muss nur dafür sorgen, dass sie auf die neuen Anforderungen anwendbar bleiben. Die Fähigkeit dazu gehört in die DNA des Unternehmens – und nicht in Schriftstücke oder einzelne Abteilungen.

Worauf sich Unternehmen also eigentlich konzentrieren müssen, ist der intelligente Umgang mit den Veränderungen und Innovationen, mit denen sie von außen und immer schneller konfrontiert werden. Das wiederum ist in erster Linie eine Frage der Integrationsfähigkeit. Aber die ist nicht messbar und eignet sich daher nicht für kurzfristige Zielvereinbarungen. Und so kommt es, dass man vor allem das tut, was den Eindruck vermittelt, dass man innovativ ist. Im Nachhaltigkeitsbereich wird das als »Greenwashing« bezeichnet, also als Versuch, sich ein grünes Mäntelchen der Nachhaltigkeit umzuhängen, indem man über Einzelmaßnahmen und damit einhergehender intensiver PR versucht, ein grünes Image zu prägen. Im Innovationsbereich könnte man das vielleicht mit »Fortschrittsvortäuschung« beschreiben. Es ist der Versuch, mit einigen wenigen Beispielen ein Bild für die Öffentlichkeit zu zeichnen, von dem man sich eine positive Wahrnehmung verspricht – ohne aber an den Kernstrukturen und -prozessen etwas ändern zu müssen. Wir nennen das Pseudoinnovation.

Und jetzt die gute Nachricht für all diejenigen, die damit schon lange Probleme haben: Den Unternehmen, die diese Strategie perfektioniert haben, ist auf Dauer eigentlich nicht mehr zu helfen. Die Zeiten, in denen man alleine über PR-Maßnahmen die Wahrnehmung in der Öffentlichkeit steuern konnte, sind vorbei. Im Vergleich zu denen, die sich ein zu großes innovatives Mäntelchen umhängen wollen, stehen diejenigen fast ein bisschen besser da, die trotzig an Altbewährtem festhalten – und auch noch stolz darauf sind. Denn der Irrglaube, am Puls der Zeit zu sein, ist fast gefährlicher, als wenn man sich gar nicht erst mit einer neuen Technologie beschäftigen würde. In einem großen Handelsunternehmen sorgte die abstrakte Erkenntnis, dass der Trend hin zu Tablet-Computern das Einkaufsverhalten der Menschen verändert, dafür, dass alle Direktoren und Vorstandskollegen mit einem solchen Tablet ausgestattet wurden. Sie glaubten nun, den Sprung ins Fahrwasser der neuen Technologie gemeistert zu haben, weil sie ihre E-Mails mobil schreiben konnten. Dabei benutzten sie das Tablet aber einfach nur ganz genauso, wie sie vorher ihren Computer benutzt hatten. Unternehmen, die diese Art des Überwälzens gelernter Verhaltensweisen in die neue Welt nicht als Gefahr erkennen, sind bald vom Aussterben bedroht. Es ist ganz sicher keine Schande, wenn man als altgedienter Manager nicht jeden Trend mitmachen will. Kritisch wird es aber, wenn man den eigenen Mitarbeitern nicht die Chance gibt, den Markt entsprechend zu beackern – nur weil man selbst damit nichts anfangen kann. Die Krönung ist, sich dieser Themen anzunehmen, ohne sie verstanden zu haben, um sein Soll zu erfüllen. Womit man aber genau das Gegenteil erreicht.

Eine weitere schöne Variation dieser Form von Pseudoinnovation ist die intensive Beschäftigung mit Themen, die zwar für die eigene Peergroup und Profession relevant sein mögen, im Markt aber keinerlei Fußabdrücke hinterlassen. Personaler und Marketingmanager etwa lassen sich gerne von ihresgleichen auf Fachtagungen für ihre besonders kreativen Recruiting-

Methoden, Werbefilme oder Messestände feiern, auch wenn diese keinerlei positiven Effekt auf den Recruiting-Erfolg oder die Verkaufszahlen haben. Für den Lebenslauf der jeweiligen Verantwortlichen mag das gut sein, für ein Unternehmen, das sich in einem sich wandelnden und immer schwieriger werdenden Markt behaupten muss, ist das im besten Fall irrelevant. Und im schlimmsten Fall sogar gefährlich.

Das gilt ebenso für das letzte Beispiel eines falschen Verständnisses von Innovation, das der Harvard-Ökonom Umair Haque als »Unnovation« bezeichnet. Diese Beschreibung greift vor allem dort, wo die Möglichkeiten der Sinnstiftung über Imitation oder minimale Innovation weitestgehend erreicht sind. Bei vielen Produkten sind die wirklich erreichbaren Verbesserungen inzwischen so marginal, dass sie dem Kunden nur noch über teure Marketingkampagnen und kreative, aber kaum nachvollziehbare Wirkungsversprechen nähergebracht werden können. Allzu lange kann es aber nicht mehr dauern, bis die maximale Zahl der Klingen, die ein Rasierer haben kann, erreicht ist. Und wenn es inzwischen schon nötig erscheint, Duschgel mit Silberstaub zu versetzen, um Preise über dem Marktdurchschnitt zu erreichen, scheint auch hier das Ende der Fahnenstange bald erreicht. Wer diesen Weg einfach weitergeht, betreibt nach Haque »Unnovation«. Für eine gewisse Zeit mag man damit noch durchkommen und abkassieren können, vor allem wenn man als starke Marke im Markt platziert ist. Aber was, wenn auf einmal jemand genau in diesen Markt mit einer echten Innovation einfällt?

Besonders die größeren Organisationen sind nicht erst seit der letzten Umstrukturierung samt Downsizing oftmals zu abgemagert, um neue Ideen von ihren eigenen Mitarbeitern entwickeln zu lassen. Wer Mitarbeiter braucht, die sich das Fragen auch trauen und schließlich auf die richtige Fragestellung kommen können, braucht keine ausgefeilte Feedbackschleife oder ein Innovationsmanagement à la 1980er-Jahre, das früher unter dem Namen »betriebliches Vorschlagswesen« bekannt war. Es hilft auch nicht, wenn man dem Kind einen vermeintlich spannenden Namen gibt, wie »Innovation Contest«. Zwar sind solche Ansätze ein legitimer erster Schritt, sich dem Thema zu nähern, aber sie bergen die Gefahr, dass man sich danach zurücklehnt, weil man glaubt, das Soll erfüllt zu haben. Dabei entsteht fortschrittliches Denken eben nicht auf Knopfdruck und ist nicht in Standardformularen abfragbar. Veränderung als einen Standardprozess zu begreifen, der effizient und effektiv abgearbeitet werden muss, ruft lediglich die Optimierer auf den Plan – mit dem Irrglauben, dass Innovation einem Algorithmus folgt und per Knopfdruck gestartet werden kann. Die Mitarbeiter merken das schnell, denn sie sind in der Regel weder blind noch blöd. Deswegen werden sie sich denken: »Wenn das Innovation ist – dann waren wir schon immer innovativ.« Und dann lehnen sie sich guten Gewissens zurück, und es herrscht endlich wieder Ruhe – und Stillstand.

REMEMBER
- Erst wenn eine Erfindung zu einer Lösung wird, die sich als nützlich erweist, höher als jede bis dahin bestehende Alternative bewertet wird, auf breite Akzeptanz stößt und auch wirtschaftlich nutzbar ist, kann man von Innovation sprechen. Starke Innovationen zeichnen sich durch die Kombination aus Nutzenerzeugung, Nutzenzugang und Nutzenverständnis aus.
- Die Bezeichnung »Innovation« ist eine Zuschreibung, die im Nachhinein auf eine Veränderung folgt. Für Innovation gibt es keine Zauberformel oder einen klar definierten Prozess, der abgearbeitet werden kann. Innovationen entstehen aus der Interaktion von Menschen und nur in Kulturen, die Raum für kreatives Handeln und Veränderungen geben.
- Wahre Innovationen sind selten. Unternehmen müssen sich nicht so sehr auf das Treiben eigener Innovationen konzentrieren, sondern viel mehr auf den intelligenten Umgang mit den Veränderungen und Innovationen, die von außen auf sie zukommen. Voraussetzung dafür ist ein hohes Maß an Integrationsfähigkeit.

- Marginale Produktverbesserungen, die dem Kunden über teure Marketingkampagnen und kreative, aber kaum nachvollziehbare Wirkungsversprechen nähergebracht werden, nennt Umair Haque »Unnovation«. Unternehmen mit dieser Form der »Fortschrittsvortäuschung« betreiben Pseudoinnovation. Und das ist sogar gefährlicher, als sich gar nicht mit dem Thema zu beschäftigen.

READ

- Haque, Umair: »Is Your Innovation Really Unnovation?«. Harvard Business Review Blog: http://blogs.hbr.org/2009/05/unnovation/
  Wenn man schon mal dort ist, kann man den Blog von Haque gleich abonnieren oder bookmarken. Dann hat man nicht nur ein paar kluge Gedanken zu Innovation aufgeschnappt, sondern so etwas wie ein »Kluge-Gedanken-Abo«.
- Isaacson, Walter: Steve Jobs: Die autorisierte Biografie des Apple-Gründers. München, C. Bertelsmann Verlag 2011
  Über Apple wurde viel geschrieben. Über Steve Jobs wurde viel geschrieben. In Isaacsons Buch kann man trotzdem noch etwas lernen, etwa wo Steve Jobs auch einmal danebenlag.
- Kelley, Braden: »Innovation is All About Value«. http://www.innovationexcellence.com/blog/2011/08/01/innovation-is-all-about-value/
  Kelley beschäftigt sich intensiv mit der Frage, wie Innovation richtig definiert wird.
- Weinberger, David: Small Pieces Loosely Joined. A Unified Theory of the Web. New York, Basic Books 2002
  Weinberger hat nicht weniger als das Standardwerk zum Verständnis des Internets geschrieben. Alleine deswegen sollte man Small Pieces Loosely Joined kennen.

Standardisierung aus Angst vor dem Tod

Wo man auch hinschaut, die meisten Strukturen tendieren ab einer gewissen Größe dazu, sich zu Tode zu standardisieren. Wie tragisch das ist, zeigt auch das Beispiel der Hanse, der im Spätmittelalter entstandenen Vereinigung niederdeutscher Kaufleute. Lange Zeit wurden die losen Strukturen der Hanse in der neueren Forschung als rückständig angesehen. Das ist nicht verwunderlich, ging doch im Nachkriegsdeutschland die dominierende Forschungsmeinung in die Richtung, dass »bürokratisch-hierarchische Organisationsformen als moderne und zukunftsweisende Unternehmensmodelle« angesehen wurden. Heute ist man schlauer. Und man hätte es auch damals schon sein können, denn die erfolgreichste Zeit der Hanse war fraglos die, in der sie lose und dezentral organisiert und nach außen offen war. Der Niedergang kam erst, als das, was man heute Bürokratie, Zentralisierung und Standardisierung nennt, Einzug hielt.

Die Düsseldorfer Geschichtsprofessorin Margrit Schulte Beerbühl hat die Gründe für den Aufstieg der Hanse – und vor allem für ihren Niedergang – eingehender untersucht und in einem kurzen Aufsatz mit dem Titel »Das Netzwerk der Hanse« dargelegt. Erfolgreich war die Hanse vor allem so lange, wie sie sich darauf konzentrierte, Rahmenbedingungen zu schaffen, in denen die Kaufleute Handlungs- und Rechtssicherheit weit über die jeweiligen Staatsgrenzen hinaus hatten, ansonsten aber frei und ohne größere bürokratische Hemmnisse ihren Geschäften nachgehen konnten. Nach heutiger Diktion kann man von einem losen Netzwerk sprechen, in dem viele Knoten gleichberechtigt nebeneinander existierten. Die in den einzelnen Städten ansässigen Kontore beschränkten sich weitestgehend darauf, im Austausch mit der Obrigkeit die bürokratischen Anforderungen an die Mitglieder gering zu halten. Durch diese weitgehende Informalität konnten die Transaktions-, Informations- und Organisationskosten niedrig gehalten werden. Das verschaffte der Hanse und ihren Mitgliedern entscheidende Vorteile gegenüber ihren Konkurrenten.

Die Garantien sowie die Vertrauenskultur innerhalb der Hanse ermöglichten den Kaufleuten auch das, was man heutzutage unter Risikostreuung versteht. Anstatt ein einziges Schiff alleine zu besitzen und nur die eigenen Waren zu transportieren – immer mit dem Risiko behaftet, mit einer Havarie oder einem Piratenangriff alles zu verlieren –, bürgerte es sich ein, dass man stattdessen lieber viele kleinere Schiffsbeteiligungen einging und seine Waren über verschiedene Schiffe streute. Die Erkenntnis, dass man nicht alle Eier in einen Korb legen sollte, bewahrte die Kaufleute der Hanse vor zu großen Einzelrisiken. Mit dieser Lösung konnte man kalkulierte Risiken eingehen, ohne das eigene Überleben infrage zu stellen. Unter dem Dach der Hanse gelang es darüber hinaus, Kaufleute verschiedenster kultureller Hintergründe zu versammeln, die miteinander Handel nach gemeinsamen Regeln trieben. Die Händler aus den verschiedenen Hansestädten konzentrierten sich jeweils auf bestimmte Waren oder Regionen und optimierten diese spezialisierten Netzwerke zu ihrem eigenen Nutzen – aber gleichzeitig auch zum Nutzen aller.

In einer Zeit des zunehmenden Gegeneinanders der aufkommenden Territorialstaaten gerieten Themen wie Expansion und Offenheit ins Hintertreffen, und man setzte stattdessen vermehrt auf die Abschottung nach außen und eine stärkere Homogenisierung nach innen. Die Kaufmannschaft, die ihren Zusammenhalt auch aus ihrer Gleichberechtigung schöpfte, wurde durch Diskriminierung einzelner Gruppen gespalten. Die wachsende Zahl von Vorschriften zur Vereinheitlichung des Handels sorgte mit dafür, dass die Transaktionskosten stiegen und die Vorteile gegenüber den nicht in der Hanse organisierten Mitbewerbern verloren gingen. Immer öfter kam es zu Auseinandersetzungen zwischen der inzwischen eingesetzten zentralen Geschäftsführung und den Beschlüssen der Hansetage einerseits und den einzelnen Kontoren andererseits, die sich mit aller Kraft gegen eine weiter gehende Zentralisierung wehrten. Andersdenkende waren in den Hansestädten plötzlich nicht mehr willkommen und sorgten später anderswo, etwa in Amsterdam und London, mit für deren spektakulären wirtschaftlichen Aufschwung.

Es lassen sich durchaus Parallelen zwischen dem Niedergang der Hanse und dem vieler Großunternehmen in der heutigen Zeit ziehen. Anstatt die Kreativkräfte der eigenen Mitarbeiter – und die ihrer Netzwerke – für sich nutzbar zu machen, werden Standards und Regeln definiert, die für viele nicht passfähig sind und sie lähmen. Homogenität nach innen und Abschottung nach außen sind Bestandteil der meisten hierarchisch und bürokratisch organisierten Strukturen. Vertrauen wird durch Kontrolle ersetzt, kreative Problemlösung durch klare Vorgaben. Anstatt Tochterfirmen oder Unternehmenseinheiten die Freiheiten zu geben, ihren Geschäftsbereich selbständig zu bespielen, funkt die Zentrale immer wieder dazwischen. Diejenigen, die mit der Gleichförmigkeit nicht zurechtkommen, verlassen das Unternehmen und sorgen an anderer Stelle für eine neue Blüte.

Ein aktuelles Beispiel für die Übermotivation der Bürokraten ist die Zahl der zu beachtenden Regelungen, gerade in international tätigen Unternehmen. Unter dem Stichwort Compliance haben sich Unternehmenslenker in den letzten Jahren darum bemüht, jede auch noch so kleine Regelungslücke mit einer eigenen Richtlinie zu schließen. Dafür gab es natürlich Gründe, etwa spektakuläre Bestechungsfälle und deftige Strafzahlungen, mit denen auch deutsche Unternehmen konfrontiert waren. Bei Daimler führte das aber nach eigenen Angaben zwischenzeitlich zu einem Gestrüpp aus 1800 einzelnen Direktiven. Dass jeder Mitarbeiter diese alle im Blick haben kann, ist abwegig. Insofern ist klar, was ein solcher Regelungsdschungel eigentlich bezwecken soll: Er ist so etwas wie die selbst geschaffene Vollkaskoversicherung des Managements gegen sämtliche Eventualitäten.

Dass gleichzeitig kaum ein Mitarbeiter mehr bereit sein wird, auch nur ein kleines Risiko in Kauf zu nehmen, in der Angst, ungewollt und unwissentlich gegen irgendeine Regel zu verstoßen und dafür später zur Rechenschaft gezogen zu werden, ist die andere Seite der Medaille. Das hat man auch bei Daimler inzwischen erkannt, unter anderem nachdem man feststellen musste, dass dem Konzern Fahrzeugverkäufe entgangen waren, weil die Verkäufer zunächst noch Rücksprache mit der Compliance-Abteilung halten mussten. In anderen Unternehmen sieht es kaum anders aus. Keine Frage: Korruption und Co. kosten Geld, Überregulierung aber offensichtlich auch. Vor allem, wenn man davon ausgeht, dass die nicht messbaren Effekte aus dauernder Rückversicherung, Entscheidungsverzögerungen und Entscheidungsverweigerungen sich über die Zeit aufsummieren. Insofern verwundert es nicht, dass Daimler schon 2012 mitteilte, dass man die unglaubliche Zahl von 1800 Regelungen inzwischen auf unter 1000 gebracht und noch nicht vorhabe, dort stehen zu bleiben.

Das Standardisierungsdenken macht oftmals auch vor der Produktgestaltung nicht halt. Dabei wären die Möglichkeiten, sich zu differenzieren, dort besonders reichlich: Qualität, Geschwindigkeit, der Preis oder das Preis-Leistungs-Verhältnis, Design, Exklusivität, der Service. Der Fantasie sind kaum Grenzen gesetzt – gerade in einer von individuellen Bedürfnissen geprägten Welt. Einfach nur genau so zu sein wie der Marktführer wiederum, ist kein besonders starkes Verkaufsargument. Da nimmt man als Kunde in der Regel doch lieber das Original. Das klingt trivial, ist es aber in der Realität für viele Unternehmen nicht. Wenn ein Mitbewerber mit einer echten Innovation an den Markt kommt, ist die Reaktion in den Konzernzentralen meist nicht ein »Das können wir auch, nur noch besser, schneller oder günstiger!«, sondern sie beschränkt sich auf ein »Das brauchen wir auch!«.

Eine Antwort auf die Frage zu finden, wie man sich als Unternehmen im Wettbewerb positioniert, ist die ureigenste Aufgabe

des Managements. Wenn man sich daranmacht, eigene Maßstäbe zu definieren – und sie auch in die Realität umzusetzen –,
wird Management zur Kunst, ansonsten bleibt es reine Bürokratie. Die Reaktion darauf, dass ein Konkurrent ab sofort
einen 24-Stunden-Lieferservice anbietet, müsste eigentlich sein,
eine taggleiche Lieferung möglich zu machen oder denselben
Service günstiger anzubieten. Bei solchen Aufgaben verlässt
viele aber der Mut. Das ist fast logisch, denn wenn man schon
nicht darauf kam, das anzubieten, was der Konkurrent plötzlich
anbietet, wo soll dann auf einmal das Selbstbewusstsein her-
kommen, dass man es sogar noch besser kann? Die Verengung
des Blicks auf eine immer weiter fortschreitende Standardisierung, auf immer mehr »me too«, anstatt auf Alleinstellungs-
merkmale zu setzen, macht Management zu einem Hase-und-
Igel-Spiel, bei dem die Konkurrenz der Igel ist, der immer schon
da ist, wenn man selbst ankommt. Das wiederum macht ungefähr genauso viel Sinn wie Selbstmord aus Angst vor dem Tod.

Natürlich nutzen auch die erfolgreichsten Unternehmen mit
zunehmender Größe allesamt verschiedene Möglichkeiten der
Standardisierung. Dies beschränkt sich allerdings maßgeblich
auf Bereiche, die für einen reibungslosen Ablauf der täglichen Arbeit zwar wichtig sind, nicht aber im Marktauftritt den
Unterschied machen. Die spanische Inditex-Gruppe, die den
meisten wohl eher durch ihre Vertriebslinien wie Zara bekannt
ist, ist ein gutes Beispiel dafür. Sie setzt darauf, sich an entscheidenden Stellen in der Supply Chain von allen Konkurrenten
abzusetzen. Während diese nämlich fast ausnahmslos in Asien
produzieren – und demnach mit der mehrwöchigen Transport-
dauer über Containerschiffe kalkulieren müssen, produziert
man bei Inditex einen Großteil der Kollektion in Europa und
Nordafrika und damit nahe an den größten Absatzmärkten.
Während die anderen noch auf ihre Ware warten, liegt sie bei
Zara und Co. längst in den Läden. Der Vorteil: Zara kann
schlichtweg höhere Preise für seine Produkte verlangen und die
scheinbaren Nachteile höherer Produktionskosten mit einer bes-

seren Eingangsmarge (über)kompensieren. Das beschert dem Konzern seit Jahren einen Umsatz- und Gewinnrekord nach dem nächsten. Hätte man in A Coruña vor zehn Jahren eine der großen Unternehmensberatungen hinzugezogen, um über die Strategie zu beraten, diese hätte den Spaniern ganz sicher geraten, die gesamte Produktion nach Asien auszulagern – so wie alle Mitbewerber es auch taten. Es braucht nicht viel Fantasie, um zu vermuten, dass Inditex heute nicht dort stünde, wo es steht, wäre es auch den vermeintlich alternativlosen Weg gegangen.

Die Buchhaltung von Inditex wird dabei nicht viel anders organisiert sein als die seiner angeschlagenen Konkurrenten. Ähnliches mag für Bereiche wie den Nicht-Handelswareneinkauf, das Facility Management oder die betriebliche Altersversorgung gelten. Für all diese Themen gibt es Standardprozesse, die von leistungsfähiger Standardsoftware unterstützt werden können. Wer sich hier für den üblichen Weg entscheidet, wird deshalb sicher nicht unter Druck geraten. In den Bereichen, die das Kundenerlebnis direkt betreffen, gelten aber andere Prinzipien. Während die Kunden immer individuellere Lösungen erwarten, weil die Technologie es inzwischen möglich macht, wird sie in vielen Unternehmen eher genutzt, um die Standardisierung voranzutreiben und die Individualität zu begrenzen. Nicht die IT-Systeme bilden dann die Notwendigkeiten ab, sondern die Notwendigkeiten orientieren sich an den IT-Systemen. Sonderwünsche, die früher per Hand erfüllt werden konnten, sind nun gar nicht mehr möglich. Oder die Mitarbeiter suchen sich Wege – aber nur heimlich. »Moment, ich muss mal kurz das System austricksen.« Dieser Satz im Gespräch mit einer Servicehotline heißt: Auch dort waren die Standardisierer schon am Werk.

Dabei ist die Antwort, wie es zu dieser Form der Überstandardisierung kommen kann, recht einfach. »Es wurde noch niemand dafür gefeuert, dass er IBM-Produkte gekauft hat«, lautet ein altbekanntes Bonmot aus der Welt der IT-Abteilungen. Manager, die auf einen neuen Lieferanten setzen, etablierte Prozesse infrage stellen oder ein handgestricktes IT-System entwickeln lassen, werden eher dafür persönlich zur Verantwortung gezogen, als wenn sie altbewährten Pfaden folgen. IBM ist als Platzhalter zu verstehen, der Satz gilt in den meisten Unternehmen, für Standardsoftware wie SAP, Oracle oder Microsoft, die großen Unternehmensberatungen wie McKinsey, die Boston Consulting Group oder Roland Berger oder auch die internationalen Großkanzleien und Ratingagenturen. Wer auf diese setzt, kann furchtbar danebenliegen, wird aber wohl kaum seinen Job verlieren. Wenn man dann auch noch auf die Dienstleister setzt, die zuvor schon bei der Konkurrenz aktiv waren, bekommt man zwar auch nur die Konzepte und Applikationen angeboten, die andere auch angeboten bekommen – und längst schon umgesetzt haben. Aber damit treibt man die Absicherung nur noch weiter auf die Spitze. Denn wer wird schon dafür kritisiert, dass er sich am Marktführer orientiert, auch wenn es noch so wenig Sinn machen mag?

Ein weiteres Feld, in dem Auswüchse zu beobachten sind, ist das Thema Marktforschung. Steve Jobs hielt von den Forschern selbst und vor allem von ihren Methoden überhaupt nichts. Auf die Frage, inwieweit sein neues Produkt durch Marktforschung abgesichert sei, soll er geantwortet haben, Graham Bell habe auch keine Marktforschung gebraucht, um das erste Telefon auf den Markt zu bringen. So radikal muss man die Dinge natürlich nicht sehen. Genauso wie Unternehmensberatungen, Ratingagenturen und Hersteller von Standardsoftware haben natürlich auch die Marktforscher ihre Existenzberechtigung. Allerdings sollte man deren Arbeitsergebnisse nicht zur maßgeblichen Basis der eigenen Entscheidungen machen, weil auch ihre Methoden natürliche Grenzen haben.

Tim Renner, ehemaliger Deutschlandchef des Musikkonzerns Universal, brachte die Problematik in seinem Buch *Kinder, der Tod ist gar nicht so schlimm!* schon 2004 auf den Punkt. Die Chefs sollten der Verlockung widerstehen, zu reinen Demoskopen zu werden, denn: »Ihre Aufgabe liegt aber nicht darin, stur die Meinung anderer zu erforschen, sie sollten selbst eine haben und für diese einstehen. Durch Marktforschung wird es keine Innovation geben, sie zementiert immer nur den Status quo. […] Wir müssen damit aufhören, uns hinter vermeintlichen Plebiszit- oder Effizienzanalysen zu verschanzen, die wir für enorm viel Geld von Beraterfirmen einkaufen. Die Wirtschaft braucht Entscheider, die den Mut haben, auch mal Fehler zu machen und die Konsequenzen aus diesen zu ziehen. Wir brauchen keine Managementtechnokraten, die das verfügbare Kapital in Gefälligkeitsgutachten und Status-quo-Analysen investieren, sondern Persönlichkeiten, die ihr Geschäft verstehen und Werte produzieren – statt Entschuldigungen und Erklärungen.«

Anders gesagt: Wer nicht mit den Lemmingen untergehen will, darf auch nicht mit ihnen mitlaufen. Auch wenn es schwerfällt. Wenn sich die ganze Branche ihre Strategien von denselben Beratern zurechtzimmern lässt, ihr Produktportfolio an den Marktforschungsberichten derselben Institute ausrichtet und die Risikoeinschätzungen alleine auf den Bewertungen der wenigen großen Ratingagenturen beruhen, ist auch klar, dass die ganze Branche gleichermaßen von jeder aufkommenden Krise durchgeschüttelt wird. Wer unternehmerisches Denken durch Standardisierung ersetzt, folgt auch dem Niedergang der anderen – oder geht sogar vorweg.

Es gilt sich so aufzustellen, dass man auch in Krisenzeiten widerstandsfähig oder, wie es im Englischen heißt, »resilient« ist. Der Autor des Bestsellers *Der Schwarze Schwan*, Nassim Nicholas Taleb, geht in seinem neuen Buch *Antifragility* sogar noch ein Stück weiter. Dort fordert er nämlich, dass man sich so *antifragil* aufstellen müsse, dass man Krisen nicht nur unbeschadet überstehe, sondern aus diesen sogar gestärkt hervorgehe. Während alle anderen vom Unvorhergesehenen umgeworfen werden, sollte man selbst derjenige sein, der von Veränderungen profitiert – treten sie auch noch so plötzlich und heftig auf. Das umzusetzen bedeutet, ans Eingemachte zu gehen. Das Unmessbare messbar zu machen, Risiken zu ignorieren, den Status quo über alles zu stellen und sich nach allen Seiten politisch abzusichern ist kontraproduktiv. Was nicht vorhersehbar ist, sollte man auch als nicht vorhersehbar akzeptieren, anstatt die Zukunft so lange zu vereinfachen, bis sie in die bestehenden Muster passt. Denn damit schafft man eine Pseudogenauigkeit, mit der man sich auf Dauer nur selbst in die Irre führt.

REMEMBER

- In klassischen, hierarchischen Strukturen gilt Homogenität nach innen durch einheitliche Prozesse und klare Standards als erstrebenswert. Um die Effizienz zu steigern, wird Vertrauen durch Kontrolle und kreative Problemlösung durch klare Vorgaben ersetzt. Standardisierung macht aber nur in den Bereichen im Unternehmen Sinn, die keinen Einfluss auf den Marktauftritt und die Qualität des Produktes haben.

- Standardisierung entsteht im Unternehmen oft als Konsequenz auf die persönliche Risikominimierung in Form von Richtlinien. Es ist so etwas wie die selbst geschaffene Vollkaskoversicherung des Managements gegen sämtliche Eventualitäten.

- Wenn sich aus Gründen der Risikominimierung ganze Branchen ihre Strategien von denselben Beratern erarbeiten lassen, das Produktportfolio an den Ergebnissen derselben Marktforschungsinstitute ausrichten und die Risikoeinschätzungen auf den Bewertungen der wenigen großen Ratingagenturen fundieren, werden ganze Wirtschaftszweige von jeder aufkommenden Krise auf gleiche Weise durchgeschüttelt – der Schaden ist dann nicht selten irreparabel.

- Wird unternehmerisches Denken durch Standardisierung ersetzt, läuft man Gefahr, sein Alleinstellungsmerkmal zu verlieren und vom Markt abgehängt zu werden. Es gilt sich so aufzustellen, dass man auch in Krisenzeiten nicht nur widerstandsfähig ist, sondern sogar gestärkt daraus hervorgeht.

READ

- Renner, Tim: Kinder, der Tod ist gar nicht so schlimm!. Frankfurt am Main, Campus Verlag 2004
  Der Autor beschreibt an einem nachvollziehbaren Beispiel – der Musikindustrie –, wie man sehenden Auges die eigene Zukunft verpassen kann. Das bildet, ist aber auch noch so geschrieben, dass man zwischendrin schmunzeln muss.
- Schulte Beerbühl, Margrit: »Das Netzwerk der Hanse«. In: Europäische Geschichte Online, http://www.ieg-ego.eu/schultebeerbuehlm-2011-de
  Schulte Beerbühl beschreibt ein mächtiges Beispiel in verständlicher Sprache und einem überschaubaren Umfang. Das Dokument ist kostenlos verfügbar.
- Taleb, Nassim Nicholas: Antifragilität. Anleitung für eine Welt, die wir nicht verstehen. München, Albrecht Knaus Verlag 2013
  Das aktuelle Werk von Taleb ist zwar schwer zu lesen, setzt aber mit der These von der anzustrebenden Antifragilität einen klaren Diskussionspunkt.
- Taleb, Nassim Nicholas: Der Schwarze Schwan. Die Macht höchst unwahrscheinlicher Ereignisse. München, Carl Hanser Verlag 2008
  Taleb lässt keinen Zweifel daran, wie gefährlich es wird, wenn man Fakten immer zu einem stimmigen Bild verknüpft oder die Vergangenheit als Modell für die Zukunft nimmt. Denn die Wirklichkeit ist chaotisch, überraschend und vor allem eins: unberechenbar.

Einsamkeit an der Spitze

Als 1989 in der DDR die ersten Demonstranten auf die Straße gingen, war die Ausreisewelle über Ungarn schon in vollem Gange. Trotzig proklamierten die Protestler in Leipzig: »Wir bleiben hier!«, und machten damit klar, dass sie bereit waren, für Veränderung zu kämpfen. Die SED-Granden nahmen dieses Gesprächsangebot allerdings nicht auf, sondern verbarrikadierten sich weiterhin in ihren Betonpalästen. Gleichzeitig mit der Zahl der Auswanderer stieg auch der Druck derer, die bleiben wollten. »Wir sind das Volk!« war schon die verschärfte Ansage an das Establishment, denn man machte damit klar, dass man durchaus auch bereit wäre, die Veränderung alleine herbeizuführen. Als die Regierung letztlich reagierte, war der Geist schon aus der Flasche. Aus dem Versuch, Veränderungen innerhalb der DDR herbeizuführen, war, nachdem kein Dialog zustande kam, längst die Forderung geworden, das System als Ganzes zu zerstören. Selbst die Öffnung der Mauer brachte keine Entspannung mehr, weil den Menschen längst klar war: Die wirklichen Mauern finden sich in den Köpfen der Mächtigen. Und diese zu überwinden, ohne die Personen zu entmachten, dürfte weit schwieriger sein, als eine Lücke in die Berliner Mauer zu meißeln. »Wir sind ein Volk!«, die letzte Parole der Demonstranten wird am Ende Realität, und am 3. Oktober 1990 hört die DDR auf zu existieren.

Nun werden wir natürlich nicht Unternehmensleitungen mit Diktatoren vergleichen. Aber nichtsdestotrotz lässt sich die Moral aus dem Beispiel deutsche Einheit auf die Situation in vielen Firmen übertragen. Denn auch dort sieht man in schwierigen Zeiten einen Teil der klugen Leute das sinkende Schiff verlassen, während andere bei dem Versuch, ihren Beitrag zum Turnaround zu liefern, immer wieder an den Mauern innerhalb der Organisation abprallen. Dabei müssen auch diese Mauern nicht immer in Form von gesicherten Zugängen zu Chefetagen mit Panzerglas und Videoüberwachung auftreten. Es gibt viel subtilere Arten, die notwendige Weiterentwicklung in Unternehmen zu verhindern.

Organisationsdiagramme haben den Zweck, relevante Themenbereiche und ihre Ressourcen in Abhängigkeit zueinander abzubilden und zu organisieren. Eine unerwünschte Nebenwirkung der Bildung von Abteilungen und klaren Reporting-Strukturen ist allerdings die Entstehung thematischer Silos in den Unternehmen. Dort sammeln sich homogene Gruppen aus fachlichen Experten, die ihre ganz eigene Sprache sprechen, eigene Regeln für den Umgang miteinander herausbilden und über eigene Wissensteilungsprozesse verfügen. Aber die thematischen Schwerpunkte und Zielsetzungen der Abteilungen und die sich daraus ergebenden Prioritäten führen oft zu konkurrierenden Werten und Glaubenssätzen mit anderen Bereichen im Unternehmen. Die räumliche Abgrenzung von Abteilungen in verschiedenen Flügeln des Unternehmensgebäudes trägt ihr Übriges dazu bei. Erschwerend kommt hinzu, dass zu oft beim Personalauswahlverfahren die Fachkenntnisse sehr viel höher bewertet werden als Soft Skills wie Kooperationsfähigkeit, weshalb in vielen Abteilungen Menschen fehlen, die die notwendigen Schnittstellen nach außen kreieren könnten. Hat sich das Unternehmen erst einmal in seinen eigenen Strukturen verheddert, laufen alle Veränderungsbemühungen ins Leere. Um das zu vermeiden, bräuchte es eine unternehmensweite Kultur als Nährboden, viel Platz und Akzeptanz und die Möglichkeit, sich unerwartet zu entwickeln, auch zu scheitern, um sich irgendwann etablieren zu können.

Selbst wenn man als Garagenfirma die Etablierten eine Zeit lang vor sich hergetrieben hat, darf man als schnell gewachsenes Unternehmen niemals aufhören, hungrig zu sein und sich selbst infrage zu stellen. Immer dann, wenn sich ein Unternehmen unangreifbar fühlt, sollten die Alarmglocken läuten. Das ist leichter gesagt als getan, wie die nachfolgenden Beispiele zeigen. Denn mit dem Wachstum kommen komplexe Strukturen, die man dann oft mittels sich auftürmender Hierarchien zu managen versucht. Das reißt die Entscheider an der Spitze und die Macher an der kundennahen Basis auseinander, wenn man nicht aktiv dagegen ansteuert. Selbst wer mit cleveren Lösungen die Unternehmensentwicklung vorher selbst getrieben hat, ist nicht davor gefeit, furchtbar danebenzuliegen, wenn er plötzlich an der Spitze eines Multimillionen-Dollar-Unternehmens steht und seine Entscheidungen alleine trifft. Ein Vorzeigebeispiel für diese Problematik ist die Videothekenkette

Blockbuster, die 1985 gegründet wurde, 2004 mit 60 000 Beschäftigten ihre Blütezeit erlebte und 2010 Insolvenz anmeldete. Der Erfolg basierte zunächst auf der Anpassungsfähigkeit an die Bedürfnisse der Kunden. Die Grundlage dafür war eine vom Gründer David Cook selbst programmierte Datenbank, die dem Blockbuster-Mitarbeiter am Tresen auf einen Blick zeigten, welche Filme er noch im Haus hatte und welche schon verliehen waren. Das klingt heute ganz selbstverständlich, aber Cook war damals seinen Konkurrenten einen Schritt voraus. Das System erstellte täglich für jede Filiale Berichte, welche Filme oft über die Theke gingen und welche Ladenhüter waren. Wo auch immer Blockbuster eine neue Videothek aufmachte, konnte das Filmsortiment optimiert und sogar an die demografischen Gegebenheiten der Nachbarschaft angepasst werden.

In seiner Blütezeit Mitte der 1990er wurde Blockbuster für mehrere Milliarden Dollar am Markt gehandelt. Kaum 20 Jahre später war die Firma am Ende. Den Todesstoß gab man sich selbst mit einem Dolch, den Konkurrent Netflix geschärft hatte. Netflix kam 1997 auf den Markt und startete zunächst damit, die Bedürfnisse unzufriedener Blockbuster-Kunden zu befriedigen: Man setzte auf Videos per Post direkt ins Haus, auf eine monatliche Mitgliedschaftsgebühr statt Einzelpreise für jede Ausleihe, und den Verzicht auf Überziehungsgebühren. Netflix-Gründer Reed Hastings hatte früh eine Idee davon, wohin die Reise gehen könnte. So war es einst auch Blockbuster-Gründer Cook gegangen, nur schien der sich daran nicht mehr zu erinnern. Hastings begann die Reichweite des technologischen Fortschritts und die Möglichkeiten des Internets bereits für sich zu nutzen, als Blockbuster sich gerade erst gemütlich im alten Geschäftsmodell einrichtete.

Obwohl zum Jahrtausendwechsel erst wenige Menschen Breitband-Internetanschluss hatten, begann Netflix, sich auf das Streamen von Filmen im Netz zu konzentrieren. Um ihren Kunden den Transit von DVDs zum gestreamten Film zu erleichtern, ermöglichten sie zunächst einen kostenlosen »All You Can Watch«-Zugang zu den Filmen auf ihrer Plattform. Neben der technologischen Komponente, getrieben durch einen weitreichenden Dienstleistungsgedanken, verfolgte Hastings eine Gesamtstrategie, die das Unternehmen auch in Zukunft möglichst flexibel und agil halten sollte. Durch einen reinen Onlinevertrieb kam es gar nicht erst zu den finanziellen und logistischen Belastungen, die der stationäre Handel mit sich bringt. Für den verhältnismäßig kleinen Mitarbeiterstab galt von Anfang an eine Kultur der Freiheit und Verantwortung. Offizielle Ferienpläne und vorgegebene Wochenarbeitsstunden gibt es nicht, stattdessen bestimmen die Mitarbeiter selbst über ihre Arbeitszeit – solange alle Aufgaben erledigt und Resultate erbracht werden. Auch Jobbezeichnungen und Monatsgehälter werden selbstbestimmt festgelegt.

Blockbuster hatte derweil alle Hände voll zu tun mit Zukäufen, Verkäufen und Wechseln im obersten Management. Mit sich selbst beschäftigt ging der Blockbuster-Führung die Verbindung zur Welt um sich herum verloren. Während sein aufstrebender Konkurrent vor allem vom lösungsorientierten Umgang mit den Unzulänglichkeiten des Filmverleihmarktes lebte, traf das regelmäßig wechselnde Management bei Blockbuster seine Entscheidungen einzig und allein mit dem Blick auf die kurzfristige Rendite, und verlor dabei den technologischen Wandel und die damit sich neu herausbildenden Kundenbedürfnisse aus den Augen. So dauerte es ganze sechs Jahre, bis Blockbuster 2004 ein mit Netflix vergleichbares »Video per Post nach Hause«-Modell auf den Markt brachte und das Streamen von Filmen ermöglichte.

Während man endlich die technologische und logistische Herausforderung gemeistert hatte – wenn auch viel zu spät –, ging das Preismodell allerdings nicht mit der Zeit. Es blieb schlicht unberührt. Anstatt daran allerdings etwas zu ändern, kam dem 2007 neu bestellten Geschäftsführer James Keyes die glorreiche Idee, das Geschäftsmodell einfach wieder dem Preismodell anzupassen. Nach dem Motto »Zurück in die Zukunft« sollte sich Blockbuster wieder vermehrt auf das stationäre Ladengeschäft konzentrieren und den Fokus auf den damals (noch) nicht profitablen Onlineverleih »Total Access« reduzieren. Die Kunden aber waren längst mit der Zeit gegangen, und so wurde 2010 schließlich das Insolvenzverfahren gegen das, was von Blockbuster noch übrig war, eingeleitet.

Ein Unternehmen geht, ein anderes kommt, und das Erlebnis für den Kunden verbessert sich. Schöpferische Zerstörung gehört zu einem Markt dazu, wenn er sich entwickeln soll. Blockbuster verweigerte sich der Weiterentwicklung und verschwand, nachdem man zuvor selbst diejenigen, die sich der Veränderung des Marktes widersetzt hatten, hinweggefegt hatte. Wirklich tragisch wird dieser Prozess allerdings, wenn man die Zeichen der Zeit eigentlich früh genug erkannt hat, sogar das Potenzial gehabt hätte, einmal mehr den Markt zu treiben – und trotzdem vor die Wand fährt. Das verdeutlicht das nächste Beispiel ganz besonders gut.

Als die Digitalfotografie ihren Durchbruch feierte, war das der Anfang vom Ende von Kodak – obwohl diese Technologie ursprünglich im eigenen Haus erfunden worden war. Hinter der Geschichte steckt die Unfähigkeit des Kodak-Managements, in der eigenen Idee eine disruptive Technologie zu erkennen. Obwohl schon damals intensive Recherchen ergeben hatten, dass die Digitalkamera die Grenzen der Fotografie sprengen würde, soll das Management von Kodak über die von ihrem Ingenieur Steven Sasson 1975 erfundene Digitalkamera gesagt haben: »Wie niedlich, aber verratet niemandem etwas davon.« Und die Reaktion soll in anderen Fällen, in denen Mitarbeiter eigene Lösungen entwickelten, ähnlich gewesen sein. In seinem Buch *The Decision Loom* beschreibt Vincent Barabba – ein ehemaliger Manager und Berater von Kodak –, wie aufwendige Studien ergeben hatten, dass man noch zehn Jahre Zeit gehabt hätte, bis die digitale Fotografie den Rollfilm ablösen würde. Dieses Wissen hätte ein Geschenk des Himmels und die Rettung für Kodak sein können. Aber das Management ließ die Zeit ungenutzt verstreichen. Als sich Ende der 1980er-Jahre mit einem Wechsel in der Geschäftsführung die Chance für eine fortschrittlichere Strategie bei Kodak bot, entschied man sich gegen den technologieaffinen Kandidaten zugunsten von Kay R. Whitmore, einem Urgestein im traditionellen Rollfilmgeschäft. Er trat seinen Job mit dem Versprechen an, Kodak wieder näher an sein Kerngeschäft zu führen und sich auf Rollfilme und verwandte Chemikalien zu fokussieren.

Der Fall scheint dem von Blockbuster zu gleichen wie ein Ei dem anderen. Es überrascht daher nicht, dass auch das Ergebnis identisch war. Der 1932 verstorbene Kodak-Gründer George Eastman dürfte sich derweil im Grab umgedreht haben, hatte er doch selbst im Laufe seiner Zeit als Unternehmer zweimal ein noch gut laufendes Geschäftsmodell über den Haufen geworfen, um sich zukunftsträchtigeren Technologien zu widmen. Mit der Gründung von Kodak wandte er sich vom damals schon als fortschrittlich geltenden trockenen Gelatineverfahren zur Herstellung fotografischen Negativmaterials ab, um seine Idee – den Rollfilm – weiterzuentwickeln. Später setzte er bereits auf die Entwicklung des Farbfilms, als dessen Qualität noch deutlich unter der Qualität von Schwarz-Weiß-Bildern lag. Beide Male wurde er zum Vorreiter des Fortschritts in der Fotografie, indem er den eigenen Markt infrage stellte und sich nicht satt zurücklehnte. Kodak sollte das ohne ihn nicht mehr gelingen.

Die Firma versuchte sich an diversen Produktentwicklungen, dem Aufkauf eines Foto-Sharing-Start-ups und späteren Investitionen in die digitale Fotografie, kam aber nie richtig von der Idee los, dass Bilder auf Papier gehörten. Das Wissen im eigenen Unternehmen ignorierend steckte Kodak alle verfügbaren Kräfte in den Versuch, sein altes Produkt samt dazugehörigem Geschäftsmodell zu bewahren, und tat, was viele Unternehmen in der Krise tun: Restrukturierungen, Bereichsverkäufe, Reduktion aufs Kerngeschäft und halbherzige Versuche einer strategischen Neuausrichtung. Alle Bemühungen endeten schließlich 120 Jahre nach der Gründung von Kodak zu Beginn 2012 in einer Insolvenzanmeldung.

Je steiler die hierarchischen Strukturen, umso größer wird die Gefahr, dass Elfenbeintürme entstehen, in denen das oberste Management zu weit vom eigentlichen Geschäft entfernt seine Entscheidungen trifft. Und es reichen schließlich wenige Fehleinschätzungen einzelner Entscheider aus, um ehemals große, vielschichtige und gut aufgestellte Unternehmen in den Ruin zu treiben. Dafür ist auch die Mutter des wohl berühmtesten und weltweit meistverkauften Heimcomputers ein gutes Beispiel. 1954 wurde Commodore von Jack Tramiel gegründet, der den gesamten Weg des Technologiewandels mitbeschritten hatte, bevor er die Wohnzimmer dieser Welt mit Computern versorgte. Zuerst reparierte er Schreibmaschinen, baute schließlich Addiermaschinen und eroberte mit Commodore-Taschenrechnern den Markt. 1977 bewies er, dass die Welt mehr als nur ein paar Supercomputer an Universitäten brauchte, und brachte – angetrieben von seinem Chefingenieur Chuck Peedle – den PET auf den Markt und in die Schulen. Da dieser für den Heimgebrauch noch zu spaßbefreit war, legte Commodore 1982 den berühmten C64 nach.

Angetrieben durch einen von Commodore gestarteten Preiskampf mit anderen Anbietern wie TI und Atari machte Tramiel Heimcomputer für jedermann erschwinglich und schaffte es so, ganz ohne klassische Vermarktung den C64 zu dem technologischen Statussymbol seiner Zeit zu machen. Trotz 22 Millionen verkaufter Computer war Commodore kurz nach Markteinführung ein wenig angeschlagen. Im Jahr darauf gab es schwere interne Querelen zwischen Tramiel und seinem Hauptinvestor und Vorstandsvorsitzenden Irving Gould, sodass Tramiel die Firma 1984 verließ. Aber nicht allein: Er nahm seinen besten Ingenieur und wahrscheinlich auch ein wenig der Technologie mit. Kurz darauf kaufte er Teile von Atari auf und brachte 1985 den Atari ST auf den Markt, noch bevor Commodore den neuen, fast doppelt so teuren Amiga herausbrachte. Das war der Anfang vom Ende von Commodore.

Was mit Commodore geschah, ist nach Aussage vieler frustrierter ehemaliger Mitarbeiter die Schuld von Irving Goulds Vorliebe für Zahlen. Ihm und Mehdi Ali, den Geschäftsführern nach Tramiels Ausscheiden, wurde nachgesagt, dass sie allein auf kurzfristigen Profit aus waren und daher die Quartalszahlen als wichtigste Basis für Managemententscheidungen nutzten. Bei ihrem Versuch, das Unternehmen auf Finanzen zu trimmen, ignorierten sie die technologische Revolution, die das Computerbusiness, ihre Kunden und sogar ihre eigenen Mitarbeiter bereits voll im Griff hatte.

Das eigentliche Problem von Commodore lag aber in der Vermarktung – oder vielmehr in dem Glauben, Commodore-Produkte nicht vermarkten zu müssen. Der Erfolg, den der C64 auch ohne professionelles Marketing erreicht hatte, schien das Topmanagement so selbstsicher zu machen, dass sie zu der Überzeugung kamen, dass das gesamte Computerbusiness ohne Vermarktung und Kundenbindung auskommen würde. Als der Amiga dann, aus heutiger Sicht verständlicherweise, nicht zum Verkaufsrenner wurde, begaben sie sich auf die erneute Suche nach dem nächsten großen Hit, der vom Glanz des C64 profitieren und sich selbst vermarkten würde. Als sie Anfang der 1990er-Jahre den CDTV rausbrachten, wiederholten sie daher noch einmal den Fehler, das Produkt nicht zu vermarkten. In ihrer Ignoranz erkannten sie nicht, dass der Markt, die Kunden und ihre Bedürfnisse sich weiterentwickelt hatten. Die Finanzierungsmöglichkeiten für einen erneuten Versuch waren ausgeschöpft, und so meldete die Mutter des Kultcomputers C64 schließlich 1994 Insolvenz an.

Bei all den unterschiedlichen Faktoren, die den Untergang eines Unternehmens auslösen können, waren die äußerst starren hierarchischen Strukturen der Unternehmen in Kombination mit Fehlbesetzungen an der Spitze die Ursache für die aufgezeigten Katastrophen. Organisationsdiagramme in Unternehmen haben den Zweck, den Inhabern von Stellen und Funktionen entsprechende Rechte und Pflichten sowie Aufgaben zuordnen zu können. Sie lösen das Dualproblem der Teilung von Arbeit und ihrer anschließenden Zusammenführung zu einem Gesamtresultat. Hierarchien sind dabei der Teil die Organisation, der die Verhältnisse von Macht und Unterordnung im sozialen System des Unternehmens beschreibt. Sie legen fest, welche Menschen Befehle erteilen und wer sie ausführt. Wer in modernen Hierarchien welche Position bekommt, hängt damit zusammen, wer zugunsten des sozialen Systems oder seiner Mitglieder mehr einzahlt. Im Unternehmen heißt dieses »mehr einzahlen« meist mehr Leistung, mehr Wissen oder Erfahrung. Die dadurch entstehende höhere Abhängigkeit wird durch Zuteilung von mehr Autorität ausgeglichen. So klettert man im Idealfall mit zunehmender Leistung in der Hierarchie nach oben. Gefährlich wird das Ganze aber, wenn man selbst beginnt zu glauben, dass man als Einziger die richtigen Antworten kennt, nur weil man die Macht hat, diese durchzusetzen.

Frisch gegründete Unternehmen starten mit sehr flachen Hierarchien und einfachen Strukturen, auf die sich alle Beteiligten gemeinsam einigen, um ihre Arbeitsprozesse besser zu organisieren. Wächst das Unternehmen, schwellen auch die Hierarchien an. Sie schießen meist vor allem in die Höhe. Um Informationsflüsse klar und überschaubar zu halten, werden die Kommunikationsstrukturen und mit ihnen auch die Hierarchien im Wachstumsprozess zunehmend verfestigt, institutionalisiert und nach und nach von den mitarbeitenden Menschen losgelöst. So wird die Hierarchie zum Skelett des Unternehmens – sie hält den Korpus des Unternehmens wie ein Gerüst aufrecht. Wie Organe werden Mitarbeiter, ihr Wissen und ihre Fähigkeiten an die Stelle implantiert, von der man glaubt, dass sie dort am effektivsten zum Gesamtorganismus beitragen.

Viele Unternehmen entwickeln allerdings mit der Zeit zusätzlich parallel laufende inoffizielle Hierarchien und rangdynamische Entscheidungsstrukturen, die nicht selten konträr zu den offiziellen Autoritätsverhältnissen stehen. Geraten diese Strukturen unter Druck, werden Machtverhältnisse schnell zum Selbstzweck. Die Spitze der offiziellen Hierarchie wird keinen Zweifel daran aufkommen lassen, wer qua Amt die meiste Macht im Unternehmen hat. Nicht selten artet das in Machtdemonstrationen aus, die dann in der Errichtung von Elfenbeintürmen, der Reduktion partizipatorischer Prozesse und von Unternehmenswissen losgelösten Entscheidungen und Alleingängen gipfeln. Während in der Mitte der Organisation die Rangeleien zu langen Entscheidungswegen und langsamen Umsetzungszyklen führen, entsteht an der Spitze ein ignoranter Managementstil.

Blockbuster, Kodak und Commodore hatten das Wissen in ihrer Organisation, um ihren Markt anzuführen. Die unüberwindbare Distanz zwischen der Basis und der Spitze des Unternehmens – und vermutlich auch die kontinuierliche gegenseitige Bestätigung des Kurses in den Führungszirkeln – machte dieses Wissen nutzlos und die Unternehmen selbst obsolet.

REMEMBER

- Es sind selten einzelne Fehlentscheidungen oder allgemeine Wirtschaftskrisen, sondern oft viel subtilere, hausgemachte Gründe, die Unternehmen in den Ruin treiben. Hierarchien bergen die Gefahr, dass Elfenbeintürme entstehen, in denen das oberste Management zu weit vom eigentlichen Geschäft entfernt seine Entscheidungen über die Strategie und Ausrichtung des Unternehmens trifft – und dann sehr oft am Markt vorbei handelt.
- Organisationsdiagramme haben einen Zweck, oftmals aber auch eine unerwünschte Nebenwirkung: Bei der Bildung von Abteilungen und klaren Reporting-Strukturen entstehen oftmals thematische Silos in der Mitarbeiterschaft. Die Schwerpunkte und Zielsetzungen der Abteilungen und die sich daraus ergebenden Prioritäten führen ungewollt zu konkurrierenden Werten, Glaubenssätzen und Zielen innerhalb des Unternehmens.

- Viele Unternehmen entwickeln mit der Zeit zusätzlich inoffizielle Hierarchien und rangdynamische Entscheidungsstrukturen, die nicht selten konträr zu den offiziellen Autoritätsverhältnissen stehen. Geraten Letztere dadurch unter Druck, werden Machtverhältnisse schnell zum Selbstzweck. Nicht selten artet das in Machtdemonstrationen aus, die dann in der Verfestigung der Silos, dem Wachstum von Elfenbeintürmen, der Reduktion partizipatorischer Prozesse und vom Unternehmenswissen losgelösten Alleingängen von Managern gipfeln.

READ

- Barabba, Vincent: The Decision Loom. A Design for Interactive Decision-Making in Organizations. Axminster, Triearchy Press 2011

  Ein aus vielen Jahren Erfahrung im öffentlichen und privaten Sektor entstandenes Plädoyer für das »Big Picture« und gegen ein zu analytisches Vorgehen im Entscheidungsfindungsprozess.
- Coners, Enno et al.: Die Commodore-Story. Winnenden, CSW-Verlag 2012

  Die Geschichte des Commodore-Gründers Jack Tramiel und wie er mit seinen Visionen und seinem Tatendrang die digitale Revolution einläutete, ist mindestens so beeindruckend wie die von Steve Jobs oder Bill Gates.

Verschwendete Potenziale

Wir wären alle gerne wie Superman. Nicht weil er so schicke Strumpfhosen trägt, sondern weil er Dinge kann, die das Leben leichter machen. Fliegen zum Beispiel, denn das gibt einem die Möglichkeit eines Perspektivwechsels – und außerdem steht man nie im Stau. Und er kann durch Wände schauen. Das macht alles viel transparenter – und damit Entscheidungen einfacher. Die gute Nachricht ist: Jeder Mensch – auch jeder Mitarbeiter – hat Superkräfte, die es zu nutzen gilt. Die schlechte

Nachricht: Auch Superman ist nicht immun dagegen, seine Fähigkeiten zu verlieren. Ein wenig Kryptonit reicht, um ihn zu schwächen. Je länger er dem ausgesetzt ist, desto schädlicher wird es für ihn. Unser Kryptonit heißt starre Strukturen, ineffiziente Prozesse und falsche Vorgaben. Je länger wir in ihnen festhängen, umso mehr werden wir von ihnen geschliffen und desto weniger bleibt von unseren Superkräften übrig. Und wenn wir dann dort angekommen sind, wo wir sie wirklich brauchen könnten, haben wir schon vergessen, dass wir sie jemals hatten. Das ist die pure Verschwendung von wichtigen Ressourcen.

Höchste Zeit also, den Blick auf den Menschen und seine Fähigkeiten zu überdenken. Detlef Gürtler, Chefredakteur des Wissensmagazins *GDI Impuls*, hat das in seinem Aufsatz *Zukunft der Führung* treffend zusammengefasst: Die zentrale Optimierungsaufgabe für Unternehmen Anfang des 20. Jahrhunderts waren Prozesse, dort entstand die Wertschätzung für das Management und den Taylorismus. Als im Verlauf des 20. Jahrhunderts Prozesse weitgehend beherrsch- und kopierbar geworden waren, wurde die zentrale Optimierungsaufgabe die Strategie. Die Zeit der Topmanager und Strategieberater war gekommen. Seit Prozesse und Strategien nun auch kopierbar geworden sind, ist der Umgang mit den Mitarbeitern die zentrale Optimierungsaufgabe, gewissermaßen die Königsdisziplin für Unternehmen geworden – insbesondere die Nutzung der Ressourcen, die sie mitbringen.

Bei komplexeren Aufgabenstellungen werden zur Steigerung der Erfolgsaussichten und zur Absicherung gegen alle Eventualitäten die erfahrensten Projektmanager bemüht. Das Vertrauen in diese scheint aber begrenzt, denn ihnen werden zumeist reichlich enge Vorgaben mit auf den Weg gegeben. Das verhindert von vornherein jede Überlegung, vielleicht einmal etwas anderes zu probieren. Und so suchen sich die Projektmanager dann das Beste aus den umfangreichen konventionellen Methoden zusammen und legen alles daran, die vorgegebenen Fragen

irgendwie zu beantworten – und vor allem den Zeitplan einzu-
halten. Um zumindest in dieser Hinsicht das Gelingen des Projektes zu sichern, werden alle Aufgaben, Risiken und Zwischen-
resultate haarklein im Vorfeld definiert, und der Projektverlauf
wird in vorhersehbare, messbare, in sich geschlossene Phasen
eingeteilt. Fein säuberlich geschnürte Aufgabenpakete werden
von den Projektteilnehmern effizient abgearbeitet und am besten immer freitags um 16 Uhr bei wöchentlichen Projektmee-
tings präsentiert. Entlang des kaskadenförmigen Projektplans
kann der Verantwortliche so seinem Chef zu jedem Zeitpunkt
genau sagen, wo das Projekt gerade steht.

Was sich zunächst sinnvoll anhört, hat einen nicht zu unter-
schätzenden Pferdefuß. Denn die entlang der Timeline geplante,
geradlinige Vorgehensweise ist nur für die wenigsten Projekte
geeignet. Je komplexer die Aufgabenstellung, desto schwieriger
ist es, die zu lösenden Aufgaben ohne Beachtung ihrer gegenseitigen Abhängigkeiten stumpf hintereinander abarbeiten zu lassen. Sequenzielle Interdependenz nennt das Amy Edmondson,
eine der wenigen weiblichen »Managementgurus« an der Harvard Business School. Sie hat drei Formen von Interdependenz zwischen Menschen und Aufgaben in Projekten erarbeitet.
Sequenzielle Interdependenz findet man bei der Fließbandferti-
gung in Reinkultur. *Gepoolt* nennt sie Interdependenzen dann,
wenn alle Projektteilnehmer unabhängig voneinander gleichzeitig ihre Resultate erarbeiten und dabei auf die gleichen Ressourcen zugreifen, ohne dass ihre Zielerreichung allerdings in Abhängigkeit zueinander steht. Das Gesamtergebnis ist in solchen
Fällen die Summe der Einzelergebnisse – wie in einer Auto-
werkstatt. Für die meisten Projekte aber gilt die *reziproke*, die
wechselseitige Interdependenz. Aufgaben stehen in Abhängigkeit zueinander und Ergebnisse können nur durch Austausch
erarbeitet werden. Erst in Bezug aufeinander sind sie für das
übergeordnete Ziel von Nutzen. Die grafische Darstellung wäre
am ehesten eine Spirale, die sich langsam nach oben schraubt
und immer mal wieder eine Extrarunde dreht.

Die Hoffnung, dass sich Projekte nach einem immer gleichen Schema abarbeiten lassen, ist ein Relikt des ewigen Strebens nach Effizienz. Jeder Projektmanager lernt in der Theorie, dass Projekte das Gegenteil von Henry Fords Fließband sind. Trotzdem strebt er sein Leben lang heimlich danach, den heiligen Projektmanagementgral zu finden: die Formel zur perfekten Taylorisierung von Projekten – den perfekten »One size fits all«-Projektverlauf. Dabei zeigt die Realität nach wenigen Versuchen, dass der Ansatz, ein Projekt nach »Schema F« zu planen, mit eingeübten Handgriffen abzuarbeiten und schließlich bürokratisch zu verwalten, zwar zu einer sauberen, fehlerfreien Operation führt. Am Ende ist der Patient trotzdem tot. Und vor allem nutzt man weder die kreativen Potenziale des Projektmanagers noch die der Projektteilnehmer.

Viele Unternehmen haben inzwischen erkannt, dass dieses Vorgehen ihre Projekte zum Scheitern verurteilt. Oft fehlen ihnen aber das Anwenderwissen und die Ressourcen, um Projekte anders zu gestalten, manchmal auch einfach der Mut. Aus Zeitdruck und Ressourcenmangel geben sie ihre besonders heiklen Projekte dann lieber gleich vollständig an externe Dienstleister ab. Losgelöst von der Organisation werden unternehmenskritische Herausforderungen von deren Experten bearbeitet. Die Lösungen können dann aber oft nicht im Unternehmen verankert werden. Entweder gilt: »not invented here«, oder die Zielsetzung des Unternehmens hat sich in der Zwischenzeit so verändert, dass die Andockstellen für die Ergebnisse fehlen. Wird ein Projekt dann doch einmal erfolgreich integriert, verlässt das aus diesem Prozess generierte Wissen zum größten Teil mit den Beratern wieder das Unternehmen – und fehlt beim nächsten Projekt erneut. Organisationales Lernen, Anpassung an neue Rahmenbedingungen und die natürliche Annäherung an die digitalen Themen werden so verhindert. Outsourcing unternehmenskritischer Prozesse ist eben auch keine Lösung.

Die besondere Schwierigkeit im Umgang mit neuen Themen und neuen Vorgehensweisen liegt dabei nicht allein in den alten

Strukturen und Prozessen, sondern viel mehr in dem, was sie mit uns Menschen machen können. »Gemeinsam sind wir blöd«, behauptet Fritz B. Simon schon im Titel seines provokanten Buches über die Intelligenz von Märkten, Unternehmen und Managern, und wirft damit die These in den Raum, dass es organisationale Konstrukte gibt, in denen die Intelligenz der Einzelnen nicht nur nicht genutzt, sondern sogar gelähmt wird.

Es ist wichtig, sich bewusst zu machen, wie sehr man als arbeitender Mensch von den Strukturen und Organisationen, in denen man sich bewegt, geprägt wird. Das mag daran liegen, dass Menschen schon in Urzeiten ihr Überleben dadurch gesichert haben, dass sie sich in Gruppen zusammenfanden. Sie organisierten sich, indem man Rollen verteilte und Regeln für das Miteinander aufstellte, an die sich alle, die Teil der Gruppe sein wollten, halten mussten. Und diese ausgeprägte kognitive Anpassungsfähigkeit sorgt dafür, dass Menschen bis heute wie Rudeltiere agieren. Ein berühmtes Beispiel dafür ist ein Experiment, das in den 1960er-Jahren in New York stattfand. Beauftragt von Sozialpsychologen von der City University of New York steht auf einem Bürgersteig ein Mann und starrt eine Minute lang grundlos in den Himmel. Die meisten Leute gehen um den Mann herum, aber immerhin fünf Prozent der Passanten kann er anstecken: Sie bleiben stehen und gucken ebenfalls nach oben. Als die Forscher den Versuch mit fünf »Guck-in-die-Lufts« wiederholen, bleiben 20 Prozent der Vorbeilaufenden innerhalb einer Minute stehen und starren nach oben. Als sie in einem dritten Durchlauf 15 Personen in die Luft schauen lassen, entscheiden sich schließlich 40 Prozent der Passanten, stehen zu bleiben und wie gebannt in den Himmel zu glotzen. Was die Forscher herausfanden: Wenn Menschen nicht darüber nachdenken, was sie tun, sondern es tun, weil alle und vor allem viele es tun, stellen sie manchmal ziemlich blöde Dinge an. Wir sind also wahre Adaptionskünstler, wenn es darum geht, Teil einer Gruppe zu werden – auch im Unternehmen. Und so kommt es, dass wir uns umso mehr bemühen, uns an sie anzupassen, je etablierter die Strukturen sind, in die man eintritt. Denn auch wenn es nicht mehr ums Überleben geht: Nur wenn man den Regeln seines Arbeitsumfeldes gerecht wird, glaubt man, seine berufliche Existenz sichern zu können.

Nun kommt in hierarchischen Strukturen noch dazu, dass sich fast automatisch das Bedürfnis entwickelt, nicht nur Teil der Gruppe zu sein, sondern auch noch auf der Karriereleiter immer weiter nach oben zu kommen. Denn dort locken die Entscheidungsfreiheit und die Macht, endlich die Themen und Projekte auf die Tagesordnung setzen zu dürfen, die einem am Herzen liegen. Der Knackpunkt ist dabei, dass auf den meisten Karriereleitern nur der weit nach oben kommt, der keine Fehler macht. Zumindest in den meisten Hierarchien gehört das zu den ungeschriebenen Regeln. Die daraus resultierende Angst vor Fehlern lässt einen risikoscheu werden. Vor allem bei den Mittelmanagern, die es schon weit genug nach oben geschafft haben, um einerseits etwas zu verlieren zu haben, aber andererseits noch nicht weit genug oben sind, um die notwendigen Entscheidungsfreiheiten zu haben, kreist das Leben um diese Angst, etwas falsch zu machen.

Furcht vor Tadel, Kritik oder gar rechtlichen Konsequenzen ist der Grund, warum sich Mitarbeiter lieber für erprobte Lösungen entscheiden, womöglich nur die zweitbeste Alternative wählen und öfter Verteidigung als Angriff praktizieren. Ein bisschen erinnert es an die komischen Situationen aus *Didi – Der Doppelgänger*, der deutschen Verwechslungskomödie aus dem Jahr 1984 mit Dieter Hallervorden. Die Hauptfigur bekommt eine kurze Einweisung in die Unternehmensführung und lernt dabei, dass sie als Manager nicht viel falsch machen kann, wenn sie sich an folgende Leitsätze hält: »Ich brauche mehr Details«, »Das ist nur Ihre Meinung« und: »Schreiben Sie's auf, ich beschäftige mich später damit.« Wer so spricht, beweist, dass er sich nicht zu vorschnellen Entscheidungen hinreißen lässt, sondern auf Fakten und Details basierend genau abwägt. Und dieses Streben nach der Gewissheit, die eine richtige Entscheidung zu treffen und dabei bloß kein Risiko einzugehen, wird angehenden Managern schon in der Universität anerzogen, wie Professor Gerd Gigerenzer, Direktor des Center for Adaptive Behavior and Cognition am Max-Planck-Institut, in seinem Buch *Risiko. Wie man die richtigen Entscheidungen trifft* feststellt.

In den managementorientierten Studiengängen wird Entscheidungstheorie als die einzig vernünftige Art der Entscheidungsfindung gelehrt. Gigerenzer wundert sich darüber, dass MBA-Studenten an der Universität nichts über Intuition lernen, obwohl bei Entscheidungen im Geschäftsleben Bauchentscheidungen vorherrschend sind – wie jeder Unternehmer bestätigen kann. Er beschreibt sehr anschaulich den Wahnsinn, wie Manager stattdessen angehalten werden, Übermenschliches zu leisten: Man möge doch bitte alle Alternativen bestimmen, alle Konsequenzen aller Alternativen berücksichtigen und den Nutzen jeder Konsequenz abschätzen. Dann sollte man jeden Nutzen mit der Wahrscheinlichkeit multiplizieren und kann schließlich ganz leicht die Alternative mit dem höchsten zu erwartenden Nutzen auswählen. Und schon hat man alles richtig gemacht. Der einzige Knackpunkt: Die Geschäftswelt funktioniert oft nicht so wie auf dem Papier errechnet. »Mehr Information ist immer besser. Mehr Zeit ist immer besser. Mehr Optionen sind immer besser. Mehr Berechnungen sind immer besser. Dieses Schema steckt tief in uns drin, aber es ist falsch!«, stellt Gigerenzer fest. Nicht nur weil es Zeit und Geld kostet, sondern weil uns zu viele Informationen in die Irre führen können. Er plädiert daher für mehr Akzeptanz von Intuition als Entscheidungsgrundlage. Er ist überzeugt, dass wir besonders in einer ungewissen Welt neben Kalkulation auch unsere Intuition brauchen und uns auf die unbewusst wahrgenommenen und verarbeiteten Informationen verlassen müssen.

Das Nutzen unserer unbewussten Intelligenz steht aber den antrainierten Mustern der Entscheidungsfindung in Unternehmen diametral gegenüber, weil man das Bauchgefühl nur schwer artikulieren kann. Außerdem liegt es in der Natur der Intuition, dass wir keine guten oder überhaupt keine Argumente haben, mit denen wir unser Umfeld überzeugen können. »Ein Bauchgefühl zu haben heißt, dass man spürt, was man tun sollte, ohne erklären zu können, warum. Wir wissen mehr, als wir sagen können.« Gigerenzer fährt fort: »Häufig fällt es Managern schwer, vor den anderen zuzugeben: Ich habe ein Bauchgefühl – und sie davon zu überzeugen.« Wer sich einmal dabei die Finger verbrannt hat, wird extrem zurückhaltend, was den offenen Einsatz von Intuition angeht. »Man kann sich in einer Gruppe nicht mit einer Intuition durchsetzen, die man nicht erklären kann. Viele Entscheidungen werden kollektiv in Komitees getroffen und müssen verteidigt werden.«

Gigerenzer fand heraus, dass man daher in Gruppen oft defensiv entscheidet. Es wird dann nicht die Option ausgewählt, die man für die beste hält, sondern die, die sich gut erklären und verargumentieren lässt. Oder es wird versucht, vor der Gruppe zu verbergen, dass die Grundlage für Entscheidungen das Bauchgefühl war, indem man nachträglich rationalisiert, also im Nachhinein gute Gründe für eine Entscheidung sucht oder Beratungsfirmen dafür bezahlt, sie zu finden. Dabei ist die Gefahr groß, dass diese Argumente schwach und schnell widerlegt sind, mit der Konsequenz, dass man sich anders entscheidet und das Gegenteil von dem tut, was die Intuition eigentlich sagt. Gigerenzers Lösungsansatz ist simpel: »Fragen Sie nicht nach Gründen, wenn jemand mit guter Erfahrung ein schlechtes Bauchgefühl hat.«

Das ist leichter gesagt als getan. Da Kommunikation und Wissensaustausch in großen Strukturen zum großen Teil über Prozesse abgebildet werden und der durchoptimierte Tagesablauf von Managern wenige zufällige Gespräche oder wenigstens unstrukturierten Informationsaustausch zulässt, findet Wissenstransfer oft über den Austausch von Excel-Tabellen und PowerPoint-Präsentationen statt. Wenn es überhaupt zu einer Vorstellung der Ideen kommt, sitzen diejenigen, die sie erarbeitet haben, selbst oft nicht mit am Tisch, sondern müssen ihren Vorgesetzten den Vortritt lassen. Losgelöst vom Urheber einer Idee werden die niedergeschriebenen Fakten und daraus ableitbaren Analysen zur einzigen Entscheidungsgrundlage. Die unbewusste Intelligenz des Urhebers, seine intuitive Beurteilung bleibt auf der Strecke.

Natürlich sind das Streben nach Absicherung und Gewissheit und auch das dafür notwendige Zusammentragen von Fakten und Analysen verständlich. Aber eben nur bis zu einem gewissen Punkt. Denn drehen wir die Sichtweise doch einmal um: Wenn das Streben nach umfassender Information die maßgebliche Herausforderung eines Unternehmens wäre, warum haben dann so viele, die sich genau daran orientiert haben, den Insolvenzverwalter vor der Tür stehen? Die Welt ist nicht perfekt, Märkte sind nicht perfekt. Insofern bleibt jede Information oft nur eine Annahme. Diese Tatsache zu ignorieren ist heimtückisch. Sicherheit ist nämlich, ähnlich wie Innovation, einer dieser Begriffe, die für sich genommen einen positiven Klang haben, in der Praxis aber oft pervertiert werden, wenn die intensive Beschäftigung mit dem Thema nur vortäuscht, dass man es im Griff hat. Was dabei herauskommt, ist Pseudosicherheit – das gefährliche Gegenteil.

Es geht nicht darum, Zahlen und Statistiken außer Acht zu lassen, sondern ihre Bedeutung richtig einzuschätzen, bevor sie zur Entscheidungsgrundlage werden. Und auch wenn viele operative Zusammenhänge in Zukunft durchaus mit Big Data, das heißt mit der Verfügbarkeit von immer mehr Daten und immer weiter steigender Rechnerleistung gleichzeitig, besser durchleuchtet werden können, darf man sich nicht blenden oder verleiten lassen. Unsere komplexer werdende Welt können wir bei aller Intelligenz nicht mit Algorithmen abbilden. Unsere Sehnsucht nach Monokausalität führt uns immer wieder in die Irre. Abhilfe schafft da nur die Ressource Mensch, aber auch erst in einer Atmosphäre, in der seine den Computern überlegene emotionale Intelligenz uneingeschränkt Anwendung finden kann.

REMEMBER

- Wenn es um Entscheidungsfindung geht, wird oft versucht, Übermenschliches zu leisten und alle Alternativen zu bestimmen, alle Konsequenzen aller Alternativen zu berücksichtigen und den Nutzen jeder Konsequenz abschätzen zu können. Was dabei entsteht, ist ein gefährliches Gegenteil der angestrebten Absicherung: Pseudosicherheit.

- In einer ungewissen Welt brauchen wir neben Kalkulation vor allem unsere Intuition – also das Wissen, das durch unbewusst wahrgenommene und verarbeitete Informationen entsteht. Zu oft spielt das Bauchgefühl allerdings keine Rolle bei der Entscheidungsfindung, und vor allem Gruppen wählen lieber die Option, die sich gut erklären und verargumentieren lässt.

- Eine komplexer werdende Welt kann nicht allein mit Algorithmen abgebildet und von Computern errechnet werden. Die Bedeutung von Zahlen und Statistiken richtig einzuschätzen, bevor sie zur Entscheidungsgrundlage werden, ist essenziell. Dazu ist nur der Mensch mit seiner den Computern überlegenen emotionalen Intelligenz in der Lage. Auch deshalb ist der Umgang mit den Mitarbeitern und deren Kompetenzen die zentrale Aufgabe für Unternehmen geworden.

READ

- Gigerenzer, Gerd: Risiko. Wie man die richtigen Entscheidungen trifft. München, C. Bertelsmann Verlag 2013
  Das Buch ist eine Ode an die Intuition – und damit an die Fähigkeiten des Menschen. Weil diese immer wichtiger werden, lohnt ein Blick allemal.

- Gürtler, Detlef: Die Zukunft der Führung. Eine Trendstudie. Zürich, Schweizerisches Institut für Betriebsökonomie 2013
  Ein guter Überblick über die Themen, mit denen sich Führungskräfte in den nächsten Jahren konfrontiert sehen dürften – und mit denen sich daher eine Auseinandersetzung lohnt.

Teil 1

- Simon, Fritz B.: Gemeinsam sind wir blöd!?. Heidelberg, Carl-Auer-Systeme Verlag und Verlagsbuchhandlung 2013
  Der Autor zeigt, welche Mechanismen zu intelligenten und welche zu unintelligenten Entscheidungen führen. Über beides Bescheid zu wissen, kann nicht schaden.

TEIL 2

Die im ersten Teil beschriebenen Probleme sind vielfältig. Hätten ihre Ursachen nun die Unveränderbarkeit von Naturgesetzen, man müsste nach der Beschreibung den Stift zur Seite legen, sich Popcorn besorgen, zurücklehnen und den kontinuierlichen Niedergang der alten Wirtschaftsordnung beobachten. Aber so einfach ist es natürlich nicht. Auch wenn man sich oft genug als Geisel der Umstände fühlt, hat man den Schlüssel zur Zukunftsfähigkeit doch selbst in der Hand. Im zweiten Teil wollen wir deshalb auch einen Blick auf diejenigen werfen, die den Beweis für diese Behauptung liefern, indem sie sich anders aufstellen und andere Prinzipien verfolgen. Dabei ähneln sie sich in vielem. Das könnte ein Hinweis darauf sein, dass es tatsächlich Muster gibt, an denen man sich orientieren kann. Gleichzeitig interpretieren sie ähnliche Ansätze aber doch wieder sehr unterschiedlich. Das liegt in der Natur der Sache, unterscheiden sich doch Branchen, Personen und Kulturen. Auf jeden Fall aber sollten die Vielzahl und die Vielfalt der beschriebenen Beispiele ausreichend Impulse liefern, um sich die für einen selbst passenden Puzzleteile zusammenzusuchen.

Einfach anders sein

Jeder Schriftsteller, der etwas auf sich hält, hat eine Muse. Als Sachbuchautoren ist uns dieses Glück nicht vergönnt, allerdings kommen auch wir natürlich nicht ohne Inspiration aus. Unsere Inspirationsquellen, die uns dazu gebracht haben, dieses Buch zu schreiben, und uns auch während des Prozesses bei Laune gehalten haben, sind die vielen kleinen bis mittelgroßen Start-ups, deren spannende und neue Geschäftsmodelle oft im oder rund um das Internet entstehen. Sie machen viele Dinge einfach anders – und beweisen damit gleichzeitig am lebenden Beispiel, dass das überhaupt möglich ist. Dank ihnen lässt sich der gesamte Lösungsraum zwischen klassischen Ansätzen einerseits und deren bewusster Missachtung andererseits erst aufspannen.

Doch gehen wir einen Schritt zurück: Was ist überhaupt ein Start-up? Es gibt einen ganzen Strauß an unterschiedlichen Definitionen, aber das Verständnis, das wir in diesem Buch zugrunde legen, ist einfach: Ein Start-up ist ein junges Unternehmen, das den Anspruch hat, ein neues Produkt oder einen neuen Service zur Marktreife zu bringen. Klassische Handwerksbetriebe fallen demnach nicht unter die Definition, neuartige Offline-Geschäftsmodelle allerdings durchaus. Im Fokus unserer folgenden Betrachtung stehen vor allem diejenigen, die zunächst nicht mit riesigen finanziellen Mitteln ausgestattet sind und aus diesem Grund pragmatische Lösungen finden müssen, also in erster Linie »Lean Start-ups«.

Worin unterscheiden sich Start-ups ansonsten von etablierten Unternehmen? Auf welche immer gleichbleibenden Fragestellungen finden sie andere, neue Antworten? Wir sehen fünf maßgebliche Ebenen, die anhand der folgenden Beispiele erfolgreicher Start-up-Unternehmungen genauer beleuchtet werden:

- das Verhältnis zu externen Einflussgrößen – vom engen Zusammenspiel mit dem Markt über die Abhängigkeit von der Politik bis hin zur Nähe zur Gesellschaft,

- die Verfügbarkeit von internen Ressourcen – von knappen Finanzen über Personal, das permanent neue Fähigkeiten entwickeln muss, bis hin zu alternativen Produktionsmitteln,
- der Umgang mit dem Thema Hierarchie – von rudimentär festgelegten Entscheidungsbefugnissen bis hin zu situationsbedingt sich permanent wandelnden Rollen,
- die strukturelle Ebene – von fluiden Organisationsdiagrammen über die hohe Durchlässigkeit zwischen einzelnen Einheiten bis hin zur schnittstellenorientierten Organisation der Zusammenarbeit, lokal wie global vernetzt,
- und die Kultur- und Werteebene – von der Gleichberechtigung und Offenheit nach innen wie nach außen bis hin zur Frage nach dem Umgang mit Vertrauen.

Externe Einflussfaktoren gewinnen zwar auch für große Unternehmen immer mehr an Bedeutung, wie wir im ersten Teil umfassend gezeigt haben. Allerdings ist für Start-ups der tägliche Blick »nach draußen« schlicht überlebensnotwendig, denn ihre interne Ressourcenausstattung ist zu Beginn üblicherweise überschaubar. Während große Unternehmen oftmals die Möglichkeit haben, ihr Umfeld selbst zu beeinflussen, sei es nun mit Marketingbudgets, mit einem Anruf – bei den zuständigen Behörden oder gar bei der Kanzlerin – oder über ihre langjährigen Geschäftsbeziehungen mit den Handelspartnern, haben Start-ups kaum Möglichkeiten, derartigen Einfluss auf ihre Umwelt zu nehmen. Ausnahmen wie etwa Zalando bestätigen in diesem Fall nur die Regel, die für die im Folgenden dargestellten Unternehmensgründungen gilt.

»Freiheit und Unabhängigkeit jedes Bürgers hinsichtlich seiner Daten sind unseres Erachtens eine Grundvoraussetzung für ein gesundes Zusammenwirken von Gesellschaft, Wirtschaft und Politik im digitalen Zeitalter« – beim Lesen dieser Zeilen könnte man meinen, das Manifest der Piratenpartei vor sich zu haben. Aber weit gefehlt. Es handelt sich um einen Auszug aus dem Businessplan des Hamburger Jungunternehmens Protonet rund um die Gründer Ali Jelveh und Christopher Blum sowie ihre derzeit zehn Mitarbeiter. Mit ihrem bisher als Nischenprodukt vertriebenen, äußerst schön anzuschauenden Server für kleine und mittlere Unternehmen sowie Privathaushalte bieten sie Menschen und Unternehmen eine Alternative zur Datenaufbewahrung in der Cloud. Die Idee hinter Protonet ist, den Menschen ihre Informationshoheit und Datenkontrolle zurückzugeben – in Form eines eigenen Servers, für dessen Einrichtung und Betrieb keine IT-Kenntnisse notwendig sind. Wer mit so einem Produkt an den Markt geht – und in seinem Businessplan einen solchen Bogen schlägt –, der sucht die Auseinandersetzung. Nicht nur mit dem Markt, sondern auch mit den großen Namen aus Wirtschaft, Politik und Gesellschaft. Die seit einiger Zeit auf allen Ebenen stattfindenden Diskussionen über die Sicherheit von Cloud-Dienstleistungen einerseits und die infrage gestellte Vertrauenswürdigkeit von großen Internetkonzernen wie Facebook, Google oder Amazon andererseits spielen den Rebellen von Protonet, die schon lange vor den Datenskandalen um Programme wie Prism und Tempora mit der Produktentwicklung begannen, heute mehr denn je in die Hände. Denn sie bieten mit ihrer Box jedem die Möglichkeit, seine Daten im eigenen Büro oder Wohnzimmer aufzubewahren, anstatt etwa auf einer Amazon-Server-Farm in den USA. Die eigenen Daten werden verschlüsselt und sind dennoch auf allen eigenen Endgeräten erreichbar. Das ist der Versuch, die Vorteile der Cloud mit den Vorteilen eines eigenen Servers zu verbinden – besonders in Bezug auf Datenkontrolle und Informationssicherheit –, um Sicherheitslücken zu eliminieren, die den »Public Cloud«-Diensten innewohnen.

Die Hardware in Verbindung mit einer Software, die neben einer einfach zu bedienenden Benutzeroberfläche für die Datenspeicherung auch noch ein eigenes soziales Netzwerk enthält, soll Bedürfnisse abdecken, die der Markt bisher in dieser Kombination nicht bedient. Aber Protonet möchte mehr als nur eine praktische Hardware mit einer benutzerfreundlichen Software verkaufen. Man möchte den Markt, nach dessen Regeln man eigentlich nicht existieren dürfte, revolutionieren – und das gleich auf mehreren Ebenen.

Die Entstehungsgeschichte von Protonet liest sich dabei tatsächlich wie aus einem Start-up-Lehrbuch, mit allen dazugehörigen Stolpersteinen, Durststrecken, Höhen und Tiefen. Die eigentliche Idee und das Konzept der Protonet-Box entstanden über einen Zeitraum von mehreren Jahren. Was inzwischen immer mehr Menschen empfinden, nämlich das Bedürfnis nach mehr Selbstbestimmtheit in Bezug auf digitalen Datentransfer, war Jelveh schon früh ein Anliegen. Und das hat auch mit seiner Biografie zu tun. Als er vier Jahre alt war, flohen er und seine Eltern aus dem Iran – einem Land, das man guten Gewissens als Überwachungsstaat bezeichnen kann. Das prägte ihn, und so ist es kein Wunder, dass er sich schon lange mit dem Gedanken beschäftigt, eine Technologie zu entwickeln, die dazu beiträgt, eine selbstbestimmte, unabhängige Gesellschaft zu ermöglichen.

Gemeinsam entwickelten die beiden Gründer den Wunsch, die Vorteile des Web 2.0 und verschiedener Cloud-Dienste mit den Vorteilen lokaler Hardware zu verbinden, die niemand außer dem Besitzer selbst kontrollieren kann. 2009 begannen sie, ihre Idee Wirklichkeit werden zu lassen. »Wir hatten ein klares Ziel, aber nur eine vage Vorstellung, wie wir dahin kommen würden. Mit Software kannten wir uns aus – schließlich war agile Softwareentwicklung unser tägliches Brot. Aber über Hardware hatten wir nur rudimentäres Wissen. Wir wussten nur, dass sich im Laufe unserer Produktentwicklung der Stand der Technologie permanent verändern, verbessern würde«, erklärt Jelveh. Die Gründer machten es sich daher zur Prämisse, bei der Entwicklung der Hardware iterativ vorzugehen und für die ersten Prototypen schon bald zahlende Kunden zu gewinnen.

Die Entwicklungsphase – fast drei Jahre – finanzierten sie aus eigener Tasche. Sowohl Hardware- als auch Softwareentwicklung geschahen abends und am Wochenende, während Jelveh und Blum ihren Lebensunterhalt weiterhin als Softwarearchitekten und -entwickler verdienten. Es bedurfte mehr als 100 Hardwaredesignrevisionen und neun Prototypen, bis 2010 ein serienreifes Produkt entstanden war. Die ersten Exemplare wurden bei befreundeten Unternehmen zum Test aufgebaut, um potenziellen Nutzern die Möglichkeit zu geben, das unbekannte Produkt zu testen. Den Gründern war bewusst, dass die natürliche Nachfrage nach einem eigenen Server für das Büro oder gar im Wohnzimmer sich zunächst auf IT-Fans und Nerds beschränken würde, da Serverkapazitäten sich eigentlich viel einfacher über das Internet erwerben lassen, wo sie automatisch gewartet und administriert werden. Mit ihren Argumenten rund um das Thema Datensicherheit konnten sie zunächst nur eine Minderheit ansprechen – da Fragen rund um den Datenmissbrauch zu dem Zeitpunkt schlicht nicht in den Medien diskutiert wurden.

Die erste Testphase durch die Kunden ermöglichte Protonet, mehr über die Fragen und Bedürfnissen potenzieller, auch nicht IT-affiner Kunden zu lernen, um die Kommunikation rund um ihr komplexes Produkt darauf anzupassen zu können. Außerdem sammelten sie durch die Testnutzung Informationen darüber, welche Herausforderungen ihre Kunden im Umgang mit einer Protonet-Box zu meistern hatten. Mit den ersten positiven Rückmeldungen ihrer Testkunden in der Tasche reduzierten beide Gründer ihre Arbeitszeit in der Festanstellung und wagten schließlich den Sprung in die Selbständigkeit. Zunächst arbeiteten sie mit Freelancern zusammen, bis sie 2012 schließlich dank eines EXIST-Stipendiums des Bundeswirtschaftsministeriums ihre ersten drei Mitarbeiter einstellen konnten. Ende 2012 konnte das Team sich dank Crowdfunding über die Plattform Seedmatch eigenkapitalähnliche Mittel sichern, um größere Sprünge in der fortlaufenden Produktentwicklung, eine breitflächige Markteinführung sowie den Aufbau der Serienproduktion zu finanzieren. Denn diese – und auch das ist eine kleine Marktrevolution – findet nicht etwa in Asien statt, sondern in Deutschland. »Wir werden oft belächelt, weil wir so, wie wir aufgestellt sind, auf den ersten Blick nicht mit Großen der Branche mithalten können. Und es stimmt zwar, dass wir den Preiskampf, der auf diesem Markt herrscht, nicht gewinnen können, aber das wollen wir auch gar nicht. Unser Ziel ist nicht der schnelle Millionen-Exit. Wir haben eine andere Mission, und für die nehmen wir uns Zeit«, erklärt Jelveh. Outsourcing und Massenproduktion kommen für Protonet derzeit nicht infrage. Dafür sind die Entwicklungszyklen der Technologie zu kurz, und das Produkt würde zu schnell veralten.

Die Hersteller und Zulieferer, mit denen Protonet kooperiert sitzen ebenfalls in Deutschland. Zum einen erlaubt die Zusammenarbeit mit lokalen Herstellern eine schnelle Reaktionsfähigkeit im Falle von Fehlern. Zum anderen gibt die Nutzung kleiner Produktionsbetriebe die Möglichkeit, in kleineren Chargen zu produzieren, sodass die neuen Erkenntnisse auch zeitnah in die nächste Produktiteration einfließen können. Zusätzlich betreibt Protonet eine eigene kleine Werkstatt, in der Sonderteile selbst angefertigt werden, für die es keine dem hohen Anspruch genügenden Alternativen auf dem Markt gibt. Mit einem 3-D-Drucker und CNC-Fräse ausgestattet können sie zum Beispiel Gehäuseteile selbst herstellen und so lange modifizieren, bis sie perfekt passen.

Mit dem Aufbau eines »vorbildlichen IT-Unternehmens« will Protonet nicht nur die Produktpalette am Markt erweitern, sondern gleich auch die Regeln des Marktes verändern. Besonders in den Bereichen Qualität und Design sowie Unternehmenskultur und gesellschaftliches Engagement möchten sie regelmäßig neue Maßstäbe setzen, an denen die Kunden die Anbieter auf dem Markt in Zukunft messen sollen. Jelveh ist Überzeugungstäter: »Es geht uns um die langfristige Befähigung zur Selbständigkeit, Unabhängigkeit und Freiheit von Gesellschaft und Wirtschaft durch ein von uns permanent weiterentwickeltes Werkzeug. Denn wir sind der Überzeugung, dass langfristig lukratives Wirtschaften nur auf Basis dieser Wertvorstellungen Wirklichkeit werden kann.«

Auch mit seiner Unternehmenskultur setzt sich Protonet von den etablierten Akteuren am Markt deutlich ab. Im Frühjahr 2013 bezog die junge Firma eine neue Immobilie in Hamburg-Altona und richtete auf der angemieteten Fläche im Erdgeschoss auch gleich noch ein Café mit Eventbereich ein, das Maker-Hub, das von Jelvehs Frau Seda betrieben wird. Dort können Schulklassen und andere interessierte »Maker« vom Wissen und den Erfahrungen des Protonet-Teams rund um das Entwickeln von physischen Produkten profitieren und die kleine Werkstatt mitnutzen. »Es war zwar ein langer und sehr harter Weg, den wir gehen mussten, um auf den Markt zu kommen – und der größte Teil liegt ja überhaupt erst noch vor uns. Aber wir sind überzeugt, dass wir sowohl den Markt als auch die Welt nur revolutionieren können, wenn wir die Prämissen ändern. Und das braucht Zeit«, blickt Ali Jelveh positiv in die Zukunft.

Protonets Geschichte ist typisch für innovative Start-ups, die mit Produkten an den Markt wollen, deren Potenziale von Banken, Wirtschaftsförderern und Investoren verkannt werden, weil die Idee zu verrückt, der Weg zu lang und steinig oder die Projektpläne von zu vielen Experimentierphasen gespickt sind. Ihre einzige Alternative ist das »Bootstrapping«. Hinter dem Begriff stecken das Bild und die eigentlich unmögliche Übung, sich an den eigenen Schnürsenkeln selbst aus dem Sumpf zu ziehen. Darunter versteht man als Gründer die Kunst, aus dem Nichts heraus kleine Unternehmungen entstehen zu lassen und sie peu à peu nach vorne zu treiben – nicht entlang eines straffen Projektplans, sondern so, wie es die Mittel gerade zulassen.

Der Umgang mit *Ressourcenknappheit* ist beim Bootstrapping dabei der zentrale Punkt, denn die wenigsten Gründer gehen auf Jahre durchfinanziert an den Markt. Oftmals sind die Finanzen dermaßen eng bemessen, dass schon nach wenigen Wochen erste Umsätze generiert werden müssen, um dann die nächsten Monate Geschäftätigkeit aus diesen ersten Einnahmen zu bestreiten. Schon frühzeitig muss ein funktionsfähiger Prototyp als »Proof of Concept« zur Verfügung stehen, um eine erste Finanzierungsrunde bestreiten zu können. Der Prototyp ersetzt beim Bootstrapping, was bei der klassischen Gründung der Businessplan und Verhandlungen über Unternehmensfinanzierung hinter den verschlossenen Türen der Bank waren. Anstatt Finanzexperten von den wirtschaftlichen Potenzialen einer Idee zu überzeugen, braucht es heute eine Politik der kleinen Schritte, um potenzielle Kunden und Investoren von einer Idee zu begeistern, von der niemand sicher sagen kann, wohin sie führt.

»Fange klein an und mach es gut!« wurde auch die Devise des in London beheimaten Start-ups FormFormForm, das mit seiner Marke Sugru einen Silikonverbundstoff herstellt und vertreibt, mit dem man alles Mögliche ganz einfach reparieren kann. Der Weg dahin war weit. Als die junge Gründerin Jane Ní Dhulchaointigh aus Irland nach vier Jahren der Herumexperimentiererei realisierte, dass das Entwicklungstempo der großen Unternehmen, mit denen sie zusammenarbeitete, entschieden zu langsam war, traf sie eine Entscheidung. Sie warf ihre Überzeugung über Bord, dass man mit einer kleinen, in der eigenen Küche gegründeten Firma niemals einen Flächenbrand auslösen könnte, und machte sich selbständig. Mit ihrer Idee, die ihrer Zeit ein Stück voraus war, und einer Formel, an der sie zwei Jahre gearbeitet hatte, hoffte sie, die richtigen Voraussetzungen zu haben, um Sugru in Eigenregie auf den Markt zu bringen.

Doch ihr Timing schien ihr zunächst zum Verhängnis zu werden: Ausgerechnet im Sommer 2008, zu Beginn der Finanzkrise, begab sie sich auf die Suche nach Geldgebern. Erst ein ganzes Jahr später legte ein einzelner Investor gerade genug Geld auf den Tisch, um die improvisierten Produktionsmittel – den Eigenbau einer Verpackungsmaschine und eine kleine Mischmaschine – zu bezahlen. Mit dem Rest des Investorengeldes konnte Jane Material für 1000 Einheiten ihres Silikonverbundstoffes kaufen, die sie mit der Hilfe ihrer Freunde und Familie produzierte und verpackte. Von da an gab sie sich noch sechs Monate Zeit: Würde ihre Geschäftsidee nicht in diesem Zeitraum den Durchbruch feiern, wollte sie aufgeben.

Als ein Technologie-Blogger des *Daily Telegraph* nach einem Test die volle Punktzahl für Janes Innovation vergab, war Sugru innerhalb von sechs Stunden vergriffen. In den darauffolgenden zehn Stunden landeten weitere 2000 Vorbestellungen in der Inbox – und mit ihnen kamen die Investoren. Sechs Monate später, im Sommer 2010, konnte das Team von Sugru mit einem gefüllten Lager und einem richtigen Webshop seinen Markteintritt realisieren. Inzwischen hat Jane mit mehr als einer Viertelmillion Kunden in knapp 140 Ländern ein stabiles, validiertes Businessmodell vorzuweisen.

Wie auch das Beispiel von Sugru zeigt, führt für Start-ups der Weg auf den Markt vor allem über das Netz und das Netzwerk, eine Mischung aus Fangemeinde und potenziellen Abnehmern, die in Massen und mit Wohlwollen das neue Angebot testen und persönlich, per Twitter oder Facebook Feedback geben. Denn wo zu Beginn kaum mehr ist als eine Idee in den Köpfen der Gründer, ist diese Art der Kommunikation der erste Schritt, der die Geschäftsidee zum Leben erweckt. Sich zu trauen, ein gerade »lebensfähiges« Produkt, also ein Produkt mit den grundlegendsten Eigenschaften und nichts darüber hinaus (im Englischen als »Minimum Viable Product« bekannt), auf den Markt zu geben, ist eine dieser Start-up-Tugenden, die aus einer Not entstanden und inzwischen zu einem Baustein der Start-up-Kultur geworden sind.

Im Falle des 2011 gegründeten Chemnitzer Start-ups Hojoki ist die Produktidee, Updates aus den wichtigen Cloud-basierten Diensten wie Dropbox oder Google Drive in einem einzigen Newsfeed für den Nutzer zu vereinen. Durch die frühzeitige Einbindung von potenziellen Nutzern konnten schon vor dem offiziellen Launch die benötigte Fangemeinde und fleißig feedbackende Testnutzer, sogenannten Beta User, gewonnen werden. Mit ihrer Hilfe wollte Hojoki das Produkt für den Markt und vor allem für die Investoren schärfen. Das war auch die Basis dafür, dass sich schon kurz nach Markteintritt die dringend notwendigen ersten Erfolge einstellten. Bei vielen Start-ups, in denen ähnlich wie bei Hojoki schon lange vor dem Launch eine beachtliche Eigenleistung steckt und die sich in einen sehr umkämpften Markt begeben, ist es überlebenswichtig, dass der Zeitraum vom Markteintritt bis zum Erreichen der kritischen Masse an Kunden sehr kurz ausfällt.

Diese Öffnung nach außen ist aber nicht etwa nur Teil einer Vermarktungsstrategie, sondern wird bei den meisten Start-ups Teil ihrer *Struktur*. Wer im und mit dem Netz arbeitet, arbeitet auch gerne vernetzt und im engen Austausch mit dem Rest seiner Welt. Das kommunikative Grundrauschen im Hintergrund durch Facebook, Skype, Twitter oder quatschende Cafébesucher gehört dazu wie der Rechner mit dem angebissenen Apfel. Alternativ zum Café sucht man sich gerne Kollegen auf Zeit und mietet sich zum Gründen in einen Coworking Space ein – also eine täglich wechselnde Bürogemeinschaft. Hier lösen Infrastruktur und Netzwerk die Ressourcenfragen, sind zugleich die direkte Brücke zum potenziellen Kunden und schaffen somit die überlebenswichtige Nähe zum Markt.

Ein prominentes Beispiel für ein Unternehmen, das in solchen alternativen Inkubatoren groß geworden ist, ist das 2007 von den beiden Schweden Alexander Ljung und Eric Wahlforss gegründete Unternehmen SoundCloud. Dabei handelt es sich um eine Online-Audio-Plattform, auf der angehende und professionelle Musiker ihre Musik teilen können – ein Projekt, das auf den ersten Blick so digital ist, wie es nur sein kann. Daher würde man vermuten, dass es keinen Grund geben dürfte, die Unternehmenszentrale nicht irgendwo im beschaulichen Schweden zu belassen. Aber weit gefehlt. Musik ist wie kaum ein anderer Bereich emotional aufgeladen. Und wer in diesem Umfeld erfolgreich sein will, kommt um die Interaktion mit potenziellen Kunden und anderen Kreativen nicht herum. Und so zogen die Gründer nach Berlin, in das Ballungszentrum der Kreativität mit seiner ausgeprägten Musikszene, die immer auf der

Suche nach etwas Neuem ist. Dort tummelten sie sich mit vielen anderen Berliner Start-ups im betahaus, einem Coworking Space im Stadtteil Kreuzberg, um die Vorteile eines beflügelnden Start-up-Biotops für sich zu nutzen. Und selbst nach dem wachstumsbedingten Auszug blieb SoundCloud seinem Kiez verbunden. Wer seine Manpower auf die Kernbereiche des Unternehmens reduziert und sonstige Ressourcen aller Art projektbezogen aus dem Netzwerk bezieht, wird auch bei fortschreitender Professionalisierung keine schicken Etagen im Bürokomplex auf der grünen Wiese anmieten wollen, weil er damit die Verbindung zum Markt und zu den Kunden verliert. Das wäre der Anfang vom Ende. Vermutliche Todesursache: lang anhaltender Status quo.

Durch die unternehmerische Praxis – von Ressourcenknappheit und Marktnähe bestimmt – entstehen manchmal Strukturen, die sich selbst bei genauerem Hinschauen nur schwer erkennen und beschreiben lassen. Beim 2012 gegründeten Unternehmen finmar finden gleich mehrere der oben genannten Mechanismen zusammen. Finmar ist eine Crowdlending-Plattform für Kredite bis 25 000 Euro, was bedeutet, dass viele Privatanleger gemeinsam Geld an konkrete Projekte von Unternehmern verleihen und diesen so zur Realisierung verhelfen. Der Kreditnehmer zahlt im Gegenzug den Anlegern Zinsen und steht mit ihnen über die Entwicklung seines Projektes oder seiner Unternehmung im Austausch.

Mit der Arbeit an seiner lang gehegten Idee begann Gründer Clas Beese im Jahr 2011, nachdem er in seiner Vergangenheit als Geschäftsführer einer Gründungswerkstatt zu oft das Scheitern Erfolg versprechender Ideen aufgrund von mangelnden Finanzierungsmöglichkeiten vor allem für kleinere Gründungsvorhaben erlebt hatte. Von Beginn an machte er die kreativen Lösungsansätze, mit denen manch ein Start-up den widrigen Bedingungen für Gründer in Deutschland trotzte, zu seinen eigenen Prinzipien. Um die diversen, von ihm oft beobachteten formalen und strukturellen Gründungsstolperfallen zu umgehen, baute er als Fundament seines Unternehmens ein sehr dynamisches Netzwerk aus Selbständigen und anderen Start-ups auf. Damit wollte er vor allem den wechselnden Bedarf an Ressourcen, Wissen und Kompetenzen in den ersten Phasen des Unternehmensaufbaus abdecken. Mittlerweile arbeiten weit mehr als ein Dutzend Leute in einer netzwerkartigen Struktur zusammen an der Umsetzung der Geschäftsidee. Jeder dort, wo er gerade ist, sodass sich das Team über Hamburg, Berlin, Kopenhagen und viele Orte irgendwo dazwischen verteilt.

Angefangen bei der Konzeption der Idee über die Ausgestaltung der Verträge bis hin zur technischen und grafischen Umsetzung der Website der Crowdlending-Plattform sind in dem vielfältigen Netzwerk alle notwendigen Kompetenzen kurzfristig abrufbar und kommen punktuell oder langfristig zum Einsatz. »Nicht etwa eine zuvor definierte Aufgabenverteilung, sondern die ganz persönlichen Interessen der Teammitglieder bestimmen, wer zu welchem Thema zusammenarbeitet«, berichtet Beese. So organisieren die Mitwirkenden ihre Aufgaben und Ergebnisse selbst und koordinieren dabei ebenfalls eigeninitiativ die Schnittstellen zu den anderen Teammitgliedern.

In einem derart fluiden Team ermöglicht erst ein hohes Maß an Kommunikationsfähigkeit eine effiziente und erfolgreiche Zusammenarbeit. Es bedarf einer permanenten Bereitstellung des vorhandenen Wissens und der Abstimmung über Vorgehensweisen, aber auch des klaren Formulierens der eigenen Interessen. In den wechselnden Teamkonstellationen kommen die Fähigkeiten der Einzelnen vielfältig zum Einsatz. Aber auch die Vergütung des Teams bei finmar ist dynamisch: nämlich anteilig am Gewinn, den das Unternehmen erwirtschaftet, das seit Herbst 2013 online ist. Als Gründer steht Clas Beese seinem Netzwerkteam als Coach, Kommunikator und Mediator zur Seite, vermittelt Kompetenzen und Fragestellungen und stimmt das Gesamtziel mit den einzelnen Aktivitäten und den Teilzielen der Teammitglieder ab. Was chaotisch aussehen mag, ist in der Realität hochwirksam und vor allem sehr anpassungsfähig.

Eben diese Anpassungsfähigkeit ist eine der wichtigsten Tugenden von Start-ups. So haben erfolgreiche Start-ups früh gelernt, schnell in Entscheidungen und flexibel in der Umsetzung zu werden. Der Druck aus dem Umfeld und das kontinuierliche Wandern am finanziellen Abgrund, weil jeder Fehlschlag der letzte sein könnte, sorgen für eine hohe Agilität, für dauernde Reflexion und Reaktion auf das, was man von allen Seiten an Input bekommt. Schnelle Test- und Entscheidungszyklen und hohe Informationsintensität sind also schlicht überlebenswichtig.

Wer ein Start-up gründet, wird daher möglichst weder seine Strukturen und noch viel weniger seine *Hierarchien* in Stein meißeln wollen. Da man sich als Start-up nur im engen Bezug zum Markt etablieren kann, ist es eben dessen »unsichtbare Hand«, die der schottische Ökonom Adam Smith als Metapher für das Konzept der andauernden Selbstregulierung des Marktes erfunden hatte, die die Abläufe innerhalb von Start-ups lenkt. Priorisierung und die Aufteilung von Aufgaben und Verantwortungsbereichen werden allein auf den Erfolg am Markt ausgerichtet. Die gemeinsam erarbeitete Mission ersetzt den Chef, die Aufgabenbereiche verteilen sich dauernd neu entlang der Verfügbarkeit und der Fähigkeiten der Personen – und nicht entlang von Organisationsdiagrammen oder Titeln auf Visitenkarten. Dazu kommt, dass mit der Veränderung der Position am Markt oftmals auch die Jobs und Verantwortungsbereiche der einzelnen Gründer und der ersten Mitarbeiter sich verändern und in der Regel immer komplexer werden.

In Zeiten des Internets spielt das Wissen über Finanzbuchhaltung, Marketingstrategien, Betriebswirtschaft oder Logistik im ersten Jahr der Gründung eine weitaus geringere Rolle als Fähigkeiten wie Netzaffinität, ein Talent fürs Texten, abstraktes Denken, sympathisches Netzwerken oder die Gabe für schnelle Informationsbeschaffung und -verarbeitung. Das erklärt auch verspielte Titel wie Chief Revolutionary Officer, Intergalactic President oder Head of Business Magic, die in manchen Start-ups zu finden sind. Auf der Visitenkarte von Rand Fishkin, Gründer von SEOmoz aus Seattle, steht Wizard of Moz und auf der des finnischen Rovio-Gründers Peter Vesterbacka – bekannt durch das Spiel *Angry Birds* – steht Mighty Eagle. Was soll man auch sonst schreiben, wenn man jeden Tag eine andere Aufgabe hat?

Um allen Missverständnissen vorzubeugen: Erfolgreiche Start-ups sind dennoch nicht struktur- oder hierarchielos. Im Gegenteil. Die Hierarchie entsteht allerdings bedürfnisorientiert, wird in der Regel nicht oder nur geringfügig formalisiert und bleibt dynamisch. Was wie organisierte Anarchie klingen mag, sollte eher als eine Art Hierarchiekarussell verstanden werden. Abhängig von den gemeinsam festgelegten und sich wandelnden Prioritäten wird derjenige sich vorübergehend an die Spitze des Teams setzen, der für das jeweils aktuell wichtigste Thema die größte Expertise mitbringt und auch bereit ist, die anderen durch das unbekannte Gebiet zu leiten. So wandert in einem typischen Internet-Start-up die inhaltliche Führung über die Zeit von der Konzeption der Idee hin zur technischen Umsetzung. Nachdem oft zunächst die Webentwickler das Ruder des jungen Unternehmens in der Hand haben, setzt sich schließlich das Community Building an die Spitze des Projektes, bis auch hier erste Erfolge sichtbar werden und dann die Gewinnung zahlender Kunden die Führung übernimmt.

Die Motivation des Einzelnen zur Höchstleistung im Start-up-Konstrukt ist die Anerkennung. Und die bedeutet Einflussnahme. Das ist eine äußerst effektive, dabei aber positiv wahrgenommene Form der Konkurrenz, denn die Erweiterung des Einflussbereiches des Einzelnen im gleichberechtigten Team funktioniert nur dann, wenn alle anderen es zulassen. Das wiederum ist nur möglich, wenn alle überzeugt sind, dass es die gemeinsame Unternehmung weiterbringt. Ein gutes Argument ist da sehr viel mehr wert als eine rein auf Leistungen aus der Vergangenheit aufbauende Hierarchie.

Die *kulturellen Unterschiede* zwischen etablierten Unternehmen und Start-ups werden auch noch an anderen Stellen deutlich. Und wiederum gilt: Was zunächst aus wirtschaftlichen Zwängen heraus geboren wurde, kann durchaus den Durchbruch am Markt bedeuten. So war es auch bei myboshi. Das 2009 gegründete Start-up verkauft selbst gehäkelte Beanies – eng sitzende Mützen, wie man sie oft auf dem Kopf von Skatern und Snowboardern entdeckt. Und weil das Produkt so simpel wie schön ist, ist es vor Nachahmern nicht sicher. Eine Strickanleitung im Netz, und schon kann jede Hausfrau und jeder gelangweilte Student einen eigenen Mützen-Webshop eröffnen und zum direkten Konkurrenten werden. Nun ist es für Start-ups alleine schon aus Mangel an Möglichkeiten keine Alternative, solcherlei Umtriebe mit Nachdruck zu bekämpfen. Also entschied sich myboshi einfach, das genaue Gegenteil zu tun, und rief seine Fans ausdrücklich zum Nachmachen der kultigen Kopfbedeckung auf.

Mit dem Fokus darauf, ihre Marke zu stärken, betreiben die Gründer proaktives Knowledge Sharing, frei nach dem Motto »Tue Gutes, indem du darüber sprichst«. Nachdem die zwei Gründer Thomas Jaenisch und Felix Rohland aus Zufall häkeln gelernt hatten und ihre Erzeugnisse sehr erfolgreich an junge Hipster und ältere Damen gleichermaßen verkaufen konnten, bekamen sie das Angebot eines Verlages, ein Buch über die Mützenhäkelei zu veröffentlichen. Fast ohne zu zögern entschieden sie sich, tatsächlich alle ihre Karten auf den Tisch zu legen und ihr Wissen über Wolle, Designs und Herangehensweise mit der Welt zu teilen. Sie begannen damit, ihr Geschäftsmodell entsprechend anzupassen: Sie stellten Starter-Kits aus geeigneter Wolle, der richtigen Nadel und der idiotensicheren Anleitung zum Nachhäkeln einer Mütze für die Hälfte des Preises zusammen, den ihre Mützen im Handel kosteten – und senkten damit die Hürde zur Nachahmung ihrer Produkte noch weiter ab.

Mit der Produktion und Distribution von kleinen myboshi-Etiketten ermöglichen sie zusätzlich, dass jeder das mittlerweile bekannte Label an die selbst gehäkelte Mütze nähen kann, damit diese dem Original so ähnlich wie möglich sieht. Was sich wie wirtschaftlicher Selbstmord anhört, ist die Basis für den Erfolg von myboshi. Auf diese Weise können sie nicht nur auf der Mützenwelle mitsurfen, sondern auch den sich ausbreitenden Trend des DIY – Do-It-Yourself – mit dem ausgeprägten Markenbewusstsein vieler junger Menschen verbinden. Die Rechnung ging ab dem ersten Tag auf. Mit der Erweiterung des Geschäftsmodells um die gesamte Wertschöpfungskette rund ums Häkeln stieg nicht nur der Umsatz – übrigens auch bei den Mützen selbst – kontinuierlich, sondern auch die Fangemeinde wurde um die wachsende Gruppe der »Selbermacher« erweitert und ein neuer, bereits existierender und größerer Markt erobert.

Auch das ist übrigens typisch: Start-ups richten sich zu Beginn eher selten an den anonymen Massenmarkt. Im Gegenteil: So ein Vorgehen könnte sich zu Anfang als Falle erweisen. Wer schnelle Erfolge braucht, muss sich eher darauf konzentrieren, die starken Wünsche einer kleinen Gruppe von Menschen zu bedienen, anstatt zu versuchen, allen alles zu bieten – und damit niemanden so richtig glücklich zu machen. Um groß zu werden, kann es sinnvoll sein, bewusst klein zu starten.

REMEMBER

- Start-ups unterscheiden sich von etablierten Unternehmen vor allem durch ihren Umgang mit externen Einflussgrößen und chronisch knappen internen Ressourcen, durch ihre Zurückhaltung bei der Formalisierung von Hierarchie und Strukturen sowie durch eine Werte- und Kulturebene, die vor allem von Offenheit geprägt ist.
- Manches, was wegen Knappheit oder aufgrund schwieriger Marktbedingungen entstanden ist, hat sich inzwischen als besondere Stärke von Start-ups herausgestellt und so zum festen Pfeiler der Start-up-Kultur entwickelt. Dazu gehören etwa die Zusammenarbeit in Netzwerken statt festen Arbeitsverhältnissen

und iteratives Vorgehen bei der Produktentwicklung und beim Unternehmenswachstum.

• Die Notwendigkeit der frühen Einbindung des Marktes in die Produktentwicklung und die daraus resultierende vollständige Befriedigung der Bedürfnisse einer kleinen Gruppe von Menschen sorgen für eine engere Bindung zwischen Start-up und Markt als der Versuch, in einem Wurf möglichst viele Kunden gleichzeitig anzusprechen.

• Viele Start-ups greifen die bestehenden Unternehmen nicht an ihren gut verteidigten Fronten an, sondern erschüttern mit alternativen Lösungsansätzen gleich die ganze Branche. So revolutionieren sie Märkte, nach deren Regeln sie eigentlich nicht existieren dürften.

READ

• Koelman, Manuel: »Don't Become an Entrepreneur Unless You Are Insane«. In: Lean Entrepreneur, http://leanentrepreneur.com/dont-become-an-entrepreneur-unless-you-are-insane/
Koelman ist selbst Gründer und coacht außerdem Neugründer. In seinem Blog macht er sich seit einiger Zeit Gedanken zu Gründungsthemen und beobachtet die Entwicklung der Szene.

• Ries, Erik: The Lean Startup. New York, Crown Business 2011
Ries ist der internationale Vordenker zum Thema Start-up-Prinzipien. Er prägte den Begriff »Lean Startup« und macht sich auch sonst lesenswerte Gedanken zum Thema.

Vorsichtig schnuppern

Und nun? Auf zu neuen Ufern, einfach so dem frohlockenden Ruf der Start-ups folgen? Lieber nicht. So wie Feldherren Spähtrupps ins unbekannte Terrain schicken, um möglichst gut informiert zu sein, bevor der Rest der Truppen nachrückt, bietet es sich auch im Unternehmenskontext an, sich dem Neuen zunächst testweise zu nähern. Am besten eignen sich für solche ersten Versuche im Unternehmensalltag zeitlich und räumlich begrenzte Spielwiesen mit klaren Spielregeln, die Reichweite und Konsequenzen von Entscheidungen und Handlungen minimieren. Und der Besuch eines der immer zahlreicher werdenden Barcamps bietet genau das. Diese »Un-Konferenzen« zeichnen sich dadurch aus, dass – neben einem minimalistischen Set-up durch die Organisatoren – die Inhalte und Abläufe der Konferenz von den Teilnehmern selbst gestaltet werden. Ein übergeordnetes Thema ist meistens vorgegeben, oft begleitet durch eine Fragestellung oder eine These. Das war es dann in der Regel aber auch schon.

Auch wenn Barcamps ursprünglich via Web initiiert und zu webnahen Themen gehalten wurden, geht es dabei allein um das Zusammenkommen an einem realen Ort. Das Miteinander in der Offline-Welt des Barcamps ist dennoch maßgeblich von den Tugenden des Internets geprägt: offen für jeden, partizipatorisch, antihierarchisch und demokratisch. Eines von vielen Beispielen ist das Barcamp Hamburg. Dieses kommt ganz ohne ein übergeordnetes Thema aus und findet einmal im Jahr in der Hansestadt statt. 400 Menschen nehmen in dieser Zeit an über 100 sogenannten Sessions teil.

Sessions sind die von den Teilnehmern vorgeschlagenen, in die Agenda gewählten und selbst geleiteten Workshops, Vorträge oder Diskussionsrunden. Diese werden in zehn parallel laufenden Tracks abgehalten. Es lassen sich Themen finden wie »Unzufriedene Kunden und Trolle«, »Scrum im Marketing«, »The Lean Start-up« und »Die Zukunft des Internets ist offline« aber auch »My life in the Israeli Army«, »Wie ich mit Smartphone-Apps 25 Kilo abnahm« und »Foto-Tour Himalaja«. Als Teilnehmer sucht man sich die Themen aus, die einen am meisten interessieren oder von denen man einfach noch nie gehört hat. So wandert man während der zwei Tage, die das Barcamp dauert, von Session zu Session. Das Schöne dabei ist: Es gilt eine Politik der offenen Türen, sodass jeder reinplatzen oder gehen kann, wann und wie es ihm beliebt.

Wer zum ersten Mal ein Barcamp besucht, macht oft den gleichen Fehler wie beim ersten Festivalbesuch: Man stellt sich genaue Abläufe aus dem vielfältigen Angebot zusammen und hetzt von Bühne zu Bühne, um möglichst viele Bands zu erleben. Geübte Festivalbesucher suchen sich stattdessen die Leckerbissen heraus und genießen ansonsten den Austausch mit Gleichgesinnten und Andersdenkenden. Nicht anders läuft es auf Barcamps. Auch dort ist das Schwänzen der Sessions besonders beliebt. Man findet sich dann in kleinen Grüppchen im Foyer des Veranstaltungsortes zusammen und tauscht sich über die letzte Session oder ein ganz neues Thema aus, bloggt, twittert, arbeitet und trinkt dabei Kaffee.

Was bei herkömmlichen Konferenzen eher ungern gesehen wird, ist bei Barcamps wichtiger Bestandteil des offiziellen Programms. Und das hat seine Gründe. Während eine durchgeplante Konferenz oftmals dafür sorgt, dass alle ein bisschen und niemand wirklich viel an neuen Erkenntnissen mitnimmt, sorgt die Flexibilität eines Barcamps dafür, dass jeder die Chance hat, das mitzunehmen, was für ihn am wichtigsten ist. Dieses Setting mag vor allem denjenigen, die gewohnt sind, auf »normalen« Konferenzen zu sprechen, zunächst Angst machen. Denn was, wenn man plötzlich alleine dasteht, weil das Publikum den Saal verlassen hat? Die Lösung besteht darin, offen an seine Sessiongestaltung heranzugehen und sein Publikum möglichst aktiv in die Gestaltung einzubeziehen. Wo der Austausch von spannenden – und vor allem relevanten – Gedanken angeboten wird, gibt es immer ein Publikum. Das Befriedigende daran ist, dass nur die Leute im Raum bleiben, die wirklich interessiert sind.

Natürlich ist die unterschiedliche Herangehensweise auch für jeden, der zum ersten Mal ein Barcamp veranstaltet, eine besondere Herausforderung. Dass sich das Aufbrechen klassischer Konferenzabläufe allerdings lohnt, zeigte ein Projekt der ZEIT-Stiftung, die sich mit einer zunächst auf ein Jahr angelegten Eventreihe mit der zunehmenden Vernetzung der Menschen

und der daraus folgenden gesellschaftlichen Veränderung auseinandersetzen wollte. Der Stiftung und ihren Projektverant-
wortlichen war besonders der Austausch mit jüngeren, bereits
sehr vernetzt lebenden Menschen wichtig. Um an diese heran-
zukommen und die für sie wirklich relevanten Themen zu verstehen, wollte die Stiftung in Vorbereitung auf ihren großen
Kongress »Zukunftscamp .vernetzt#« auch das Experiment Barcamp wagen.

Zu Anfang war man sich allerdings unsicher, ob man überhaupt genügend Teilnehmer finden würde, die sich auf ein solches, unbekanntes Veranstaltungsformat einer alteingesessenen
Institution wie der ZEIT-Stiftung einlassen würden. Und natürlich stand auch die Frage im Raum, ob sich die anwesenden
Teilnehmer mit der Idee anfreunden würden, eigene Themen
als Sessions auf die Agenda zu setzen. Am Ende ließ man sich
von all diesen Unsicherheiten aber nicht abhalten und lud mit
der offenen Fragestellung »Wie wollen wir arbeiten?« zum gemeinsamen Diskutieren und Gestalten zu einer Tagesveranstal-
tung ein. Um nicht ganz ohne Programm dazustehen, hatte das
Organisationsteam sich darauf geeinigt, drei Keynote Speaker
einzuladen, den weiteren Verlauf aber tatsächlich komplett in
die Hände der Teilnehmer zu legen. Keynotes von Arbeitswissenschaftler Professor Axel Haunschild, Google-Personaldirek-
tor Frank Kohl-Boas und Journalist und Autor Markus Albers
gaben den Teilnehmern Impulse und offene Fragen für die
anschließende Sessionplanung und Diskussionen mit auf den
Weg. Und diese wurden von den über 80 Teilnehmern, die den
Veranstaltungsort bis auf den letzten Stuhl gefüllt hatten, genutzt, um anschließend innerhalb kürzester Zeit knapp 20 Sessions rund um das Thema Arbeit aus dem Boden zu stampfen.

Barcamps haben allgemein den Vorteil vergleichsweise nied-
riger Kosten und eines relativ geringen Organisationsaufwandes
rund um die Inhalte im Vorfeld. Im Fall der ZEIT-Stiftung bewies das Experiment dem Organisationsteam aber auch, dass
die Mechanismen des Barcamps den Mehrwert und die Quali-

tät des Outputs deutlich erhöhen. Diese Erkenntnisse nahmen auch auf die darauffolgenden Veranstaltungen in der Eventreihe positiv Einfluss und sind mit dafür verantwortlich, dass sich die Veranstaltungen der .vernetzt#-Reihe bis heute sogar überregional größter Beliebtheit erfreuen. Wer sich auf ein Barcamp einlässt, will sich überraschen lassen. Er hofft darauf, Kontakte und Impulse mitzunehmen, auf die er durch das Lesen eines Buches oder die gezielte Suche im Netz nicht gestoßen wäre. Ohne zu wissen, wer genau da sein wird, ohne zu wissen, welche Themen genau diskutiert werden, geht man doch davon aus, dass die Zeit, die man bei einem Barcamp verbringt, gut investiert ist. Anders gesagt: Man vertraut auf den Mehrwert durch die Interaktion mit einer zuvor anonymen »Crowd«.

Wer nun noch einen Schritt weitergehen und direkten Einfluss auf die zu diskutierende Fragestellung und den Kreis der Menschen, die sich mit dieser auseinandersetzen, nehmen will, sollte sich mit dem Thema Crowdsourcing intensiver auseinandersetzen. Die Idee an sich ist nicht so neu wie der Begriff, der 2006 zum ersten Mal im Netz auftauchte und kurz darauf im *Wired Magazine* von Jeff Howe genauer definiert wurde. Menschen haben sich schon immer in großen Gruppen zusammengetan, um durch Vielfalt und viele kleine Beiträge von Einzelnen eine Gemeinschaftsleistung zu erbringen, die schließlich größer ist als die Summe der Einzelleistungen.

Als Crowdsourcing als Begriff geprägt wurde, verstand man darunter zunächst eine neue Form des Outsourcings – nur eben nicht an eine eingegrenzte Anzahl bekannter Zulieferer, sondern an die Allgemeinheit der unbekannten, aber (hoffentlich) relevanten Masse derer, die sich der Aufgabenstellung gewachsen fühlen. Auch wenn es noch viele Plattformen gibt, die genau diese Form des Crowdsourcings ermöglichen, wie etwa Mechanical Turk von Amazon oder Clickworker: Die letzten Jahre zeigen bereits einen deutlichen Wandel. Wer über die Nutzung von Crowdsourcing nachdenkt, ist nicht mehr in erster Linie auf der Suche nach Kostenvorteilen, sondern hofft vor allem auf wertvolle kreative Impulse. Da verwundert es auch nicht mehr, dass sich der Einsatz von den reinen Massebereichen längst in Richtung der unternehmenskritischen Prozesse verlagert hat.

Die einfachste Möglichkeit, mit dem Thema Erfahrungen zu sammeln, ist die Nutzung von Plattformen, die eine gemanagte Schnittstelle in die Welt der kreativen Netzarbeiter bieten. Genau diese Brücke versucht auch die Creative-Crowdsourcing-Plattform Jovoto seit ihrer Gründung 2007 in Berlin zu bauen. Auf dem Weg zu einer der weltweit bekanntesten webbasierten Plattformen wurde viel Pionierarbeit geleistet und ein eigener Ansatz entwickelt. Jovoto-Gründer Bastian Unterberg erklärt, dass die eigentliche Herausforderung bei der Organisation von Crowdsourcing wie so oft nicht die Technologie der Plattform ist, sondern der Aufbau einer Kultur, in der junge Talente und Vollprofis gemeinsam mit Kunden, die bereit sind, vollständig virtuell und ganz offen Ideen auszutauschen, zu gestalten und weiterzuentwickeln. Die Jovoto-Mitarbeiter übernehmen dabei die Gestaltung der Zusammenarbeit innerhalb der Crowd sowie das Management der Kreativprozesse zwischen Unternehmen und der Crowd.

Da die Agentur als klassischer »Middle Man« wegfällt, entsteht für das auftraggebende Unternehmen sehr viel mehr Transparenz rund um sein Projekt, sodass man einerseits das Ergebnis aktiver mitgestalten kann und andererseits viel mehr Einblicke in den Kreativprozess bekommt. Anders als bei anderen Crowdsourcing-Plattformen führt der Kreativprozess bei Jovoto nicht zu einer ständig wachsenden Anzahl an Ideen, sondern forciert eine frühzeitige Verdichtung der richtigen Ansätze, indem nach einer ersten offenen Phase die Ideen sondiert, geeignete Ansätze herausgefiltert und diese dann weiterentwickelt werden. Damit wird die Vielfalt der Ideen nutzbar gemacht und eine »Tyrannei der Ideen« verhindert, wie Gründer Bastian Unterberg es nennt.

Wie auch bei der Ideeneinreichung selbst sind die Hauptakteure bei diesem Filterprozess allerdings die Mitglieder des

Jovoto-Talentpools, der mehr als 40 000 Kreative umfasst. Sie nehmen durch Bewertungstools, wie sie in sozialen Netzwerken und Plattformen üblich sind, die quantitative und qualitative Bewertung der Einreichungen vor. Ihre unterschiedlichen Hintergründe und Talente, ihre Erfahrung als Freelancer im Projektbusiness mit großen Organisationen, ihre Nähe zum Markt, zur Zukunft und zu ihrer Peergroup machen das Filtersystem stark. Und braucht das Auftrag gebende Unternehmen trotzdem noch mehr Feedback oder Einfluss, kann der Prozess durch die Nutzung von Fachjurys, Votings durch die Facebook-Community oder durch die Zielgruppe erweitert werden.

Der Auftraggeber bekommt durch Crowdsourcing nicht nur einen Stapel neuer Ideen ins Haus. Die Transparenz im Entwicklungsprozess der Ideen bei Jovoto führt neben einer Lösung, die das Unternehmen nie selbst hätte generieren können, auch noch zu wertvollen Einblicken in die Mechanismen, die Ideen wachsen lassen. Meistens sind die Mitglieder aus dem Pool der Kreativen gleichzeitig auch zumindest in Teilen potenzielle Kunden der Unternehmen, wodurch Crowdsourcing zugleich zum unorthodoxen Marktforschungsinstrument wird. Ein abgeschlossenes Projekt bekommt im besten Fall gleich noch den »Approved!«-Stempel der Konsumenten mit auf den Weg, die an der Idee gearbeitet oder ihren Weg zumindest verfolgt haben.

Ein Beispiel für die konkreten Potenziale von derartigen Projekten ist die Firma Victorinox. Deren Taschenmesser mit den roten Griffschalen und dem Schweizerkreuz ist Kult. Trotzdem wollte man dem zeitlosen Design ein paar ausgefallene Alternativen zur Seite stellen und setzte dabei auf die Ideenkraft der Jovoto-Crowd. Man wollte einerseits durch die Sondereditionen nicht weiter allein auf das rote Taschenmesser reduziert werden und andererseits die Basis für mehr Spontankäufe schaffen. »Wir wollen zum ersten Mal einen demokratischen Design- und Abstimmungsprozess im Unternehmen durchführen und die Victorinox-Kunden und -Fans nachhaltig einbinden«, beschrieb damals der Global Head of Marketing von Victorinox das Ziel. Mehr als 2500 Kreative aus 61 Ländern nahmen die Herausforderung an – und nach der Abstimmung durch die Fans auf Facebook sind nun zehn Designs aus dem Projekt als Limited Edition im Handel erhältlich. Dass so eine Herangehensweise auch einen positiven Einfluss auf Vermarktung und Kundenbindung hat, zeigen die Zahlen: Die neuen Designs verkaufen sich um 20 Prozent besser als frühere Limited Design Editions.

Wer selbst ein hoch emotionales Produkt anzubieten hat und deswegen auf eine starke eigene Community zurückgreifen kann, braucht die Plattformanbieter nicht unbedingt. So organisiert der Spielzeughersteller LEGO sein Crowdsourcing selbst – und feiert damit beachtliche Erfolge. Auf der Projektseite Cuusoo kann jeder seine Idee für ein neues Produkt einstellen und von der LEGO-Community bewerten lassen. Jedes Quartal werden die am besten bewerteten Projekte von der LEGO-Entwicklungsabteilung überprüft, und jeweils eine Idee geht dann in Serienproduktion. Der Clou: Derjenige, der das Projekt veröffentlicht hat, bekommt nicht nur in der Community Ruhm und Ehre, sondern wird mit einem Prozent am Umsatz dieses Produktes beteiligt.

Das Beispiel von LEGO bewegt sich dabei schon zwischen klassischem Crowdsourcing und Co-Creation, also der gemeinsamen Entwicklung neuer Produkte von Unternehmen und Kunden. Voraussetzung für Co-Creation ist, dass Kunden einen persönlichen Bezug zum Produkt haben, was bei Crowdsourcing nicht zwangsläufig notwendig ist. Wenn das der Fall ist, versuchen die Beteiligten nämlich nicht nur, dem formulierten Auftrag gerecht zu werden, sondern sind dadurch besonders motiviert, dass sie an der Gestaltung eines Produktes mitwirken können, das ihre eigenen Bedürfnisse und Vorstellungen adressiert. Natürlich stellt sich umgekehrt fast automatisch die Frage: Was motiviert dann eigentlich die Talente im Pool von Plattformen wie Jovoto dazu, mit Tausenden von Mitbewerbern um die Umsetzung eines Projektes zu konkurrieren? Immerhin bekommen nur wenige den Zuschlag und viele gehen leer aus.

»Es geht dabei um Wettbewerb im positiven Sinne, der auf einer nachhaltig-kollaborativen Arbeitsatmosphäre beruht«, sagt Jovoto-Gründer Unterberg. Wo sonst bekommen Freiberufler so viel Einblick in ihren eigenen Markt, breite Interaktionsmöglichkeiten mit Gleichgesinnten und die Möglichkeit, ihre Fähigkeiten so marktnah zu verbessern? Indirektes oder direktes Feedback – durch Nichtwahl ihrer Idee oder konstruktive Verbesserungsvorschläge – geben ihnen die Möglichkeit, sich, ihre Ideen oder ihren Stil langfristig weiterzuentwickeln, zu Stars ihrer Peergroup aufzusteigen und Anerkennung von Experten zu bekommen. Aber selbst wer nicht die großen Erfolge feiern kann, profitiert davon, dass Crowdsourcing auf Selbstbestimmung und Teilhabe beruht. Jeder entscheidet selbst, wie viel er in die Gemeinschaft hineingibt. Ob man eigene Ideen einstellt, andere Talente berät oder Ideen bewertet, man wird Teil eines großen Ganzen – und ist trotzdem frei.

Natürlich ist der Ansatz, auf eine externe Crowd, anstatt auf eigene Mitarbeiter zu setzen, nicht die Lösung für alle Probleme. Im Gegenteil: Schlecht umgesetzt wird ein Problem daraus, das man vorher nicht hatte. Das wahrscheinlich prominenteste Beispiel für solch einen, vor allem kommunikativen Flop ist das Projekt »Liquid« von IBM. 2012 berichteten verschiedene Wirtschaftsmedien übereinstimmend, IBM plane, mehrere Tausend Stellen in Deutschland zu streichen und durch einen Talentpool aus Selbständigen zu ersetzen. Und zwar mit der Begründung, man müsse, um im Markt bestehen zu können, mehr Kreativität und marktnahes Denken von außen gewinnen.

Der Aufschrei war riesig – und das Unternehmen war nicht in der Lage, befriedigende Antworten zu geben. So blieb der Eindruck, man wolle Festangestellte durch eine hungrige Meute vor den Toren des Unternehmens ersetzen, die nur darauf wartet, dass kreative Aufgabenstellungen aus dem Fenster geworfen werden. Möge der Beste gewinnen. Der Gewinner wäre das Unternehmen, denn die Selbständigen würden – den Kräften der freien Marktwirtschaft ausgesetzt – schon dafür sorgen, dass sie beim »survival of the fittest« mithalten könnten, und sich permanent fortbilden und weiterentwickeln und so immer frische kreative Ideen parat haben. Dass diese sich noch dazu einem Zertifizierungsprozess durch IBM unterwerfen sollten, setzte dem Ganzen die Krone auf. Bis heute hat man von dem Projekt nicht mehr viel gehört. Anstatt mit cleverem Vorgehen eine Win-win-Situation zu erreichen, in der motivierte Externe mit motivierten Internen gemeinsam die Probleme der Unternehmenskunden lösen, hat IBM es aber auf jeden Fall geschafft, durch schlechte Kommunikation die eigenen Leute zu demotivieren und öffentlich am Pranger zu stehen. Und das lag nicht an der Idee, Crowdsourcing umzusetzen, sondern an dessen fundamentaler Fehlinterpretation.

REMEMBER

- Neues entsteht vorwiegend aus überraschenden Begegnungen und zufälligen Gesprächen. Oftmals sind es die weniger formellen Wege, die zu notwendigen neuen Kontakten, Inspiration und Erkenntnisgewinn führen. Die Möglichkeit, die dafür notwendigen Situationen herbeizuführen, bieten zum Beispiel Barcamps.
- Barcamps leben von einem Regelgerüst, das sich von klassischen Formaten darin unterscheidet, dass der Prozess ergebnisoffen gehalten wird. Der Mehrwert besteht darin, dass der Organisator nicht vorgibt, mit was sich die Teilnehmer beschäftigen, sondern die Themen, Agenden und Abläufe von den Teilnehmern vor Ort gestalten lässt.
- Der Mehrwert der Barcamps – die Interaktion mit einer zuvor anonymen »Crowd« – lässt sich auch digital gestalten – durch Crowdsourcing. Dieses war zunächst nur eine neue Form des Outsourcings. Heute geht es allerdings nicht mehr in erster Linie um Kostenvorteile, sondern vor allem um wertvolle kreative

Impulse. Der Einsatz von Crowdsourcing hat längst auch in unternehmenskritischen Prozessen Anwendung gefunden.

- Gut gestaltete Crowdsourcing-Prozesse bieten dem auftraggebenden Unternehmen sehr viel Transparenz rund um sein Projekt und wertvolle Einblicke in die Mechanismen, die Ideen wachsen lassen. Es geht dabei nicht um eine ständig wachsende Anzahl an Ideen, sondern um eine frühzeitige Verdichtung der richtigen Ansätze. Damit wird die Vielfalt der Ideen nutzbar gemacht und eine »Tyrannei der Ideen« verhindert.

READ

- Howe, Jeff: »The Rise of Crowdsourcing«. In: Wired Magazine, Juni 2006, http://www.wired.com/wired/archive/14.06/crowds. html
  Wer die Idee von Crowdsourcing nachvollziehen will, sollte sich die Zeit nehmen, den Artikel zu lesen, in dem der Begriff geprägt wurde.
- Owen, Harrison: Open Space Technology. A User's Guide. San Francisco, Berrett-Koehler Publishers/McGraw-Hill Professional 1997
  Wer mit dem Gedanken spielt, ein Barcamp zu veranstalten, sollte nicht die Fehler wiederholen, die andere auch schon gemacht haben. Wer sich an Owens Regelgerüst hält, ist schon den halben Weg gegangen.

Ein bisschen anfassen

Jede Ehe beginnt mit einem ersten Date. Auch wenn wir bei einem ersten kurzweiligen Abend mit Kerzenschein und gutem Rotwein noch nicht wagen würden, darüber nachzudenken, wohin das Ganze mal führen soll. Aber irgendwann ergibt ein Schritt den nächsten, erst ändern wir unseren Facebook-Beziehungsstatus und dann fahren wir gemeinsam in den Urlaub. Es entsteht etwas Tieferes, das mehr ist als nur die Summe seiner Einzelteile. Wir ziehen zusammen.

Das erfolgreiche Annähern von Unternehmen an die Kreativszene folgt einem ähnlichen Schema. Haben etablierte Unternehmen im Rahmen von Barcamps, durch Versuche mit Crowdsourcing oder anderweitig ihre ersten Dates mit den Start-ups absolviert und sich ein wenig verliebt, reicht es ihnen schließlich nicht mehr, die Schnittstellen nur online oder nur stundenweise zu erleben. Sie wollen ihre Beziehung ausbauen, mehr Alltag miteinander teilen. Genauso ging es auch der Otto Group, dem traditionsreichen Handelskonzern aus Hamburg, als sie sich entschied, selbst für eine Zeit in die reale Heimat der Startups einzuziehen, um den Arbeitsalltag miteinander zu teilen und tiefer miteinander ins Gespräch zu kommen.

Das Umfeld, in dem sich die Otto Group bewegt, ist seit einiger Zeit einem heftigen Wandel unterworfen. Auf ihrem Markt wurden schon einige große Namen in die Insolvenz getrieben, und jedes etablierte Unternehmen wurde, wenn schon nicht vor existenzielle Probleme, dann doch zumindest vor echte Herausforderungen gestellt. Der Kern dieser Entwicklung ist der immer stärker wachsende E-Commerce-Bereich, der für eine ganz neue Transparenz im Markt sorgt und mit geringen Markteintrittsbarrieren eine immer größer werdende Zahl von Gründern anzieht. Die guten Köpfe, die es braucht, um in diesem Markt erfolgreich bestehen zu können, sind rar – vor allem im Bereich der IT und Webentwicklung. Was tun? Nun, wenn die Leute, mit denen man arbeiten will, immer seltener zu einem kommen, dann muss man eben dahin gehen, wo sie zu finden sind. Denn nur im direkten Gespräch kann man lernen, mit welchen Erwartungen man in Zukunft umgehen muss und welche Möglichkeiten es gibt, diesen gerecht zu werden.

Genau wie die Crowdsourcing-Plattformen online, gibt es auch offline Ansprechpartner, die als Schnittstelle in die junge, kreative Szene fungieren, nämlich Coworking Spaces. Eine allgemeingültige Definition ist zwar schwierig, weil die Konzepte, die den Begriff für sich in Anspruch nehmen, sich sehr unterscheiden. Gemeinsam haben sie allerdings, dass es sich um

Anbieter von Räumen handelt, in denen sich Menschen zum Arbeiten auf Tages-, Wochen- oder Monatsbasis einmieten können. Organisatorisch funktionieren sie gewissermaßen wie »Bürohotels«. Dabei sind es in der Regel nicht die Räumlichkeiten an sich, die die Spaces interessant machen. Um das zu verstehen, hilft ein Blick auf die Entstehungsgeschichte.

Mit dem Internet hatten sich mit der Zeit auch Berufsbilder entwickelt, die nicht mehr auf dauernde persönliche Interaktion der Beteiligten angewiesen waren. Immer mehr Menschen erkannten, dass neue Werte, Ideen und Produkte tatsächlich immer seltener in klassischen Büros geschaffen werden. Allerdings hatte man bei dieser Entwicklung die Rechnung ohne die Menschen gemacht, die nämlich auch mit den neuen Möglichkeiten digitaler Kommunikation nicht immer alleine zu Hause vor ihrem Rechner sitzen wollten. Zum einen, weil man so auf Dauer schlicht zu vereinsamen droht, zum anderen, weil der digitale den realen Austausch einfach nicht komplett ersetzen kann.

Auf der Suche nach Orten, die sich dafür anboten, landeten die Gründer und Freelancer zunächst in den Cafés der Großstädte, was die Autoren Sascha Lobo und Holm Friebe in ihrem Buch *Wir nennen es Arbeit* für Berlin treffend beschrieben haben. Offene Türen, Tische und Stühle, Internet und guter Kaffee – mehr brauchte es nicht, um Lokale wie das St. Oberholz zur ersten neuen Heimat dieser neuen Arbeit werden zu lassen. Dabei blieb man allerdings immer so etwas wie das Stiefkind der Tagesgastronomie. Das sorgte schließlich dafür, dass sich mehr und mehr Menschen zusammenfanden, die davon überzeugt waren, dass man für das Problem andere Lösungen finden musste.

Die neuen Räumlichkeiten sollten denen ein Zuhause bieten, bei denen Wertschöpfung vor allem durch Wissensaustausch, Wissensverarbeitung und Wissensweitergabe generiert wird. Sie sollten der Erkenntnis Rechnung tragen, die viele aus ihrer Zeit im Mikrokosmos Universität mitbrachten, nämlich dass die wissensbasierte Wertschöpfung permanent an unterschiedlichen Orten zu unterschiedlichen Zeiten in wechselnden Teamkonstellationen stattfindet – auch ohne festen Rahmen oder Festanstellung. Was virtuell – im Internet – bereits sehr gut funktionierte, sollte im Realen umgesetzt werden: Orte mit Tür und Dach, an denen Wissen permanent angezapft, neu kombiniert und weitergegeben werden kann. Mit Platz für Netzwerke, gewissermaßen als Biotop für die Inkubation, Innovation und Produktion ihrer Ideen und Projekte. All das konnten die Cafés wirklich nicht bieten.

Inzwischen haben sich verschiedene Formen solcher Orte herausgebildet, keine Groß- oder Mittelstadt kommt ohne sie mehr aus. Sie heißen La Cantine in Paris, TechHub in London oder Parisoma im Silicon Valley. In Hannover gibt es den Edelstall in Aarhus in Dänemark die Lynfabrikken – und in einigen deutschen Städten sowie in Sofia und Barcelona das betahaus. Und mit Letzterem startete die Otto Group ihr Experiment.

Die betahäuser bieten eine Mischung aus entspannter Kaffeehausatmosphäre und konzentriertem Arbeitsumfeld, einen Raum zwischen Arbeit und Freizeit, Strukturen und Freiraum, in dem Konzentration ebenso wie Kollaboration, Kreativität, Problemlösung und Weiterentwicklung ermöglicht werden – so beschreiben die betahaus-Gründer ihre Vorstellung in ihrem Buch *Das Beta-Prinzip*, einer Art Anleitung zum Gründen von Coworking Spaces. In den offenen Räumen mit WLAN, büroähnlichen Flächen mit stationären und flexiblen Arbeitsplätzen, Meeting- und Projekträumen, Werkstätten und »Telefonzellen« dominieren oft die Cafébereiche den gesamten Space. Und das ist kein Zufall, sondern gewollt. Sowohl der Cafétresen als auch große Küchentische sind Orte der Begegnung. Wer sich nicht in den hinteren Bereich verzieht, um in Ruhe arbeiten zu können, sondern den großen Tisch zum Arbeiten wählt, zeigt damit deutlich: »Ich bin ansprechbar!«

Wer hier zusammenfinden möchte, hat viele Möglichkeiten, sich zu vernetzen. Dazu gehören auch die vielen Events, die im betahaus stattfinden. Das geht vom regelmäßigen gemeinsamen betabreakfast oder betalunch über Vorträge von Hochkarätern aus der Gründer- oder Investorenszene und Start-up-Wettbewerbe bis hin zu Workshops zu Programmiersprachen oder Bilanzierungsregeln. Wer hierher kommt, ist nicht nur offen für neue Impulse, sondern will diese oft bewusst mitgestalten. Egal ob er nun Grafiker, Programmierer, Webentwickler, Fotograf, Architekt, Designer, Buchhalter, Rechtsanwalt, Übersetzer, Journalist, Blogger, Gründer eines Start-ups oder auch Konzernmitarbeiter ist.

Ein betahaus ist niemals ein statisches Konstrukt. Insofern passt der Name bestens, denn er lehnt sich an die Idee der Betaversion an. Das ist eine unfertige Version einer Software, die in der Regel zu Testzwecken veröffentlicht wird, um Feedback einzuholen und die Software kontinuierlich zu verbessern. Oft bleibt man ewig beta – weil es immer noch etwas zu verbessern gibt. Und so ist auch das Selbstverständnis des betahaus. Man sieht sich als eine Betaversion des Coworking, die sich ständig an die Gegebenheiten und Nutzer anpasst.

Aber nicht nur die Einrichtung ist auf Rollen und aus leichtem Material entsprechend flexibel und jederzeit umbaubar gestaltet, sondern auch die Nutzung der Räume wandelte sich im Laufe der Zeit von Stillarbeit zu Gruppenarbeit, Telefonierecken zu kleinen Werkstätten und Konferenzräumen zu Teamräumen – oder umgekehrt. Die Nutzer – als Gruppe »Community« genannt – gestalten nach ihren Bedürfnissen mit und um. Fraglos ist das betahaus ungefähr das Gegenteil von dem, wie ein Arbeitsplatz in einem Konzern klassischerweise aussieht.

Hinter der Idee, eine Projektgruppe für einige Zeit ins betahaus einziehen zu lassen, stand bei den Verantwortlichen der Otto Group zunächst die abstrakte Hoffnung, dass sich Beziehungen zu der ansässigen technologieaffinen Szene etablieren lassen. Darüber hinaus hoffte man auf einen Fingerzeig, welche Prinzipien der Arbeitsplatzgestaltung sich auch auf einen Konzern mit Großraumbüros übertragen ließe. Um das Experiment zu einem Erfolg zu machen, musste das Organisationsteam vor allem dafür sorgen, dass man sich nicht im etwas schwierigen Setting von »Großstruktur trifft Netzwerkstruktur« verfangen würde. Besonders das Thema Vertrauen stand zu Anfang im Raum – und es war klar, dass sich dieses nur im menschlichen Miteinander auflösen lassen würde. Interessant war zu beobachten, dass mancher Vorbehalt auf beiden Seiten identisch war. Während man auf Konzernseite Angst hatte, dass sensible Daten für Externe einsehbar würden, hatten die Freiberufler und Gründer die Sorge, dass die Konzernmitarbeiter ihre Ideen stehlen könnten. Darüber hinaus stellte sich der eine oder andere die entsandten Konzernmitarbeiter wohl als verknöcherte Anzugträger vor, die kaum »vernetzungskompatibel« sein dürften. Um es vorwegzunehmen: Die Sorgen stellten sich allesamt als unbegründet heraus.

Dafür mussten allerdings vorher die Weichen richtig gestellt werden. Um eine Vernetzung zu ermöglichen, ließ sich die Otto Group darauf ein, von vornherein anders an die Kooperation heranzugehen, als man es bei einem großen Konzern vermuten würde. Anstelle eines klassischen »Service Level Agreements« – abgesichert durch seitenlange Verträge – wurde ein sehr offenes, iteratives Vorgehen zugelassen. Denn es war auch klar: Würde man einer Zusammenarbeit mit dem Netzwerk im Coworking Space einen fertigen Plan überstülpen, perfekt durchchoreografiert von den entsprechenden Konzernabteilungen, würde die gewünschte zwischenmenschliche Ebene nicht entstehen können. Der Fokus lag also auf der Ausgestaltung der Kontaktfläche. Gemeinsame Diskussionen zu Fragestellungen, die alle gleichermaßen berühren, waren der Katalysator für erste Vernetzungen. Daraus entwickelte sich die Frage »Wie wollen und werden wir in Zukunft arbeiten?« zum roten Faden des Projektes.

Zu Anfang der Projektwoche kam auf Einladung der Otto Group Sascha Lobo, der bekannte Autor und Internetexperte mit dem roten Irokesenschnitt ins betahaus, um dort darüber zu sprechen, was Freiberufler beachten sollten, wenn sie mit Unternehmen zusammenarbeiten. Was für die meisten Konzernmitarbeiter zunächst wie eine Ansammlung von Selbstverständlichkeiten wirkte, führte doch im anschließenden Austausch über konkrete Kooperationssituationen zu augenöffnenden Einblicken und sorgte immer wieder für Gesprächsstoff im Laufe der Projektwoche. Während die einen lernten, wie ihre potenziellen Auftraggeber ticken und welchen durch die Hierarchien bedingten Zwängen sie unterworfen sind, lernten die anderen, dass der Alltag eines Start-ups oder Selbständigen ganz anderen Rhythmen und Regeln untersteht als der der Festangestellten. Das half enorm, um gegenseitiges Verständnis zu schaffen.

Genau daran arbeiteten beide Seiten auch ansonsten mit Nachdruck. Gelingt es zwei unterschiedlichen Kulturen, sich bei der ersten Begegnung offen über ihre Gemeinsamkeiten und Unterschiede auszutauschen, wird es sehr viel leichter im Umgang miteinander. Die Feuerprobe in dieser speziellen Konstellation von Konzern und Kreativwirtschaft war das Aufbringen der Bereitschaft, seinen Teil zu liefern, ohne eine direkte Gegenleistung einzufordern. Das ist ein ganz wesentlicher Punkt bei jedem erfolgreichen Aufbau von Netzwerken, widerspricht allerdings der klassischen Buchhalterlogik, die darauf ausgelegt ist, für jeden ausgegebenen Euro möglichst direkt etwas gegenbuchen zu können.

Das ist nicht nur in der Zusammenarbeit mit Kreativen zu kurz gedacht. Denn die wissen solche Signale zu deuten und würden dann auch nur genau das abliefern, was im Vertrag steht. Und keinen Strich mehr. Damit wäre man schon wieder am selben Punkt, an dem viele Mitarbeiter in den Unternehmen stehen, die sich lieber mit einer guten Idee selbständig machen, als sie gemeinsam mit dem Unternehmen auszuarbeiten, weil sie nicht riskieren wollen, dass sie nicht mehr dafür bekommen als ein Schulterklopfen. Nur wer es bei Mitarbeitern oder Freelancern gleichermaßen schafft, Vertrauen jenseits des Vertrages aufzubauen, bekommt nachhaltig Zugang zum kreativen Potenzial dieser Menschen.

Mehr als einmal stellten sich User des betahaus mit den Worten vor: »Für euch habe ich auch schon gearbeitet.« Nur eben nicht direkt für die Otto Group, sondern über den Umweg einer Agentur. Allein aus dieser Erkenntnis lässt sich für die Zukunft schon etwas machen, was sich direkt in den Zahlen der Otto Group niederschlagen könnte. Anstatt nämlich Grafiker, Texter und Co. zumindest für kleinere Projekte immer über Agenturen zu beschäftigen, hat man jetzt den direkten Zugang zu diesen Freelancern geschaffen – zu einem deutlich niedrigeren Preis. Dabei sind Letztere gleichermaßen Gewinner, weil mehr vom gezahlten Geld bei ihnen ankommt. Und außerdem haben sie die Chance, sich so in den relevanten Abteilungen direkt einen Namen zu machen mit ihrer Arbeit, wo sonst die Agentur die Lorbeeren einsammelt und die »Macher« dahinter in der Anonymität bleiben.

Die Mitarbeiter aus den verschiedenen Konzerntöchtern nahmen aus dem Projekt reichlich Impulse mit und kümmerten sich darum, dass ihre Erkenntnisse auch einem breiteren Publikum in ihren jeweiligen Unternehmen zugänglich gemacht wurden. In einem nächsten Schritt einigte man sich darauf, dass diese Kooperation institutionalisiert werden müsste. Ein Rahmenvertrag hielt fest, dass immer neue Konzernmitarbeiter die Möglichkeit bekommen sollten, eine gewisse Zeit alleine oder mit ihrem Team im betahaus zu verbringen. Die wesentlichste Erkenntnis des Projektes lag aber darin, dass die zwischenmenschliche Ebene die Grundlage für das Zueinanderfinden unterschiedlicher Arbeitskulturen bildet. Große und kleine, klassische und neue, etablierte und flexible Strukturen können durchaus miteinander ins Gespräch kommen – wenn die Menschen auf beiden Seiten ins Gespräch kommen.

Wer eine konstruktive Art der Begegnung mit neuen Themen sucht, hat in Coworking Spaces gute Karten. Denn die Räume sind offen gestaltet, man sitzt jeden Tag in einer anderen neuen

Kombination mit Fremden und Freunden, bekannten und unbekannten Gesichtern an großen oder kleinen Tischen und kommt beim Arbeiten ganz nebenbei miteinander ins Gespräch. Das »Du« gehört hier zum guten Ton und baut Barrieren ab. Einander anzusprechen ist offiziell erlaubt – hier werden Feedback und Inspiration gesucht, Ideen diskutiert und wird Wissen ausgetauscht.

Wichtig ist, dass man als Unternehmen nur Mitarbeiter in die Coworking Spaces schickt, die darauf auch wirklich Lust haben. Sonst kommt es schnell zu Schwierigkeiten. Denn während die Freiberufler und Gründer sich täglich aufs Neue freiwillig entscheiden, ob sie die Alternative zum Homeoffice aufsuchen, können sich Unternehmensvertreter durchaus eher zum »anders arbeiten« verdammt fühlen, wenn die Entscheidung zum Coworking vom Chef und nicht von Herzen kommt. Und wer außerdem eine feste Sitzordnung im Büro gewohnt ist, mag schon an seinem zweiten Morgen als »fest angestellter Coworker auf Zeit« das frustrierende Erlebnis haben, seinen gerade ausgewählten Lieblingssitzplatz im neuen Büroumfeld von jemand anderem besetzt vorzufinden. Wenn man sich dann aus anfänglichem Schutzbedürfnis vor den Blicken und Fragen der Community hinter Konferenzraumtüren verschanzt, wird es schwer werden, am Wissensaustausch teilzuhaben und von ihm zu profitieren. Doch das sollte das oberste Ziel sein.

REMEMBER

- Wissensbasierte Wertschöpfung findet heute permanent und an unterschiedlichen Orten, zu unterschiedlichen Zeiten und in wechselnden Teamkonstellationen statt – auch ohne festen Rahmen oder Festanstellung. Coworking Spaces bieten denen ein Zuhause, bei denen Wertschöpfung vor allem durch Wissensaustausch, Wissensverarbeitung und Wissensweitergabe generiert wird.

- Was im Internet bereits sehr gut funktionierte, wird in Coworking Spaces im Realen umgesetzt: Orte mit Tür und Dach, an denen

Wissen permanent angezapft, neu kombiniert und weitergegeben werden kann.

- Coworking Spaces sind reale Schnittstellen in die junge, kreative, technologienahe Szene. Die Zusammenarbeit mit Coworking Spaces hat für Unternehmen langfristige Potenziale bei der Veränderung der eigenen Arbeitsorganisation, der Arbeitsplatzgestaltung und der Nutzung digitaler Kollaborationswerkzeuge. Die Herausforderung bei der Kooperation mit solchen Spaces liegt für Unternehmen darin, die dort geltenden Regeln von Offenheit und Flexibilität anzuerkennen, um ins Gespräch zu kommen und am Wissensaustausch teilzuhaben.

READ

- Deskmag: http://www.deskmag.com/de
  Ein Magazin rund um das Thema Coworking, mit Berichten zu aktuellen Entwicklungen, grundlegenden Trends, spannenden Analysen und Fakten.
- Friebe, Holm; Lobo, Sascha: Wir nennen es Arbeit. München, Heyne Verlag 2006
  Weil es zwar schon 2006 veröffentlicht wurde, aber bis heute unerreicht ist, wenn es darum geht, das kreative und digitale Lebensgefühl in Abgrenzung zur Welt der Festanstellung zu beschreiben.
- Welter, Tonia; Olma, Sebastian: Das Beta-Prinzip, Berlin, Blumenbar Verlag 2011
  Warum Coworking? Und wenn ja, wie? Eine Herleitung und eine Gebrauchsanweisung für alle, die sich für das Arbeiten im offenen Raum interessieren.

Das neue Zuhause

Astrid Lindgrens Bücher sind wunderbare Inspirationsquellen. Das gilt auch für die Figur der fünfjährigen Lotta, die in der Krachmacherstraße lebt und allerlei Abenteuer durchmacht. Eines Tages entschließt sie sich, von zu Hause abzuhauen. Verärgert über die Hänseleien ihrer Geschwister und wütend über die strengen Ansagen ihrer Mutter packt sie ihre Sachen und zieht aus. Sie findet Unterschlupf im Dachgeschoss von Tante Berg, einer alten Dame aus der Nachbarschaft. Hier darf sie sich in der Rumpelkammer ihren eigenen kleinen Haushalt einrichten, in dem nur sie bestimmt. Sie kann tun und lassen, was ihr gefällt. Als schließlich die Nacht hereinbricht, und sie alleine in ihrem Bett liegt, wird ihr klar, dass sie nun erwachsen genug geworden ist. So kehrt sie gestärkt und glücklich nach Hause zurück.

Mit guten Ideen oder mit Projekten, die gerade ihren Kinderschuhen entwachsen, denen die wohlbehüteten Strukturen des Unternehmens zu eng werden, denen die Freiräume fehlen, sich zu entfalten und auf eigenen Beinen zu stehen, geht es einem manchmal nicht anders als Lotta. Auch hier hilft: Einfach mal raus. Was heute eine Option aus einem ganzen Set an Strategien ist, war vor ein paar Jahrzehnten beim Rüstungskonzern Lockheed, der inzwischen unter dem Namen Lockheed Martin firmiert, noch ein aus der Not heraus geborener Ansatz. Im Jahr 1943 waren die Vereinigten Staaten in den Zweiten Weltkrieg eingetreten und benötigten dringend einen wettbewerbsfähigen Jet-Fighter, mit dem sie der Gefahr durch die deutsche Luftwaffe entgegentreten konnten. Die Entwicklung entsprechender Projekte dauert heutzutage gerne einmal ein Jahrzehnt oder länger, wovon eine ganze Zeit für die Aushandlung der Verträge draufgeht. Doch im Krieg gelten andere Regeln, und allen Beteiligten war klar: Wenn man eines nicht hatte, dann war es Zeit. Nun war Lockheed auch damals schon ein großes, bürokratisches Unternehmen, das sich mit schnellen Entscheidungen und noch schnellerer Umsetzung im Zweifel recht schwertat. Es brauchte also eine Herangehensweise, die diesen Problemen trotzte. Und die entwickelte ein Mann namens Clarence L. Johnson, den alle nur Kelly nannten.

Kelly Johnson scharte ein kleines Team von jungen, hungrigen Ingenieuren und Produktionsmitarbeitern um sich und schaffte es, den Verantwortlichen der Air Force innerhalb von vier Wochen ein Angebot über einen Jet-Fighter mit dem Namen XP-80 Shooting Star vorzulegen, das diese überzeugte. Ohne die Vertragsverhandlungen abzuwarten, die sich noch mehr als vier Monate hinzogen, setzte sich Johnson mit seinem Team vom restlichen Unternehmen ab – was dadurch erleichtert wurde, dass dort sowieso keine Flächen zur Verfügung standen – und schaffte es, den Prototyp des XP-80 in nur 143 Tagen fertig zu designen und zu bauen. Aus heutiger Sicht ist die Kürze des Prozesses für eine solche Neuentwicklung sowieso schon bemerkenswert. Dass man es aber auch noch schaffte, die Deadline von 150 Tagen sogar um eine Woche zu unterbieten, zeigt die unglaubliche Effizienz, mit der das Team am Werk war.

Wie hatte Johnson das geschafft? Obwohl seine Mitarbeiter auch vorher schon bei Lockheed gewesen waren und die typischen Unternehmensprozesse kannten, schafften sie es, innerhalb kürzester Zeit allen bürokratischen und politischen Ballast abzuwerfen und extrem wendig zu werden. Johnsons Überzeugungen sind heute noch auf der Seite von Lockheed Martin als 14-Punkte-Programm zu finden. Einige der dort skizzierten Ansätze sind sehr stark auf die Zusammenarbeit zwischen Militär und einer zivilen Organisation wie Lockheed zugeschnitten und daher an dieser Stelle nicht weiter erwähnenswert. Die anderen Regeln allerdings sind auch in anderen Kontexten interessant.

So sieht Johnson es für Projekte wie seines, die nicht nach den klassischen Regeln des Unternehmens gemanagt werden können, als essenziell an, dass der Projektmanager operativ vollkommen autonom vom restlichen Management agieren kann. Die Reporting-Ebene sollte dabei möglichst hoch angesetzt und die Zahl der benötigten Reportings auf ein Minimum reduziert sein. Dem Projektteam muss es möglich sein, praktisch und unkompliziert Tests durchzuführen und schnell Veränderungen vorzunehmen. Insgesamt müsse ein besonderes Vertrauensverhältnis zwischen Auftraggeber und Projektteam bestehen, das die Gefahr von Missverständnissen sowie ermüdende Korrespondenz auf ein Minimum reduziert. Und last, but not least müsse die Zahl derer, die direkt oder indirekt an dem Projekt beteiligt sind, in radikaler Weise beschränkt sein. Das Team selbst solle höchstens die Größe von zehn bis 20 Prozent eines Projektteams im normalen System haben, dafür müsse aber gleichzeitig extremer Wert auf Qualität und Passung der einzelnen Personen gelegt werden.

Um zu vermeiden, dass zu viel Einfluss von außen genommen werden kann, muss das Projekt gegenüber dem Rest des Unternehmens abgeschirmt sein. Der Name, den dieses externe Labor über die Zeit bekam, und der heute ein eingetragener Name von Lockheed Martin ist, ist Skunk Works. Entsprungen ist er einem Comic, in dem es einen mysteriösen Platz in einem dunklen Wald gibt, an dem ein Zaubertrunk aus alten Schuhen, anderen seltsamen Zutaten und Stinktieren, im Englischen Skunks, hergestellt wurde, von dem niemand genau wusste, was es mit ihm auf sich hat. Genauso war es eben auch mit Skunk Works.

Nicht alle, die Ähnliches vorhaben, wählen einen derart fantasievollen Namen. Die TUI Deutschland startete ihren Versuch im Jahr 2010 unter einem einfachen Projektnamen – nämlich »Modul57« –, bei dem es am Ende auch blieb. Zunächst verließen 20 Mitarbeiter samt Geschäftsführung für einen Geschäftsentwicklungsprozess für drei Monate ihr Headquarter in Hannover. Für ihren Plan zur Neuausrichtung suchten sie eine Möglichkeit für Inspiration und Irritation, die sie in Räumlichkeiten im kreativen Schanzenviertel in Hamburg fanden. Während der Zeit außerhalb des eigenen Büros lernte die Projektgruppe die Möglichkeit des Perspektivwechsels zu schätzen. Und so wuchs nach und nach die Überzeugung, dass Projekte und ihre Teams, die nicht in den Rahmen des klassischen Projektmanagements und der etablierten Unternehmensstruktur passten, einen eigenen Raum mit einer anderen Arbeits- und Managementkultur brauchten. Das Projekt zur Errichtung des Modul57 wurde damit gewissermaßen sein erster eigener

Kunde. Denn es sollte das erste Projekt werden, das unter den Bedingungen durchgeführt wurde, die es selbst hinterher anbieten wollte.

Mit dem Modul57 betreibt der Reisekonzern nun mit gebührendem Abstand zum Unternehmensgelände einen offenen Raum, der alle typischen Grundzüge eines Coworking Spaces aufweist: In einer lebendigeren, universitätsnahen Nachbarschaft nahe dem Zentrum von Hannover gelegen, können sich Konzernmitarbeiter ebenso wie Start-ups, kleine Firmen und Freiberufler auf Tages- oder Monatsbasis einmieten, ihr Headquarter aufschlagen oder mit ihren Projektgruppen wenigstens für einige Zeit ein Zuhause finden. Auf 300 Quadratmetern offenem Raum finden sich stationäre und flexible Arbeitsplätze, Gruppentische, ein Cafébereich und ein Multimediaraum für Workshops und Meetings. Dabei ist der Raum nicht mehr – aber auch nicht weniger – als eine interne wie externe Schnittstelle, egal ob für übergeordnete Themen rund um Medien und das Web oder für Arbeitsgruppen und deren Projekte mit Agenturen und Freiberuflern.

Unter der Leitung von Isabelle Droll – zu dem Zeitpunkt als Executive Director für Management Information and Support für die TUI tätig – wurde für das Projekt ein iteratives Vorgehen gewählt, in enger direkter Kooperation zwischen einer internen Projektgruppe und externen, im Coworking erfahrenen Freiberuflern. Die Möglichkeiten für permanente Veränderung und Fortschritt, wie sie das Internet bietet, wurde hier auch auf die Hardware übertragen. Büroräume, Eventspace und Café – alles begann mit einem minimalistischen Set-up, um zunächst nur einen Rahmen zu schaffen und mit der Nutzung beginnen zu können. Damit sollte nicht nur das Projektbudget geschont werden.

»Mit so wenig Vorgaben wie nötig und so viel Offenheit wie möglich sollte der weitere Entwicklungsprozess möglichst alle Beteiligten einbinden. Was sich in der digitalen Welt recht einfach umsetzen lässt, ist in der realen Welt natürlich erheblich schwieriger«, erinnert sich Isabelle Droll. »Aber Identifikation der Mitarbeiter mit einer neuen Unternehmenskultur entsteht nun einmal vor allem durch Teilhabe und Mitgestaltung.« Das Ziel war nicht, eine weitere flexible, schön eingerichtete Bürofläche am Reißbrett zu gestalten, sondern einen Raum für einen anderen Umgang mit den digitalen Themen zu schaffen. Zugleich wollte man sich damit auseinandersetzen, wie man in Zukunft zusammenarbeiten wird.

Auch wenn sich das Modul57 nicht als klassischer Coworking Space versteht: Um eine dauerhafte Kontaktfläche für Menschen zu bieten, die projektorientiert – ob fest angestellt oder in Eigenregie – mit neuen Themen arbeiten, beruht es auf den typischen Coworking-Prinzipien. Im Vordergrund steht die Gemeinschaft der Nutzer. Wer sich zum Arbeiten hierher begibt, hat vor allem ein grundsätzliches Interesse an Austausch. Auch die verantwortliche Konzernabteilung ist als Betreiber »nur« ein Teil dieser gleichberechtigten Gemeinschaft. Das Herz ist der große offene Arbeitsraum – Open Space genannt. Die Arbeitsplätze sind nicht durch Wände voneinander getrennt, sondern als kleine Trauben in verschiedenen Nischen im Raum verteilt. So kann jeder Coworker selbst wählen, ob er »gemeinsam alleine« oder mit Projektgruppen zusammenarbeiten möchte. Das Modul57 hat daher auch im Rahmen der üblichen Arbeitszeiten immer eine offene Tür, ist leicht zu erreichen und heißt jeden willkommen – ganz ohne Voranmeldung, Schranke und Pförtner.

Zusätzlich bringen regelmäßig stattfindende Abendevents Menschen zusammen und fördern Wissensaustausch durch Netzwerkveranstaltungen, Podiumsdiskussionen, Barcamps und Workshops rund um das Thema Internet. Isabelle Droll unterstreicht: »Wir brauchen diese innovativen Orte, um den offenen, permanenten und zufälligen Austausch zwischen internen und externen Denkern und Innovativen, Kreativen und Machern ermöglichen zu können, damit Projekte schneller, zielgerichteter und erfolgreicher angegangen und umgesetzt werden können.

Die auf Effizienz ausgelegten Instanzen eines Konzerns sind einfach meist zu schwerfällig, um mit der Dynamik rund um die neuen Technologien und Medien mithalten zu können.«

Mit dem Modul57 ist die TUI Teil eines sich zunehmend abzeichnenden Trends: Corporate Coworking. Das amerikanische Versicherungsunternehmen State Farm etwa betreibt in Chicago einen Coworking Space namens Next Door. Das Angebot ist offen für Mitarbeiter, Kunden und Externe gleichermaßen und umfasst neben der Platzvermietung auch Business Coaching durch Professoren und Finanzexperten. Ebenfalls in Chicago findet man den Coworking Space Workspring der bekannten Büromöbelmarke Steelcase. Und die Onlinebank ING Direct betreibt in Toronto das Network Orange nach dem gleichen Vorbild. In der Umsetzung der Coworking-Idee zeigen alle der genannten Beispiele, dass es eben nicht darum geht, dem gesamten Unternehmen einen Kaffeehausanstrich zu verpassen und alle Geschäftsbereiche, Abteilungen und Mitarbeiter zu mehr Kreativität und Austausch zu motivieren, indem man sie dazu verdonnert das trendige Arbeitsleben der hippen Urbanen nachzuempfinden. Es geht auch nicht um effizientere Büroplatznutzung. Auch wenn Platzmangel einer der Hauptgründe ist, der erfinderische Unternehmen schon vor einigen Jahren dazu gebracht hat, das Prinzip der flexiblen Arbeitsplätze auf das ganze Unternehmen auszurollen.

Seit Mobilität Einzug in den Alltag vieler Festangestellten gehalten hat, sind immer weniger Mitarbeiter zu den Arbeitszeiten im Büro anzutreffen. Firmen brauchen daher vor Ort tatsächlich sehr viel weniger Bürofläche, die sich die wechselnden Mannschaften schlicht flexibel teilen. In der Theorie ist der Coworking-Ansatz hier gut aufgehoben, wird aber in der Praxis dann oft grausam verstümmelt. Der positive Effekt tritt sicher nicht allein durch die effiziente und effektive Nutzung eines großen Raumes ein – sei er noch so schön eingerichtet. Der soziale Aspekt, der Wunsch, in einem lebendigen Umfeld zu arbeiten, gerät dabei in den Hintergrund, obwohl er eigentlich zentral ist und die flexible Nutzung von Flächen nur einen Teilaspekt des Gesamtkonzeptes darstellt.

Wer die Möglichkeit des Coworking in seine Großorganisation integrieren möchte, muss sich also zunächst mit diesen sozialen Aspekten des Coworking auseinandersetzen und diese für das Unternehmen adaptieren. Wissensaustausch, Interaktion und unternehmerisches Denken hängen nicht allein von der Hippness der Inneneinrichtung ab, sondern davon, inwieweit die entstehende neue Infrastruktur diese Dynamiken bei den anwesenden Mitarbeitern auslöst, fördert und unterstützt. Besser als jeder Innenarchitekt wissen die Mitarbeiter oft selbst – oder finden es durch Experimentieren heraus – wie ein Raum gestaltet werden muss, um zu funktionieren. Beim Corporate Coworking geht es darum, die Eigenverantwortung und das Engagement bei Mitarbeitern zu fördern. Das heißt konkret, seinen Mitarbeitern neben den klassischen Büros verschiedene Alternativen an Arbeitssituationen anzubieten.

Die Übertragung von Verantwortung auf die Mitarbeiter bei der Beantwortung der Fragestellung, welches Arbeitsumfeld sie brauchen, um erfolgreich zu arbeiten, führt vor allem zu einem: besseren Resultaten. Die Firmen, die diese Experimente bereits wagten, bemerkten in erster Linie einen Anstieg in der Produktivität und der Zufriedenheit ihrer Mitarbeiter. Die freie Wahl des Arbeitsplatzes innerhalb einer modernen Arbeitsumgebung führt vielleicht dazu, dass die Mitarbeiter seltener am klassischen Büroplatz anzutreffen sind. Das heißt aber nicht, dass sie weniger arbeiten, wenn sie stattdessen die räumliche Nähe zu ihren abteilungsübergreifenden Teams suchen, in leeren Meetingräumen ihre Camps aufschlagen oder für den zufälligen Austausch mit Kollegen das WLAN in der Cafeteria nutzen.

Eine weitere positive Nebenwirkung für Unternehmen mit eigenen Coworking Spaces ist die Steigerung der Attraktivität als Arbeitgeber für kreative Köpfe. Seit Richard Floridas Bestseller *The Rise of the Creative Class* ist allen klar, dass Wissen besser zu arbeiten scheint, wenn Menschen in dicht besiedelten Ballungszentren leben. Stadtteile mit einem vielfältigen Leben und bunten Treiben auf den Straßen ziehen die kreative Klasse eher an als die gepflegten Vorgärten in den Vorstädten. Je höher die Dichte an Straßencafés, Galerien und Bistros, umso schneller wächst die kreative Klasse. Florida rät Städten, die ihr kreatives Potenzial zum Leben erwecken und ausschöpfen und vermehrt für wissensstarke, kreative Menschen attraktiv werden wollen, dass sie sich zuerst auf die Errichtung der notwendigen Infrastruktur konzentrieren. Diese Infrastruktur muss authentisch sein, um die Atmosphäre bieten zu können, die zum urbanen Lifestyle der Kreativen dazugehört. Für Unternehmen gelten diese Regeln gleichermaßen. Sie können und müssen sich daran orientieren, um einerseits die Ansiedlung der jüngeren Generationen und das Etablieren neuer Technologie zu ermöglichen und andererseits die zukunftsfähigen Werte und Normen zu verankern, deren Umsetzung in Unternehmen oft längst beschlossen wurde, aber bisher an den alten eingetretenen Pfaden und dem einstudierten Habitus gescheitert ist.

REMEMBER

- Projekte, für die die etablierten Strukturen des Unternehmens zu starr sind, denen die Freiräume fehlen, sich zu entfalten und auf eigenen Beinen zu stehen, müssen sich manchmal räumlich entfernen. Ein neues Vorgehen oder andere Resultate lassen sich schneller und besser außerhalb der etablierten Strukturen erwirken.

- Die auf Effizienz ausgelegten Instanzen eines Konzerns sind meist zu schwerfällig, um mit der Dynamik rund um die neuen Technologien und Medien mithalten zu können. Selbst betriebene, für Externe offene Arbeitsräume, die nach den Prinzipien des Coworking organisiert werden, bieten Unternehmen die Möglichkeit einer eigenen umfassenden und zugleich natürlichen Schnittstelle zu neuen Technologien, neuen Arbeitsweisen und anderen neuen Themen.

- Die Möglichkeiten und Prinzipien des im Coworking üblichen »Open Space« in eine Großorganisation zu integrieren heißt vor allem, sich mit den sozialen Aspekten offener Räume auseinanderzusetzen und diese für das Unternehmen zu adaptieren. Es geht nicht um den bunten Anstrich des Großraumbüros, sondern um die Möglichkeit, in einem lebendigen Umfeld zu arbeiten, um die Notwendigkeit von Wissensaustausch, Interaktion und unternehmerischem Denken.
- Wer die kreative Klasse für sich begeistern oder die Kreativität der Mitarbeiter nutzbar machen möchte, muss ihr eine austauschfördernde Infrastruktur und ein Arbeitsumfeld für vernetztes Arbeiten anbieten können. Dieses muss vielfältig und authentisch sein, um die Atmosphäre bieten zu können, die zur vernetzten Arbeitsphilosophie der Kreativen dazugehört.

READ
- Florida, Richard: The Rise of the Creative Class. New York. Basic Books 2002
  Zur Entwicklung kreativer Potenziale spielen Orte eine wichtige Rolle. Richard Florida beschreibt dies in seinem Bestseller ausführlich.

Sich einlassen

Wenn mit dem Taler geläutet wird, öffnen sich alle Türen, sagt der deutsche Volksmund. Tatsächlich lässt sich aus dieser Weisheit der gute Tipp herauslesen, die Zusammenarbeit mit Startups langfristiger anzulegen und tiefer zu verankern, indem man in die Projekte investiert, mit denen man im Gespräch bleiben und von denen man lernen will. Doch gutes Geld erfolgreich in aufstrebende Projekte zu investieren will gelernt sein. Es gibt sehr unterschiedliche Möglichkeiten, sich an jungen Unternehmen zu beteiligen. Natürlich besteht immer die Möglichkeit, sein Geld über anonyme Fondskonstrukte anzulegen. Das ist aber nur interessant, wenn man rein auf Rendite aus ist. Für Finanzinvestoren ist das spannender als für Unternehmen, die lernen und sich entwickeln wollen. Letztere müssen sich eher mit anderen Themen auseinandersetzen.

Je früher man einsteigt, desto größer ist natürlich das Risiko, das man mit seinem Investment eingeht. Der Vorteil liegt auf der Hand: Man bekommt für wenig Geld einen relativ großen Anteil am Unternehmen. Entwickelt sich das Projekt positiv, sind die Renditeerwartungen enorm. Scheitert es allerdings – und das ist häufig genug der Fall –, ist man die gesamte Einlage los. Vor dem Hintergrund dieses Risikoprofils ist es wenig überraschend, dass zu einem frühen Zeitpunkt, auch »Early Stage« genannt, vor allem diejenigen Investoren einsteigen, die vielleicht nicht bereit sind, große Summen zu investieren, dafür aber mit vergleichsweise viel Zeit, Know-how und Kontakten zur Seite stehen.

Von der Entscheidung, sich in diesem Segment zu bewegen, bis zum anerkannten Investor ist es ein weiter Weg. Zum einen muss man sich erst als seriöser Spieler im Markt positionieren, um überhaupt mit den spannenden »Targets«, also Unternehmen, an denen man sich beteiligen kann, ins Gespräch zu kommen. Und darüber hinaus ist die Frage, was überhaupt spannend ist und was nicht, damit noch lange nicht beantwortet. Denn welche Kriterien man an die Investitionsziele anlegt, ist der essenzielle Kern der unternehmerischen Entscheidung – und wenig überraschend der schwierigste Teil am gesamten Prozess. Was der eine als negativ bewertet, mag bei einem anderen auf großes Interesse stoßen. Gerade in Zeiten, in denen immer wieder neue Geschäftsmodelle etablierte Märkte durcheinanderwürfeln, sind Zahlen alleine dabei Schall und Rauch. Viele hätten 2004 sicher nicht an das Konzept Facebook geglaubt und ihr Geld investiert. Wer es doch getan hat, ist heute reich. Gleichzeitig sind viele bestens finanzierte Start-ups wieder verschwunden und haben vielen überzeugten Early-Stage-Investoren den Totalverlust beschert. Die Businesspläne von Facebook einerseits und den Gescheiterten andererseits dürften sich dabei zu einem frühen Zeitpunkt nicht allzu sehr unterschieden haben: In allen Fällen dürfte auf dem Papier nach wenigen Jahren der Break-even und einige Jahre später ein attraktiver Return on Investment die Investoren gelockt haben.

Insofern ist es wenig überraschend, dass heute viele erfahrene Investoren bei der Bewertung eines Targets nicht mehr alleine auf die Betrachtung des Geschäftsmodells achten, sondern zunehmend auf die Köpfe dahinter fokussieren. Eine gute Idee mit ungeeigneten Gründern ist zum Scheitern verurteilt. Eine mittelmäßige Idee mit kompetenten Gründern wiederum hat durchaus eine Chance auf Erfolg. Wenn sich die Gründer dabei in ihren Kompetenzen ergänzen, konkrete Erfahrungen mitbringen, die auch für das Start-up hilfreich sein können, geerdet, durchsetzungsstark und belastbar wirken, könnte es passen. Wenn sich allerdings zu einem späteren Zeitpunkt herausstellt, dass man einfach nicht auf einer Wellenlänge sendet oder die Gründer keinen Input annehmen, hilft einem die ganze schöne Analyse zuvor nichts mehr. Insofern gilt auch hier wieder: Zahlen und Fakten alleine leiten ohne das entsprechende Bauchgefühl gerne einmal in die Irre. Wenn das nicht stimmt, sollte man sich einen Einstieg gut überlegen.

Wir wollen im weiteren Verlauf vor allem einen Blick auf die sogenannten Smart-Money-Investoren werfen, die den Einstieg in Start-ups nicht als reines Finanzinvestment sehen, sondern mit Rat, Tat und Kontakten zur Seite stehen – und im besten Falle auch die eine oder andere Erkenntnis für das eigene Unternehmen aus den Beteiligungen ziehen. Ein Unternehmen, das einen solchen Investor von sich überzeugen konnte, ist das Berliner Start-up Coffee Circle. In einem Geschäftsfeld, in dem zwar immer noch eine Menge Umsatz, dafür aber schon seit Jahren kaum noch Gewinn erwirtschaftet wird, haben die drei Gründer es geschafft, in der kurzen Zeit seit der Gründung 2010 eine ordentliche Wachstumsgeschichte hinzulegen. Ihr Ansatz basiert auf dem Glauben, dass es eine nicht zu unterschätzende Marktnische gibt, in der höchste Qualität und fairer

Handel geschätzt werden. Mit bestem Kaffee, den sie vor Ort in den Kooperativen im äthiopischen Hochland einkaufen und von dessen Preis ein Euro pro Kilo verkauftem Kaffee direkt in soziale Projekte vor Ort fließt, gepaart mit einem vorbildlichen und frischen Community Building, hat Coffee Circle nicht nur immer mehr Kunden, sondern auch einen der prominentesten Start-up-Investoren in Deutschland von sich überzeugt.

Karl-Erivan Haub, geschäftsführender Gesellschafter der Unternehmensgruppe Tengelmann, die über ihre Venture-Capital-Tochter im Sommer 2011 bei Coffee Circle einstieg, lässt sich damit zitieren, dass ihn das Geschäftsmodell sofort überzeugt habe. Und er muss es eigentlich wissen, immerhin war seine Firma vor anderthalb Jahrhunderten zunächst im Handel mit Kaffee und Kakao aktiv. In das operative Geschäft seiner Beteiligung greift er dabei nicht ein. Das wäre auch absurd, hat man sich doch bewusst für ein bestehendes Team und eine bestehende Strategie entschieden. Allerdings steht der große Partner – im eigenen Interesse wie auch in dem von Coffee Circle – an anderen Stellen mit Know-how und Kontakten zur Verfügung.

Egal ob es sich um juristische Themen, Rechnungslegungsfragen oder Kontakte zu potenziellen Kooperationspartnern handelt, der Konzern steht dem Start-up mit Rat und Tat zur Seite. Robert Rudnick, einer der drei Gründer und gleichzeitig Geschäftsführer von Coffee Circle, weiß das zu schätzen: »Dummes Geld findet man derzeit relativ leicht, wenn man auf der Suche nach Investoren ist. Aber nicht nur wir mussten potenzielle Geldgeber begeistern, sondern diese mussten auch uns davon überzeugen, dass sie uns etwas zu bieten haben.« Hier haben Konzerne wie Tengelmann und andere, die selbst nicht in der Lage wären, ein ähnliches Geschäftsmodell in den eigenen Strukturen hochzuziehen, als Partner durchaus Pfunde, mit denen sie wuchern können. Und die gehen eben weit über rein finanzielle Mittel hinaus.

Als besonders hilfreich empfindet Rudnick dabei nicht nur das, was der Konzern selbst anzubieten hat, sondern vor allem auch die Schnittstellen, die sich zu den anderen Beteiligungen von Tengelmann Ventures ergeben. Denn bei den »Familientreffen« kommen regelmäßig Leute zusammen, die zwar in ganz unterschiedlichen Märkten unterwegs sind, gleichzeitig aber ähnliche Probleme haben. »Egal ob E-Commerce- oder B2B-Software oder soziale Netzwerke, alle sitzen im gleichen Boot. Dabei hilft der Austausch, um aus den Erfahrungen der anderen zu lernen. Das ist eine Win-win-Situation«, weiß Rudnick zu berichten.

Coffee Circle ist sehr glücklich mit seinem Anteilseigner – weil er eben mehr ist als nur ein Investor. Dahin zu kommen, so wahrgenommen zu werden und auch tatsächlich in der Lage zu sein, einen Mehrwert zu bieten, ist allerdings nicht ganz so einfach, wie es sich vielleicht zunächst anhört. So wie andere im Corporate Venturing erfolgreiche Unternehmen und Konzerne auch betätigte sich Tengelmann zunächst als Juniorpartner an verschiedenen Beteiligungen, um daraus zu lernen. Man wollte vermeiden, die Fehler, die andere schon gemacht hatten, auch noch einmal machen zu müssen – und damit nicht nur eine Menge Zeit, sondern auch Geld zu verlieren. Als man sich bereit fühlte, den weiteren Weg alleine zu gehen, war der Einstieg bei Coffee Circle das erste eigene Projekt – und der logische nächste Schritt.

Dabei kommt Tengelmann zugute, dass man dort im Vergleich zu den meisten anderen deutschen Handelshäusern schon sehr früh verstanden hatte, dass mit dem Internet nicht nur ein weiterer Vertriebskanal aufkam, sondern es sich um eine Entwicklung handelt, die das Potenzial hat, etablierte Handelsgeschäftsmodelle durcheinanderzuwürfeln. Anstatt alleine darauf zu setzen, dass man aus der eigenen Organisation heraus dieser Herausforderung mit neuen Geschäftsmodellen begegnen könnte, entschied man sich, als Investor im Markt aufzutreten und sich damit das nötige Know-how und die richtigen Teams in den Konzern zu holen, wenn auch nur als Minderheitseigner.

Kommt ein Geschäftsmodell ins Fliegen, ist man über die Beteiligung am finanziellen Erfolg sofort mit beteiligt. Aber auch sonst profitiert der Konzern von der Zusammenarbeit. Dabei geht es weniger um direkten Wissenstransfer – die Herangehensweise eines Nischenplayers wie Coffee Circle etwa lässt sich natürlich nicht einfach auf das Massengeschäft übertragen, mit dem die Tengelmann-Gruppe ihr Geld hauptsächlich verdient. Einfluss entfalten die Gedanken, die man sich bei Coffee Circle macht, aber auch in der Tengelmann-Zentrale. »Als innovatives E-Commerce-Unternehmen mit privaten Endkunden verstehen wir uns als aktivster Teil der Konsumdemokratie. Unsere potenziellen Kunden entscheiden mit ihrem Einkauf, ob unser Geschäftsmodell ein Bedürfnis deckt und deshalb eine Zukunft hat. Unsere ganz auf Transparenz und konkrete Qualitätsversprechen setzende Herangehensweise ist in unseren Augen der Vorbote einer breiten Entwicklung«, glaubt Coffee-Circle-Geschäftsführer Robert Rudnick. Natürlich hilft die Erfahrung mit jeder einzelnen Beteiligung auch beim Umgang mit zukünftigen Investments. Nicht zuletzt glaubt Rudnick auch, dass alleine der Umstand schon intern für Bewegung sorgt, dass sich ein Traditionsunternehmen so eindeutig pro Internet positioniert und ernst zu nehmende Beträge in digitale Geschäftsmodelle investiert. Denn wenn man in den Unternehmenszentralen nun selbst an solchen Unternehmen beteiligt ist, wird aus dem abweisenden »die« plötzlich ein offenes »wir« – und ermöglicht, sich ganz anders auf diese Themen einzulassen.

Wie das Gegenteil davon aussieht, durfte Coffee Circle übrigens auch schon beobachten. Ein größerer Konkurrent versuchte, das Geschäftsmodell des Berliner Start-ups zu imitieren und damit sein bestehendes Konzept höherwertig zu platzieren. »Es war schon auffällig, wie sehr der Ansatz schon optisch unserem ähnelte«, erinnert sich Rudnick, auch wenn es sich darauf beschränkte und der Gedanke des direkten Handels mit den Produzenten, die Transparenz über die gesamte Lieferkette und das Community Building schon an den Standardprozessen des

Konzerns scheitern mussten. Am Ende wurde das Pilotprojekt gestoppt und von einem weiteren Ausbau abgesehen. »Nach unserer Information hatte sich der Vertrieb durchgesetzt, der kurzfristig um seine Zahlen fürchtete, während das Marketing hoffte, mit einer höherwertigen Neupositionierung langfristig bessere Margen erreichen zu können«, weiß Rudnick zu berichten. Das gibt einem eine gute Idee davon, warum es für große Unternehmen klüger sein kann, als Smart-Money-Investor im Markt aufzutreten, anstatt selbst zu versuchen, entsprechende Geschäftsmodelle zu entwickeln oder zu kopieren.

Diese Erkenntnis hatte man auch in Pforzheim schon recht früh. Die Konsequenz daraus war die Gründung der K – New Media GmbH & Co. KG, einer 100-prozentigen Tochter der K – Mail Order GmbH & Co. KG. Dabei handelt es sich um ein traditionelles Versandhandelsunternehmen, das den Älteren vielleicht noch unter dem Namen Klingel bekannt ist. Fraglos hätte man mit diesem Unternehmen bis vor Kurzem keine besondere Modernität, Flexibilität oder Innovationsfähigkeit verbunden. Mit der Gründung der K – New Media hat man allerdings bewiesen, dass man bereit war, sich von alten Mustern zu lösen und neuen Ideen Raum zu geben.

Dabei war der Veränderungsdruck im Unternehmen bisher noch überschaubar, sorgte doch die relativ alte Zielgruppe mit ihrer hohen Loyalität immer für eine gewisse Kontinuität im Geschäft. Allerdings ergab sich mehr zufällig eine Beteiligung an einigen Berliner Start-ups. Und darüber kam man ins Gespräch mit den Protagonisten der Start-up-Szene, was das Management von K – Mail Order zum Nachdenken brachte. Hatte man vorher immer geglaubt, dass man die Umstellung vom Katalog- auf den Internetbetrieb mehr oder weniger nebenbei umsetzen könnte, war durch die Zusammenarbeit mit den Start-ups deutlich geworden, dass dieses Denken nicht zielführend sein konnte.

Das Geschäft im Internet ist eben nicht nur ein weiterer Vertriebskanal, sondern basiert auf einem ganz anderen Denken, ganz anderen Kundenwünschen und anderem Käuferverhalten – und damit auf einem ganz anderen Geschäftsmodell. Die Produktzyklen sind einerseits kürzer, andererseits kann man im Sinne des Long-Tail-Ansatzes mehr Produkte ins Sortiment aufnehmen. Die benötigten Bilder sind andere als für den Katalog, und sie müssen zu anderen Zeitpunkten zur Verfügung stehen. Auch die Anforderungen an die Texte sind im Katalog, wo man möglichst platzsparend arbeiten muss, andere als online, wo es um möglichst umfassende Informationen, Verlinkungen und natürlich auch um die Lesbarkeit durch Suchmaschinen und viele weitere Themen geht.

Der Sprung von Katalog zu online ist daher nicht nur eine prozessuale, sondern auch eine kulturelle Herausforderung für über lange Jahre gewachsene Strukturen wie bei K – Mail Order. Kurz gesagt: Man hatte erkannt, dass man mit dem, was man konnte, den Sprung kaum erfolgreich schaffen würde und dass man die benötigten Kompetenzen wohl eher nicht in Pforzheim, sondern in den jungen und kreativen Großstädten finden würde. Die niedrigschwellige Beteiligung über Risikokapital hatte damit den Weg geebnet für den nächsten Schritt: die Gründung der K – New Media mit Sitz in Berlin.

Die drei Personen, die zum Gründungsteam gehörten und an deren Spitze Jens Ullrich als Geschäftsführer stand, waren über drei Städte, nämlich Berlin, Hamburg und Pforzheim, verteilt. Nachdem klar war, dass man für so eine Unternehmung auch neue, andere Ressourcen brauchte, akzeptierte die Geschäftsleitung aber auch die Wünsche derjenigen Mitarbeiter, die aus persönlichen Gründen den Weg nach Berlin nicht mitgehen wollten. Anstatt sich bei der Kompetenz mit der zweitbesten Lösung zufriedenzugeben, ließ man sich auf das Experiment ein und wurde belohnt. Aus dem verstreuten Miniteam ist seit der Gründung 2010 eine starke Mannschaft aus Entwicklern, Vertriebs- und Marketingexperten geworden. Zur ersten Aktivität, die noch eine Verlängerung des Katalogbusiness war, haben sich inzwischen zahlreiche Online-only-Geschäftsmodelle gesellt. K – New Media hat sich in Berlin als Ansprechpartner etabliert, weil man nicht nur Geld anzubieten hat, sondern gleichzeitig als Inkubator fungiert und Kompetenzen inhouse hat, die für viele Gründer wertvoll sind. Obwohl der Markt immer enger wird, ist es auf diese Weise möglich, die Leute mit Ideen anzuziehen, die wirklich interessant sind – indem man spannende Themen anzubieten und bereits bewiesen hat, dass es hier anders läuft. »Zu uns kommen die, die sich nicht mehr in anderen Inkubatoren verbrennen lassen wollen«, sagt Geschäftsführer Ullrich nicht ohne Stolz.

Noch viel bemerkenswerter ist allerdings, welchen Effekt das Berlin-Experiment auf das Stammhaus hat. Ein Insider stellte einmal fest, dass noch nie ein externer Impuls so viel Einfluss auf die Unternehmenszentrale genommen habe wie dieses Projekt. Während man sich dort früher eher eingemauert habe und wenig nach Möglichkeiten Ausschau hielt, sein Geschäftsfeld zu erweitern, sei die Zentrale inzwischen in der Lage, auch größere Übernahmen an weiter entfernten Standorten zu stemmen – und zwar in wenigen Wochen. Das Unternehmen hat, fast ohne es zu merken – und ohne einen schmerzhaften Change-Prozess mit externen Beratern und Streitigkeiten mit dem Betriebsrat –, eine ganz andere Geschwindigkeit aufgenommen. Allerdings wäre man so weit gar nicht gekommen, hätte man nicht im Jahr 2010 innerhalb kürzester Zeit die Entscheidung getroffen, den Schritt nach Berlin auf jeden Fall zu wagen, dem Team uneingeschränkt zu vertrauen und auch eine ausreichende langfristige Finanzierung sicherzustellen. Denn, da ist sich Jens Ullrich sicher: »Die Geschwindigkeit, mit der Unternehmen wachsen, ist zwar heute deutlich höher als noch vor einigen Jahren. An der goldenen Regel, dass sie erst nach etwa drei bis fünf Jahren komplett auf eigenen Füßen stehen können, hat sich allerdings bis heute nichts verändert.«

Im Rückblick lässt sich sagen, es war die richtige Entscheidung mit der richtigen Konsequenz zum richtigen Zeitpunkt. Als andere später ähnliche Schritte versuchten, scheiterten sie früh, weil der Markt für das benötigte Personal in Berlin schon abgeräumt war. Wieder andere gingen den Schritt nur halbherzig, zwängten ihre Ausgründung in das Konzerngerüst – und sind inzwischen wieder verschwunden. K – New Media fand hingegen den richtigen Ansatz. »Dabei hat uns sicherlich geholfen, dass wir von Anfang an einen äußerst pragmatischen Ansatz verfolgt haben. Wir tun das, woran wir glauben, sind aber auch bereit, Entscheidungen schnell zu revidieren, wenn sie sich als falsch herausgestellt haben«, resümiert Ullrich. »Und vor allem hatten wir zu jedem Zeitpunkt die Rückendeckung der Entscheider in Pforzheim.« Das hört sich selbstverständlicher an, als es ist.

REMEMBER

- Anstatt alleine darauf zu setzen, dass man aus der eigenen Organisation heraus den Herausforderungen des Technologiewandels begegnen könnte, besteht auch die Möglichkeit, als Investor im Markt aufzutreten und sich damit das nötige Knowhow und die richtigen Teams in den Konzern zu holen.

- Ein Erfolg versprechender Weg, als Konzern mit Start-ups ins Gespräch zu kommen, ist Geld. Allerdings suchen mittlerweile die wenigsten Start-ups »dummes Geld« – also rein auf das Finanzielle beschränkte Beteiligungen. Bevor man also als Start-up-Investor auftritt, macht es Sinn, herauszuarbeiten, wie genau man sich als attraktiver Ansprechpartner etablieren will.

- Ein kluges Investment hängt nicht alleine von der investierten Summe oder der Höhe der Anteile ab, sondern sollte auch durch eine inhaltliche Beteiligung mit Kompetenzen und Kontakten gestaltet werden und durch einen Rücktransfer des generierten Wissens – sodass über die Rendite hinaus ein inhaltlicher Mehrwert für das investierende Unternehmen entsteht.

- Um sich mit dem Venture-Capital-Geschäft vertraut zu machen, kann eine Juniorbeteiligung der richtige Einstieg sein. Minderheitenbeteiligungen bringen zwar weniger Mitsprachemöglichkeiten, erlauben aber eine gesunde Annäherung an den Markt.

READ

- Kaczmarek, Joel: »Welcher Investor ist der richtige?«. In: Gründerszene, 03. 05. 2013, http://www.gruenderszene.de/allgemein/investor-finden
  Kaczmareks Kolumnen sind fast immer lesenswert. In dieser gibt er einen guten Überblick über die verschiedenen Möglichkeiten, in Start-ups zu investieren.

Loslassen lernen

Alexander von Humboldt war ein Arbeitsnomade. Als Erdwissenschaftler reiste er sein Leben lang um die ganze Welt und stand dabei im permanenten Austausch mit mehr als 2700 Briefpartnern – unter ihnen viele Kollegen, aber auch andere Intellektuelle wie Johann Wolfgang von Goethe. In seinen unzähligen Briefen und Tagebüchern, die er auf seinen Forschungsreisen verfasste und in alle Welt sandte, hielt Humboldt seine Gedanken und die Ergebnisse seiner Forschung fest. Auf diese Weise entstand eine umfassende Dokumentation seiner Arbeit, die bis heute ein bedeutendes Puzzlestück der Wissenschaftsgeschichte des 19. Jahrhunderts bildet. Außerdem war Humboldt mit seiner Art zu kommunizieren seiner Zeit weit voraus.

Arbeiten da, wo man gerade ist und mit wem man gerade will, solange man es für alle zugänglich dokumentiert – auf die Spitze getrieben hat dies 200 Jahre nach Humboldt auch das amerikanische Unternehmen Automattic Inc. Dieses steckt hinter der beliebten Blogsoftware WordPress, die derzeit die Grundlage von 18 Prozent aller Internetseiten weltweit bildet. Rund um den Gründer Matt Mullenweg und den gebürtigen Schweizer und CEO Toni Schneider arbeiten inzwischen über 170 Mitarbeiter, im Hauptquartier im Silicon Valley ist aber gerade einmal Platz für 20 von ihnen. Die dezentrale Struktur ihrer über 28 Länder auf der gesamten Welt verteilten Arbeitskraft hat als Ausgangspunkt das Produkt, das schon vor der

Gründung des Unternehmens als Open Source von der Word-Press Foundation betrieben wurde. Bis heute arbeiten viele dieser Entwickler aus der ganzen Welt ohne Bezahlung zusammen – nur für den Lerneffekt und aus Interesse am Produkt. Aus diesem Kreis rekrutierten sich zu Beginn auch die ersten Mitarbeiter von Automattic.

Die parallele Existenz einer Open Source Foundation und einer kommerziellen Unternehmensform ermöglicht es den Entwicklern nicht nur, für ein cooles Produkt weltweit mit anderen Entwicklern zusammenzuarbeiten, sondern auch, damit ihren Lebensunterhalt zu verdienen. »Sie alle nach San Francisco in einen Firmensitz zu zitieren, den wir in der Zeit nach der Gründung auch noch gar nicht hatten, wäre für uns irgendwie komisch gewesen«, erinnert sich CEO Toni Schneider. Stattdessen ließ Automattic seine Mitarbeiter in den lokalen Entwicklergemeinschaftsbüros, Coworking Spaces und Home-offices in ihren Heimatländern – und richtete den Rest des Unternehmens an dieser Situation aus.

Automattic ermöglicht sich damit, Mitarbeiter behalten zu können, die zum Beispiel aus familiären Gründen umziehen müssen, und kann außerdem auf einen weltweiten Talentpool zugreifen. »Wir haben unseren Recruiting-Prozess so gestaltet, dass Mitarbeiter erst einmal testen können, ob ihnen das dezentrale Arbeiten liegt. Der Bewerbungsprozess besteht aus einem mehrwöchigen ›Trial Project‹. Danach können wir die Qualifikationen des Bewerbers viel besser einschätzen als durch seine Unterlagen. Und der Bewerber merkt, ob er mit unserem Organisationsmodell zurechtkommt.« Auch für die Integration neuer Mitarbeiter ins Unternehmen hat Automattic eine passende Lösung gefunden, um die räumliche Distanz zu Kollegen und dem Hauptsitz der Firma schneller zu überwinden. Unabhängig von ihrer späteren Aufgabe verbringen alle Mitarbeiter ihre ersten drei Wochen im Kundenservice, wo sie die etwas anderen Strukturen des Unternehmens kennen- und benutzen lernen.

Die von Automattic selbst entwickelte Software P2 bildet die gemeinsame Plattform für kollaboratives Arbeiten, für Projektmanagement und Filesharing. Dazu kommen visuelle Telekommunikationskanäle und webbasierte CRM- und Buchhaltungssysteme. Während man diese Tools inzwischen natürlich auch in klassischen Unternehmensstrukturen findet, liegt der Unterschied bei der Distributed Company – wie Automattic sein Organisationsmodell nennt – darin, dass die Systeme webbasiert sind, sodass alle Mitarbeiter jederzeit auf alle Daten Zugriff haben. So fristen Kommunikationstechnologien nicht wie in vielen anderen Unternehmen unbeachtet und ungenutzt ihr Dasein, weil die Mitarbeiter lieber auf Flurfunk setzen. Im Gegenteil: Sie bilden das Herzstück des Unternehmens, untermauert von einer extrem stark ausgeprägten Kultur der Zusammenarbeit, des Austausches und der Offenheit.

Der Erfolg kommt allerdings nicht von alleine. »Wir im Headquarter müssen immer wieder mit gutem Beispiel vorangehen und darauf achten, dass alle Gespräche – ob real oder online – dokumentiert und im System für alle zugänglich abgelegt werden. Wir achten sogar darauf, dass wir uns bei gemeinsamen Videokonferenzen in unterschiedlichen Räumen im Headquarter verteilen und nicht gemeinsam vor einer Kamera sitzen, damit kein Ungleichgewicht im Gespräch entsteht und die Mitarbeiter am anderen Ende der Welt sich nicht noch zusätzlich fern und alleine fühlen«, erklärt Toni Schneider. Er beobachtet dabei, dass einige Mitarbeiter digital sehr viel besser kommunizieren als in realen Meetings, in denen sie dann manchmal nur still am Rande sitzen.

Der geübte und natürliche Umgang mit neuen Technologien der mit Open Source erfahrenen Mitarbeiter von Automattic macht das dezentrale Arbeiten nicht nur besonders leicht, sondern bekommt für das Unternehmen durchaus geschäftskritische Bedeutung. Die Anwendung der eigenen Kommunikations- und Dokumentationstechnologien kombiniert mit den Fragestellungen und der Erfahrung rund um das dezentrale

Arbeiten bieten einen Mehrwert in der weiteren Produktentwicklung. »Da wir uns ja bewusst für das Organisationsmodell der Distributed Company entschieden haben, haben wir unsere Arbeitsabläufe natürlich auch bewusst dahin gehend gestaltet, dass die Vorteile des Homeoffice besonders gut zum Tragen kommen. Jedes Team hat eine Roadmap, mit klaren Zielen und Aufgabenpaketen. Diese wird regelmäßig gemeinsam gestaltet und alle paar Monate angepasst. Das sind dann die kreativen Phasen unserer Arbeit, dafür nutzen wir die Chats, Diskussionen und Hangout-Videokonferenzen via Google Plus. Dazwischen werden die Arbeitspakete von den Teammitgliedern abgearbeitet, wobei uns die Tatsache, dass man im Homeoffice produktiver und effizienter ist, sehr entgegenkommt.«

Während Automattic durch das dezentrale Arbeiten für viele Herausforderungen eine passende Lösung finden konnte, entstanden an anderer Stelle allerdings neue Herausforderungen, die sich vor allem aus dem Mangel an persönlichem Austausch im Team ergeben. Für das ungeplante Einander-über-die-Schulter-Schauen, das zufällige Treffen in der Kneipe um die Ecke und die menschliche Nähe lassen sich kaum virtuelle Brücken bauen. Früher wurden die regionalen Teammeetings und die halbjährlichen Meetings, zu denen alle Mitarbeiter zusammenkommen, hauptsächlich für Brainstormings und intensives Arbeiten an gemeinsamen Projekten genutzt. Heute weiß man bei Automattic, dass die Zeit vor allem für das gegenseitige Kennenlernen und gemeinsame soziale Aktivitäten genutzt werden muss. »Das Arbeiten klappt im dezentralen Modus ja wunderbar. Nur beim Thema ›Socializing‹ haben wir schließlich Nachholbedarf«, gibt Toni Schneider unumwunden zu. Deswegen sind auch die wöchentlichen Videokonferenzen der Teams eher dem allgemeinen Austausch gewidmet als projektrelevanten Besprechungen. Darüber hinaus unterstützt Automattic seine Mitarbeiter dabei, Alternativen zum vereinsamenden Homeoffice zu finden. An Orten, an denen mehrere Mitarbeiter nah beieinanderleben, sollen in Zukunft eigene kleine Coworking Spaces gegründet werden.

Ein anderes Unternehmen, das als Distributed Company funktioniert, ist 37signals, LLC. Bei dieser Softwareschmiede aus Chicago machte man aus dem eigenen »Anderssein« sogar ein Geschäftsmodell. So ist die Firma nicht zuletzt durch *Rework* – ein Buch über die eigene neue Unternehmenskultur – bekannt geworden. Das bekannteste Produkt von 37signals ist ein webbasiertes Projektmanagementtool namens Basecamp. Dieses ist besonders geeignet für Teams, deren Mitglieder nicht alle an einem Ort arbeiten, und wird laut eigenen Angaben von über 200 000 Unternehmen und Teams mit insgesamt über einer Million Usern in 180 Ländern genutzt, um Aufgaben, Deadlines, Diskussionen und Projektdokumentationen zu managen. Wer anderen die Infrastruktur für dezentrales Arbeiten bietet, kommt kaum umhin, auch seine eigenen knapp 40 Mitarbeiter zumindest über den amerikanischen Kontinent verteilt zu haben – alleine schon, um zu beweisen, dass das Produkt funktioniert.

Aber es gibt keinen Trend ohne Gegentrend. Schaut man auf die Entwicklungen von Yahoo! zu Beginn des Jahres 2013, scheint sich das Homeoffice auf den ersten Blick als schlechte Idee herausgestellt zu haben. Sehr zum Ärgernis seiner Mitarbeiter entschied Yahoo!-CEO Marissa Mayer, ihre Mitarbeiter zurück ins Hauptquartier zu beordern: »Um der absolut beste Platz zum Arbeiten zu werden, werden Kommunikation und Kollaboration wichtig sein. Dafür müssen wir Seite an Seite arbeiten. Aus diesem Grund ist es entscheidend, dass wir alle im Office präsent sind. Manche der besten Entscheidungen und Erkenntnisse entstehen während Diskussionen im Flur und in der Cafeteria, beim Kennenlernen von neuen Menschen und spontanen Teammeetings. Geschwindigkeit und Qualität leiden oft, wenn wir von zu Hause arbeiten. Wir müssen ein Yahoo! sein, und das beginnt damit, dass wir physisch zusammen sind.« Nach dem inzwischen fast schon berüchtigten Memo, aus dem dieser Auszug stammt und das Jackie Reses, Personaldirektorin bei Yahoo!, im Februar 2013 versandte, begann branchenübergreifend eine Diskussion um das Für und Wider des Home-office. Zu dem hier genannten Argument, dass Tempo und Qualität der Projekte im Unternehmen darunter leiden, wenn die Mitarbeiter zu Hause arbeiten, gesellten sich die beipflich-tenden Aussagen von Managern aus anderen Unternehmen, die sich über die mangelnde Kontrolle des Unternehmens über ihre Homeoffice-Mitarbeiter Gedanken machten. Sie waren davon überzeugt, dass die freie Wahl des Arbeitsplatzes zwangsläufig die verheerende Konsequenz haben müsste, dass sich alsbald der Schlendrian im Unternehmen breitmachen würde.

Davon abgesehen, dass die meisten Personaler, die mit dem Instrument Homeoffice Erfahrungen gemacht haben, bestätigen würden, dass ihre Mitarbeiter zu Hause konzentrierter und da-durch produktiver arbeiten, liegt die eigentliche Herausforde-rung der Unternehmen mit der Homeoffice-Regelung auf einer viel grundsätzlicheren Ebene. Wie mehrfach in diesem Buch beschrieben, beruht Innovation auf guten Ideen, wie ein beste-hendes Problem gelöst werden könnte. Um überhaupt ein ge-meinsames Problembewusstsein zu entwickeln und schließlich die beste Lösung zu finden, bedarf es des Wissensaustauschs, der oft durch zufällige Gespräche entsteht, durch Interaktion und das Experimentieren mit verschiedenen Lösungsansätzen. Wenn der einsame Aufenthalt in den eigenen vier Wänden wäh-rend der Arbeitszeit keine der Mechanismen oder Infrastruk-turen für den freien und zufälligen Wissensfluss bietet, die für Innovation unabdingbar sind, wird das produktive Arbeiten im Homeoffice ohne ausreichende Austauschmöglichkeiten mit den Kollegen tatsächlich zu einem Innovationskiller. Für ein Unternehmen wie Yahoo! ist solch eine Situation verständ-licherweise eine kritische Angelegenheit.

Beschäftigungsriesen im Silicon Valley wie Google und Face-book beweisen, dass die Wahrnehmung der reduzierten Tat- und Innovationskraft durch dezentrales Arbeiten nicht allein Yahoo!s Problem ist. Auch sie erlauben ihren Leuten zwar, in bestimm-ten Situationen von zu Hause aus zu arbeiten, wünschen aber ausdrücklich eine persönliche Zusammenarbeit zwischen den Mitarbeitern – und zwar vor Ort auf dem Firmengelände. Dafür sind sie auch bereit, eine Arbeitsumgebung zu kreieren, die ein Stück weit die Vorteile des Homeoffice abbildet und sie mit den Vorteilen des zentralen Arbeitens verbindet. Oft geht das sogar so weit, dass Mitarbeiter über Wochen und Monate keine Mahlzeit mehr außerhalb des Unternehmensgeländes zu sich nehmen, ihr gesamtes Leben auf dem Campus verbringen – weil es dort auch alles gibt, was man braucht – und nur noch zum Schlafen nach Hause gehen. Man kann, in Umkehrung des Begriffes Homeoffice, fast schon von Officehome sprechen – das Büro wird zum neuen Zuhause, weshalb es dann irgendwann auch keinen Grund mehr gibt, dieses zu verlassen.

Mit dieser Information im Hinterkopf stellt sich natürlich die Frage, wieso die Tech-Unternehmen ihren Mitarbeitern überhaupt die Option Homeoffice geboten haben. Doch das Arbeiten im Homeoffice hat durchaus seine Berechtigung, in manchen Situationen und Phasen mehr, in anderen weniger. Und für manche Mitarbeitergruppen mehr, für andere wiederum weniger. In manch einem Unternehmen verursacht es zunächst Innovationsprobleme, anderen ermöglicht es die Überwindung von Einschränkungen, die normalerweise außerhalb ihres Einflussbereiches liegen. Denn selbst wenn zum Beispiel Kalifornien ein Magnet für allerlei nationale und internationale Talente rund um Webentwicklung und Software ist, so will oder kann nicht einmal ein Bruchteil der weltweit verfügbaren Arbeitnehmer in die Hochburg des Internetbusiness kommen, um dort bei den wohl attraktivsten Arbeitgebern der Welt anzuheuern. Hindernisse wie der womöglich auch nur temporäre Umzug in eine andere Stadt oder Region, ein anderes Land oder gar einen anderen Kontinent bis hin zu den Einwanderungsrestriktionen der USA erschweren das Recruiting der Ausnahmetalente, die die Unternehmen dringend brauchen.

Darüber hinaus ist das Homeoffice im harten Wettbewerb um die besten Köpfe inzwischen ein Argument, mit dem man wirksam für sich als Arbeitgeber werben kann. Gerade im Silicon Valley, zunehmend aber auch in Berlin, Hamburg und anderswo, ist der Wettbewerb äußerst intensiv. Wer hier als attraktiver Arbeitgeber herausstechen will, muss den Mitarbeitern Freiräume für ihre Arbeitsweisen bieten können – bei der Zielsetzung und Vorgehensweise ebenso wie bei der Arbeitszeitgestaltung und der Gestaltung der Kooperation untereinander. Da liegt auch die freie Wahl des Arbeitsplatzes nahe.

Für Toni Schneider, den CEO von Automattic, ist der Knackpunkt für erfolgreiches ortsunabhängiges Arbeiten, ob man lediglich eine sehr weit gefasste Regelung für das Arbeiten im Homeoffice hat oder sich bewusst als Distributed Company aufstellt. Der wichtigste Unterschied sind das bewusste Gestalten einer entsprechenden Kultur und das Untermauern dieser Kultur durch geeignete Mechanismen und Prozesse, die durch eine gute Infrastruktur verankert werden. Es bedarf nicht viel Fantasie, um zu vermuten, dass bei Yahoo! und bei anderen Unternehmen, die mit dem Homeoffice negative Erfahrungen gemacht haben, genau diese Voraussetzungen fehlten. Was noch in Start-up-Größe ohne Nachdenken funktionieren mag, bedarf ab einer gewissen Komplexität und Anonymität eben eines Korsetts, das nicht vom Himmel fällt.

Auch Automattic war sich während der stärksten Wachstumsphase bereits im Klaren darüber, dass man eine Struktur verankern musste, die den Start-up-Spirit, die offene Kultur und die Agilität des Unternehmens auch bei fortschreitender Professionalisierung bewahren würde. »Wir wollten unbedingt eine Struktur, die auch im Wachstum funktioniert und dabei so einmalig ist, dass sie auch in Zukunft weltweit die Leute anzieht, die nicht nur lieben, was sie machen, sondern auch lieben, dass sie es für uns tun«, sagt CEO Toni Schneider. Die Lösung liegt in einer Art Netzwerkstruktur, die das Organisationsdiagramm des Unternehmens bildet. Statt in Abteilungen ist die Automattic-Mannschaft in kleinen Teams von sechs bis sieben Leuten organisiert, die in sich geschlossen wie kleine

Unternehmen funktionieren können, weil ihnen alle notwendigen Kompetenzen und Beschlussmöglichkeiten eingeräumt werden, um eigenständig handlungsfähig zu sein.

Die Zusammensetzung der einzelnen Teams erinnert an die Anfangstage von Automattic: Jedes Team ist so aufgestellt, dass es alles machen kann, was notwendig ist, um Code zu schreiben und zu veröffentlichen, ohne dabei von sonst jemandem abhängig zu sein. Sie müssen nicht erst durch Kontrollprozesse wie die Rechtsabteilung oder das Marketing, denn solche Prozesse verzögern nicht nur den Veröffentlichungsprozess, sondern verderben den Entwicklern auch die Freude an dem, was sie tun. Bei Automattic kann stattdessen jeder jederzeit Code veröffentlichen. Aufgrund der technischen Infrastruktur von WordPress dauert es nur 30 Sekunden, bis dieser online ist. Und sollte ein frisch veröffentlichter Code Fehler enthalten, die erst bei der Anwendung durch die User auffallen, dauert es erneut nur 30 Sekunden, die vorherige stabile Version der Anwendung wiederherzustellen. Diese Vorgehensweise minimiert die Angst vor Fehlern und fördert eine Kultur des Experimentierens. Automattic beweist damit, dass dezentrales Arbeiten kein Showstopper für eine Innovationskultur ist. Das lässt im Umkehrschluss zu, dass die Anwesenheit aller Mitarbeiter auf dem Firmengelände allein kein Garant für ein Innovationsklima ist.

Auch in Deutschland verrichtet heute bereits jeder Dritte seine Wissensarbeit nicht mehr ausschließlich auf dem Firmengelände. Zugegebenermaßen sitzen die Mitarbeiter, die ihren Arbeitsplatz frei wählen dürfen, noch eher selten in den Cafés oder Coworking Spaces in ihrer Nachbarschaft. Die beliebteste Alternative zum richtigen Büro ist das Homeoffice. Und das Arbeiten im trauten Heim ist bei den meisten fest angestellten Mitarbeitern tatsächlich eine willkommene Abwechslung. Hier schaffen sie endlich all das, was im Büro auf der Strecke bleibt. Sie schätzen laut Studien besonders die Möglichkeit einer flexibleren Zeiteinteilung, das konzentriertere Arbeiten sowie die gesparte Zeit durch den Wegfall des Arbeitswegs. Besonders für

Mütter und Väter spielt auch die bessere Familienorganisation bei der Homeoffice-Zufriedenheit eine wichtige Rolle. Auch wenn es kaum einer offen zugeben würde: Eine weitere Annehmlichkeit des Homeoffice ist, dass die Wäsche oder der Anruf beim Steuerberater ganz nebenbei auch noch erledigt werden können. Die Chefs sollten sich daran nicht stören, solange das Ergebnis stimmt. Kein Wunder also, dass die Arbeitsplatzzufriedenheit bei Mitarbeitern, denen die Möglichkeit offensteht, auch einmal woanders zu arbeiten, besonders hoch ist. Und so gibt es mittlerweile kaum mehr Unternehmen, in denen das Arbeiten von überall nicht zu einem gewissen Grad alltagstauglich geworden ist.

Wenn man darüber nachdenkt, die Regeln für die Homeoffice-Nutzung seiner Mitarbeiter anzupassen, sollte man sich die Zeit nehmen, genau zu überlegen. Wie lassen sich die Vorteile des Homeoffice mit den Ansprüchen an den Austausch zwischen den Mitarbeitern verbinden? Wenn die Abwesenheit vom Firmengelände die Produktivität und die Zufriedenheit bei den Mitarbeitern erhöht, welche Arbeitssituation fördert das Innovationsklima? Und wie viel Freiraum wird den Mitarbeitern gegeben, selbst zu entscheiden, welche Arbeitsatmosphäre für welche Aufgabe die geeignetste ist? Die Antworten dürften in jedem Unternehmen anders aussehen. Wichtig ist, dass man genau hinschaut, bevor man entscheidet.

REMEMBER

- Optional immer und überall arbeiten zu können ist ein fester Bestandteil der Arbeitskultur, die junge Internetunternehmen geprägt haben. Ist ein ganzes Unternehmen darauf ausgerichtet, dass die wenigsten Mitarbeiter überhaupt jemals ins Hauptquartier kommen, nennt man das eine »Distributed Company«.
- Alle Mechanismen rund ums »verteilte Arbeiten« müssen bewusst und aktiv gestaltet werden. Eine adäquate technologische Infrastruktur sowie eine intensive Austauschkultur und auf kleine Teams ausgerichtete Arbeitsprozesse sind vonnöten, um

das Potenzial der freien Wahl des Arbeitsplatzes für das Unternehmen nutzbar zu machen. Das Homeoffice ist dabei meist nur eine Alternative von mehreren.

- Für manch ein Unternehmen löst verteiltes Arbeiten durch den Wegfall zufälliger Gespräche oder spontanen Zusammentreffens Innovationsprobleme aus. Anderen ermöglicht es aber die Überwindung von Einschränkungen.

READ
- Fried, Jason; Heinemeier Hansson, David: Rework. Business – intelligent & einfach. München, Riemann Verlag 2010
  Das revolutionäre Buch, das alle typischen Unternehmensgründungsvorbereitungen für sinnlos erklärt und sehr unkonventionelle Wege zum erfolgreichen Unternehmensaufbau vorschlägt.

Verantwortung für alle

Kinder lernen schnell. Und sie sind anpassungsfähig. Wir Erwachsene tun uns da schon entschieden schwerer. Ist unser Gehirn erst einmal ausgereift, kann es zwar unglaublich viel leisten – aber es wird auch ein wenig unflexibel. Unternehmen und ihren Strukturen geht es da nicht anders. Es ist vergleichsweise einfach, ein Unternehmen nach dynamischen Start-up-Prinzipien zu führen, wenn man mit diesen groß geworden ist. Auch Veränderung lässt sich in solchen Strukturen gut managen. Deutlich schwerer ist es da, als etabliertes Unternehmen mit ausgewachsenen klassischen Strukturen umzuschwenken – umso mehr in eine Richtung, die den bekannten Prinzipien diametral gegenübersteht.

Allerdings ist eigentlich nichts unmöglich, das zeigen die Beispiele, die nun im Fokus stehen sollen. An zwei davon, Morning Star und Semco, kommt man kaum vorbei, sind sie doch inzwischen weltweit in führenden Wirtschaftsmagazinen und zahlreichen Büchern immer wieder besprochen worden. Morning Star steht an dieser Stelle für ein Unternehmen, das bei der Geburt schon die Prinzipien angewandt und sie auch im Wachstum nicht preisgegeben hat, während Semco ein Beispiel für die Möglichkeit ist, auch bestehende, eher klassische Strukturen zu verändern und flexibel werden zu lassen.

Werfen wir zunächst einen Blick auf Morning Star. Damit ist nicht etwa die bekannte Ratingagentur gemeint, sondern ein Konzern aus Kalifornien mit derzeit 400 festen Mitarbeitern, bis zu 800 Saisonmitarbeitern und einem Jahresumsatz von 700 Millionen Dollar im Jahr 2008. Die Geschichte des Unternehmens ist schnell zusammengefasst: Schon lange vor dem Start-up-Hype des nahe gelegenen Silicon Valley gründete der damalige Wirtschaftsstudent Chris Rufer in Kalifornien südöstlich von San Francisco 1970 zuerst eine Logistikfirma, die Tomaten transportierte. Danach startete er in den 1980ern seine eigene Verpackungsfirma – für Tomaten. Und 1990 gründete er Morning Star und begann, selbst zu züchten und zu verarbeiten – Tomaten natürlich. Von einem besonders hippen Technologieunternehmen ist also wahrlich nicht die Rede. Was macht Morning Star dann so spannend? Das Besondere an dem Unternehmen ist die Organisationsstruktur, denn die Firma hat keine Manager – oder vielmehr: ausschließlich Manager. Jeder Mitarbeiter ist zugleich ein Selbstmanager.

Mit der Philosophie des Selbstmanagements der Mitarbeiter kam Rufer schon früh in seiner Karriere in Kontakt, nämlich während seines Wirtschaftsstudiums an der University of California in Los Angeles. Dort erkannte er, dass die nachhaltigsten und effektivsten Organisationen menschlichen Zusammenlebens – wie in Familien oder Kommunen – auf der Idee des Selbstmanagements und der Eigenverantwortung beruhen. Rufers Ziel wurde es, diese Prinzipien auch auf die Organisation von unternehmerischen Beziehungen anzuwenden und sein eigenes Unternehmen auf diese Weise effektiv und effizient zu gestalten.

Was wir als eine Art aus der Not heraus geborene kurzfristige Überlebensstrategie von jungen Unternehmen kennengelernt haben, leistet offensichtlich auch diesem kapitalintensiven Konzern gute Dienste. Wie viele Start-ups verzichtet Morning Star auf festgeschriebene Hierarchien. Alle Mitarbeiter handeln ihre Verantwortungsbereiche untereinander aus, jeder darf grundsätzlich Geld ausgeben und sich damit selbst um die notwendigen Investitionen kümmern. Es gibt keine Karriereleiter und keine Titel, und sogar die Höhe des Lohns wird in den Teams untereinander verhandelt. Zielerreichungskontrolle üben die Kollegen untereinander in kleinen, festen Teams aus – immer entlang der Frage, inwieweit die Aktivitäten zur Unternehmensmission beitragen. Um nicht falsch verstanden zu werden: Morning Star ist trotz der Abwesenheit von klassischen Managementstrukturen nicht hierarchielos. Es gilt eine Hierarchie der Ziele, in der sich die Ziele des Einzelnen den Zielen des Teams und diese wiederum dem Unternehmensziel unterzuordnen haben.

Dass das Unternehmen ohne vordefinierte Rollen und Interdependenzen überhaupt handlungsfähig ist, ist nur möglich, weil jeder Mitarbeiter seinen Arbeitsbereich durch ein selbst geschriebenes Mission Statement gestaltet. In diesem jährlich neu geschriebenen Papier ist enthalten, wie er als Mitarbeiter zum Firmenziel und zum Erfolg seiner Kollegen beitragen möchte. Mit diesem Grundgerüst an Struktur wird im Selbstmanagement genau das gewährleistet, was auch durch eine klassische Managementstruktur angestrebt wird, nämlich dass alle am gleichen Strang ziehen, zu den übergeordneten Zielen des Unternehmens beitragen und die Geschäftsbereiche und Tätigkeiten der Mitarbeiter immer relevant und nachhaltig bleiben.

Um eine effektive Koordination der Kräfte und Kompetenzen im Unternehmen und innerhalb dieser agilen Struktur zu gewährleisten, die sich anpasst und mitwächst, sind besonders ausgearbeitete Absprachen untereinander nötig, damit die Kollegen schließlich in Teams zusammenfinden können. Den Grad an Interaktion mit seinen Kollegen selbst bestimmen zu dürfen, mag nach Einzelgängertum, Beliebigkeit oder Zufälligkeit klingen. Um zu vermeiden, dass es dazu tatsächlich kommt, werden die Kooperation und das Zusammenfinden von Teams zu spezifischen Themen zusätzlich durch schriftliche Abmachungen namens »Colleague Letter of Understanding« – oder kurz CLOU – unterstützt. Im CLOU beschreibt jeder Mitarbeiter, wie er sein Mission Statement konkret erfüllen will und wie er dabei mit seinen Kollegen zusammenarbeiten wird.

Aus den Prinzipien des Selbstmanagements der einzelnen Mitarbeiter geht auch die Kooperation auf übergeordneter Ebene hervor. Die Kontrolle der Zielerreichung der unterschiedlichen Geschäftsbereiche funktioniert wie auf der Ebene der Kollegen – nur dass hier keine Kleingruppen aus Kollegen Rücksprache halten, sondern das gesamte Unternehmen. Transparenz ist ein wichtiger Leitgedanke bei Morning Star, und so werden auch die Einnahmen- und Ausgabenkonten jeder Abteilung zweimal im Monat veröffentlicht. Besonders wenn zeitnahes Eingreifen und der Input aus verschiedenen Abteilungen und Wissensgebieten bei größeren Schwierigkeiten größere Probleme verhindern kann, hat diese Methode den zerstückelten Monatsberichten in klassischen Organisationen, in denen die Bereichsleiter nur die Zahlen ihrer eigenen Abteilungen einsehen dürfen, einiges voraus.

Bei Start-ups mag es noch recht einfach zu verstehen sein, warum diese auf Selbstmanagement als Managementsystem setzen. Aber warum bedient sich ausgerechnet ein Konzern in einem recht konservativen Branchenumfeld dieser Idee? Ein Grund ist der Mensch Chris Rufer und sein Glaube an die Selbstmanagementfähigkeiten seiner Mitmenschen. Aber das ist nur ein Teil der Begründung. Darüber hinaus sind die erzielten Vorteile so vielfältig – von mehr Initiative und mehr zielorientiert eingesetzter Expertise bis hin zu besseren Urteilen und Entscheidungen durch die verantwortlichen Mitarbeiter an der Front –, dass man sich fast wundert, warum nicht viel mehr Unternehmen sich dieser Prinzipien bedienen. Chris Rufer selbst zeigt die Begrenzungen seiner Prinzipien gerne auf: Manche

Möglichkeiten, schneller zu wachsen, konnten nicht genutzt werden, weil die Unternehmenskultur dem im Wege stand – oder daran zerbrochen wäre. Hinter dieser ökonomischen Beschränkung steckt zugleich eine langfristige Überlebensstrategie, fallen einem doch auch genug Unternehmen ein, deren schnelles Wachstum den Untergang desselben zur Folge hatte. Vom begrenzten Tempo des wirtschaftlichen Wachstums abgesehen, mag der Hauptgrund für den Mangel an Nachahmern wohl sein, dass es gar nicht so leicht ist, die richtige konkrete Herangehensweise an eine beinahe regellose Struktur zu finden. Seinen Mitarbeitern alle Freiheiten zu geben und dennoch ein Gerüst aus Leitlinien zu finden, war auch für Morning Star ein langer Prozess. So zeigte sich etwa, dass 50 Prozent der neuen Mitarbeiter das Unternehmen in den ersten zwei Jahren wieder verlassen, da sie mit den dynamischen Strukturen nicht zurechtkommen und auch nach einiger Zeit ihre Rolle im Unternehmen nicht finden können. Morning Star löst diese Herausforderung mittlerweile proaktiv mit Schulungen in den Prinzipien und Methoden, die jeder neue Mitarbeiter absolvieren muss.

Eine weitere besondere Herausforderung in einem Umfeld, in dem sich jeder selbst führt, ist der Umgang mit Konflikten, da die Unterschiede und Eigenheiten aller Mitarbeiter respektiert werden müssen, weil ein Machtwort durch Vertreter von höheren Ebenen ohne eine Hierarchie nun einmal nicht möglich ist. Im Gegensatz zu allen anderen Abläufen im Unternehmen musste Morning Star schließlich für Konfliktfälle einen sehr detaillierten standardisierten Prozess aufstellen – an dessen Spitze sogar der Konzernleiter selbst sitzt.

Natürlich stellt sich die Frage, ob solch ein Modell unendlich groß ausgedehnt werden kann, ohne dass es maßgeblichen Änderungen unterworfen werden muss. Die Erkenntnisse bisher lassen den Schluss zu, dass es keine Frage der Modernität der Branche oder der Komplexität des Unternehmens zu sein scheint. Die brasilianische Firma Semco ist ein Beispiel dafür.

Das Unternehmen ist ein Konglomerat aus den unterschiedlichsten Geschäftsfeldern, von industriellem Maschinenbau über Dienstleistungen und Umweltberatung bis hin zu Inventur-Controlling. Außerdem betreibt Semco Internet- und Hightech-Ventures und bietet damit einen bunten Strauß aus hoch komplexen Dienstleistungen sowie High-End-Produkten an, jeweils mit dem Anspruch, im jeweiligen Markt Premium Player und zumindest in einer speziellen Marktnische führend zu sein. Das Besondere: Trotz seiner Größe von etwa 3000 Mitarbeitern hat auch Semco heute die Struktur eines kleinen Unternehmens und agiert nach Prinzipien, die man ansonsten von Start-ups kennt. Wie kann das funktionieren? Und wie kam es dazu?

Persönliche Überzeugungen – und in diesem Fall auch persönliches Erleben – spielten bei Semco, ebenso wie bei Morning Star, eine wichtige Rolle auf dem Weg zum neuen Ansatz. An der Spitze des Konzerns sitzt Ricardo Semler, der mit 21 die Firma Semler & Company von seinem Vater übernahm und sie zunächst ein paar Jahre als CEO ganz normal leitete. Nachdem er versucht hatte, in allen Fragen und Themen des Unternehmens involviert und engagiert zu sein, erlitt er einen Burn-out und erkannte, dass das Erreichen von Unternehmenszielen nicht über einer ausgeglichenen Work-Life-Balance und der Gesundheit der Mitarbeiter stehen darf.

Nach einem Schlüsselerlebnis mit einigen seiner Ingenieure, die losgelöst von ansonsten vorgegebenen Strukturen mit neuen Ideen maßgeblich zum Ausbau von Geschäftsfeldern und Marktanteilen beitrugen, handelte Semler. Er veränderte die Struktur und Kultur seines Unternehmens, das er in Semco umbenannte, dahin gehend, mehr Verantwortung abzugeben – immer mit dem Ziel vor Augen, zugleich die freie Entfaltung der Talente und Interessen seiner Mitarbeiter zu befördern. Dieses Ziel verfolgt er durch Methoden wie Jobrotation, Joberweiterung sowie eine Art Trainee-Programm, das den Austausch der Mitarbeiter untereinander fördert.

Wie auch schon bei Morning Star wird Selbstmanagement durch das Übertragen von Verantwortung an Teams und jeden einzelnen Mitarbeiter gefördert; das gilt ebenso für flexible Arbeitszeiten und flexible Arbeitseinsätze und -orte. Damit die Führung des Unternehmens agil und adäquat bleiben kann, wählen die 3000 Mitarbeiter ihre Vorgesetzten selbst und bestimmen ihre eigenen Arbeitszeiten und Gehälter. Alle Gewinne werden per Abstimmung aufgeteilt, die Gehälter und sämtliche Geschäftsbücher sind für alle einsehbar, und wie viel Geld die Mitarbeiter für die Umsetzung ihrer Aufgaben ausgeben, ist ihnen selbst überlassen. Das hört sich wie eine komplizierte Mischung aus Direktdemokratie und »jeder macht, was er will« an. Aber die Bilanz von Semco spricht eine andere Sprache. Seit das Unternehmen von Ricardo Semler umgestellt wurde, stiegen die Gewinne um mehr als das Sechsfache.

Ein weiteres Beispiel einer riesigen, schlagkräftigen Mannschaft, die über Jahrzehnte dank des Prinzips des Selbstmanagements einen beeindruckenden Wettbewerbsvorteil in einem extrem schwierigen »Marktumfeld« hatte, ist die preußische Armee unter Graf von Moltke. Das 19. Jahrhundert war in Europa in erster Linie ein Jahrhundert der Kriege. Der Kampf um die Vormachtstellung in Mitteleuropa ließ vor allem die Deutschen und die Franzosen immer wieder aufeinandertreffen. Dabei mussten beide Seiten empfindliche Niederlagen einstecken, gegen Ende wendete sich das Blatt allerdings zunehmend zugunsten der preußischen Armee. Dies hatte weniger technische Gründe; auch war die Entwicklung nicht etwa auf die größere Mannstärke des preußischen Heeres zurückzuführen. Im Gegenteil: Die Franzosen waren auch während der späten Schlachten des 19. Jahrhunderts regelmäßig in der Überzahl. Historiker führen die neu gewonnene Stärke der deutschen Seite auf das zurück, was man heute »überlegenes Management« nennen würde. Der maßgebliche Kopf hinter den Veränderungen innerhalb des preußischen Militärs war Helmuth Karl Bernhard Graf von Moltke. Er war als Feldmarschall und oberster Ausbilder auch praktisch für den Umbau der Armee verantwortlich.

Der Militärhistoriker Stephen Bungay hat diese Entwicklungen zwischen 1806 und dem Ende des Jahrhunderts in seinem Buch *The Art of Action* aufbereitet. Wenig überraschend kam auch der Veränderungswille in der preußischen Armee nicht über Nacht, sondern war vielmehr Resultat eines schmerzhaften Prozesses, der mit der vernichtenden Niederlage gegen Napoleon in Jena und Auerstedt vom 14. Oktober 1806 begann. Und ebenso wenig verwundert es, dass über viele Jahre und Jahrzehnte Traditionalisten und Konservative nichts unversucht ließen, um die Modernisierung zu verhindern – warum sollte es auch in einer Armee anders sein als in einem Unternehmen, einer Gewerkschaft oder einer politischen Partei?

Während der Fehleranalyse wurde klar, dass es nichts am Mut der eigenen Truppen auszusetzen gab, wie General David Scharnhorst feststellte. Vielmehr habe man schlicht nicht clever genug gekämpft. Die Generalität war zum damaligen Zeitpunkt überaltert und rein auf Besitzstandswahrung aus; nicht die besten Köpfe schafften den Weg nach oben, sondern diejenigen, die am längsten dabei waren und aus den immer gleichen adligen Familien stammten, egal ob sie für die Aufgabe taugten oder nicht. Es wurde außerdem deutlich, dass die Geschwindigkeit, mit der Entscheidungen getroffen wurden, durch die Einhaltung der Dienstwege massiv verringert wurde, was unter fremdem Feuer nicht nur im übertragenen Sinne tödlich sein konnte.

Blinder Gehorsam war zwar lange Zeit eine Grundlage für militärisches Denken; so lange zumindest, wie man glaubte, dass der Mensch in einer gut geölten Militärmaschinerie mit seinen persönlichen Ansichten höchstens stören würde. Von Moltke und vor ihm auch schon Clausewitz und anderen war dieses Denken aber ein Graus. Prinz Friedrich Karl von Preußen formulierte in diesem Zusammenhang in einem Essay aus dem Jahre 1860 die Aufforderung an die preußischen Offiziere, dass sie erkennen mögen, dass der König sie genau deshalb in diesen Stand erhoben habe, weil er von ihnen erwarte, dass sie wüssten, wann sie auch einmal nicht zu gehorchen hätten. Und von Moltke sekundierte: »Gehorsam ist ein Prinzip, aber die Person steht über dem Prinzip.« Auf dieser Überzeugung basierend erfolgte der fundamentale Umbau der Truppe.

Nun ist es natürlich nicht so, dass die preußische Armee nach diesem Umbau keinerlei Befehlsketten und hierarchische Strukturen mehr gehabt hätte und chaotisch ins Feld gezogen wäre. Die bestehenden Strukturen wurden allerdings um das Prinzip erweitert, dass richtige und schnelle Entscheidungen im Sinne der übergreifenden Zielsetzung wichtiger waren als das Einhalten von Entscheidungskaskaden. Um sicherzustellen, dass die dezentral getroffenen Entscheidungen auch wirklich auf das gemeinsame Ziel einzahlten, ließ von Moltke die jeweils nachfolgenden Hierarchieebenen die ihnen übermittelten Ziele mit ihren eigenen Worten wiederholen, um sicherzugehen, dass es keine Missverständnisse gab – und etablierte dies als Methode, die für alle Führungsebenen innerhalb des Heeres galt. Von Moltke sah die Begriffe Linientreue und Freiraum, die im damaligen Verständnis als Gegensätze verstanden wurden, durchaus selbst als ein Spannungsfeld. Allerdings forderte er ein, dass seine Offiziere daran arbeiten sollten, beides gleichermaßen – und gleichzeitig – zu erreichen. Damit das funktionieren konnte, musste die Bereitschaft bestehen, Freiräume zu geben, nachdem sichergestellt war, dass in den grundlegenden Fragen und Zielvorgaben alle an einem Strang zogen.

Solange dies der Fall war, musste auch niemand damit rechnen, bei Misserfolg zur Verantwortung gezogen zu werden. Denn das sah von Moltke als dritte Voraussetzung für erfolgreiche militärische Kampagnen an: Für eine Entscheidung, die man nach bestem Wissen und Gewissen getroffen hatte, selbst wenn sie gegen eine vorherige Anordnung des Vorgesetzten stand, durfte man nicht bestraft werden. Denn sonst würden notwendige Entscheidungen aus Angst vor Repression gar nicht erst getroffen. Was wie ein Freifahrtschein klingen mag, war mit klaren Verpflichtungen verbunden: Fehler mussten eingestanden und aus ihnen musste gelernt werden. Heute nennt man diese Freiheit, Fehler machen zu dürfen Trial-and-Error- oder Betaprinzip.

Bei all den Vorteilen, die diese Prinzipien mit sich bringen und die von Moltke schon lange vor dem Entstehen von großen Unternehmen für die denkbar extremsten Situationen – nämlich reale Kampfhandlungen – entworfen hatte, drängt sich die Frage auf, wieso sie ihren Weg nicht schon sehr viel früher in die Unternehmen schafften. Die Antwort ist vermutlich, dass man auf einem guten Weg in der Vergangenheit auf halber Strecke stehen geblieben ist. Denn es gab durchaus vermehrt Versuche, die Ideen von Moltkes in neue Zusammenhänge zu übersetzen. 1962 hatte der Berliner Professor Reinhard Höhn das »Harzburger Modell« vorgelegt, das aufbauend auf Erkenntnissen aus dem militärischen Bereich als geschlossenes Managementsystem gelehrt wurde und über Jahrzehnte Manager in Deutschland beeinflusste. Höhn zeigte sich allerdings als ein starker Verfechter von autoritären Mechanismen und ein ausgesprochener Gegner der Demokratie. Diesen Geist atmen auch seine Ausführungen zur Unternehmensführung. Spätestens mit der Formulierung von 315 Regeln, die es ohne Ausnahme zu beachten gelte, führte Höhn die Pfade von Moltkes ad absurdum.

Die Angst des zeitweisen Kontrollverlustes, die von Moltke aus guten Gründen überwunden hatte, überwog im Harzburger Modell den Glauben an die Selbstmanagementfähigkeiten der Belegschaft. Vor dem Hintergrund, dass alleine 680 000 Führungskräfte über die Jahrzehnte die Seminare der Akademie der Führungskräfte der Wirtschaft in Bad Harzburg besucht haben, ist es nachvollziehbar, dass die Beharrungskräfte immer noch enorm ausgeprägt sind, die sich gegen zu viel Autonomie, Vertrauen und Freiräume für den einzelnen Mitarbeiter in großen Unternehmen wehren.

Die Prinzipien der preußischen Armee sorgten bis in den Zweiten Weltkrieg hinein dafür, dass deutsche Truppen oftmals auch gegen eine zahlenmäßige Übermacht bestehen konnten. Später wurden sie auch von anderen Armeen adaptiert und auf deren Kultur angepasst. Im englischen Sprachraum geschah dies unter dem Begriff »Mission Command«. Der Autor Stephen Bungay kam nach einem genaueren Blick auf die dortige Umsetzung zur folgenden umfassenden Erkenntnis: »Mission Command ist nichts, was von kleinen, innovativen Organisationen erfunden wurde, die es schaffen, flexibel zu sein, weil jeder jeden kennt oder bei denen der Chef mit seiner Persönlichkeit dafür sorgt, dass alles glatt läuft. Mission Command kann skaliert werden.« Und weiter: »Es funktioniert nicht, weil ein paar kreative Typen sich zusammentun und verrückte Dinge tun. Davon gab es immer welche und es wird sie auch immer geben. Einige schaffen es, zu wachsen und eine Kultur zu entwickeln, die die Kreativität erhält; viele schaffen es nicht. [...] Mission Command wurde in Organisationen mit Hunderten und Tausenden Menschen mit entsprechend hoher Komplexität erfolgreich umgesetzt.« Zum Beispiel in der preußischen Armee, bei Morning Star oder bei Semco.

REMEMBER

- Morning-Star-Gründer Chris Rufer nahm sich beim Aufbau seiner Organisation die Gesellschaft zum Vorbild, deren Zusammenspiel vor allem auf dem Prinzip der Eigenverantwortung beruht. Unter dem Namen »Selbstmanagement« begann er, diese Idee auch radikal auf sein eigenes Unternehmen anzuwenden. Die Konsequenz: mehr Eigeninitiative, mehr zielorientiert eingesetzte Expertise und marktnahe Entscheidungen durch die verantwortlichen Mitarbeiter an der Front.

- Beim brasilianischen Großkonzern Semco unter der Leitung von Ricardo Semler sind es demokratische Prinzipien, die für den Erfolg des Unternehmens verantwortlich sind. Hier wird Eigeninitiative durch das Übertragen von Verantwortung an jeden einzelnen Mitarbeiter gefördert. Die Vorgesetzten werden aus den Kreisen der Kollegen demokratisch gewählt. Dazu gesellen sich Werte wie Transparenz und Freiwilligkeit, sodass jeder Mitarbeiter in den Genuss freier Arbeitszeiteinteilung und freier Arbeitsplatzwahl kommt. Die Gewinne werden ebenfalls per demokratischer Abstimmung verteilt, gleichzeitig sind sämtliche Ausgaben für alle einsehbar.

- Auch die preußische Armee des 19. Jahrhunderts hat ihre Erfolge dem Prinzip der Eigeninitiative und des Selbstmanagements zu verdanken. Graf von Moltke etablierte das Prinzip, nach dem richtige und schnelle Entscheidungen im Sinne der übergreifenden Zielsetzung wichtiger waren als das Einhalten von Entscheidungskaskaden.

READ

- Bungay, Stephen: The Art of Action. London/Boston, Nicholas Brealey Publishing 2011
  The Art of Action macht an einem untypischen Beispiel deutlich, dass Wandel überall möglich sein muss. Ganz nebenbei lernt man auch noch ein wenig über europäische Geschichte.
- Hamel, Gary: »First, Let's Fire all the Managers«. In: Harvard Business Review, Dezember 2011
  Ein augenöffnender Artikel vom Managementvordenker Gary Hamel über den Morning-Star-Gründer Chris Rufer, der überzeugt ist, dass Management die ineffizienteste Aktivität in einer Organisation ist.
- Semler, Ricardo: Maverick. The Success Story Behind the World's Most Unusual Workplace. London, Random House 2001
  Die Geschichte, wie Ricardo Semler das Familienunternehmen komplett auf den Kopf stellte, das Management weitestgehend abschaffte und Demokratie einziehen ließ, wird in diesem Buch vom Unternehmenschef persönlich erzählt.

Sich auf den Weg machen

»Wenn du etwas zwei Jahre lang gemacht hast, betrachte es sorg-
fältig! Wenn du etwas fünf Jahre lang gemacht hast, betrachte
es misstrauisch! Wenn du etwas zehn Jahre lang gemacht hast,
mache es anders!« Diese Worte stammen von Mahatma Gandhi,
hätten aber auch aus dem – sonst zugegebenermaßen eher selten
als revolutionär wahrgenommenen – deutschen Mittelstand
kommen können. Zumindest gilt das für die folgenden drei Beispiele, denen tatsächlich so etwas wie betriebswirtschaftlicher
Ungehorsam nachgesagt werden darf. Diese wagten es nicht nur,
die Organisationslogik ihrer eher klassischen mittelständischen
Unternehmen zu hinterfragen, sondern anschließend ihre Organisationen auch noch radikal auf den Kopf zu stellen.

Einer dieser friedlichen Revolutionäre ist Frank Roebers,
der Vorstandsvorsitzende der Synaxon AG. Synaxon ist Europas
größte IT-Verbundgruppe, die Franchisesysteme und andere
Kooperationsmodelle für rund 3200 Computerhändler anbietet.
Das Unternehmen mit Hauptsitz im ostwestfälischen Schloß
Holte-Stuckenbrock bündelt die Einkaufsströme, das Marke-
tingvolumen und Wissen seiner Partner und sorgt für die Vernetzung der Franchisepartner, Hersteller und Lieferanten. Zu
den bekannteren Marken gehört der Hardwarehändler PC-Spe-
zialist. Roebers selbst ist studierter Jurist, Reserveoffizier, Autor
und Dozent. Damit hat er auf den ersten Blick ein typisches
Profil einer deutschen Führungskraft. Wenn man ihn allerdings
fragt, was seinen Führungsstil bisher am meisten geprägt hat,
bekommt man als Antwort, dass das seine Mitgliedschaft bei
der Piratenpartei und seine Tätigkeit als Autor bei Wikipedia
seien. Die Erkenntnis, wie wertvoll und effektiv die intensive
Kollaboration auf einer Wissensdokumentationsplattform wie
Wikipedia für alle Beteiligten ist, führte zu einem Schlüsselmo-
ment, der einen nachhaltigen Kulturwandel bei Synaxon aus-
löste. Dadurch schien sich nämlich ein Rätsel zu lösen, das
Roebers schon länger mit sich herumtrug: die Frage, warum

einige der wohlformulierten und dokumentierten Regeln des Unternehmens einfach nicht eingehalten wurden.

Statt Kontrollmechanismen zu etablieren, installierte Roebers die Open-Source-Software, die hinter Wikipedia steckt, und begann mit seinen Kollegen aus dem Führungskreis eine Wissensdatenbank – in der Websprache »Wiki« genannt – anzulegen, an der zukünftig alle Mitarbeiter mitarbeiten können sollten. Auf diese Weise würden auch endlich diese Regeln, die – aus welchem Grund auch immer – kaum eingehalten worden waren, eine sinnvolle Überarbeitung erfahren. »Hinter der Anschaffung des Wikis stand natürlich zuallererst die Überlegung, dass wir vollständige Transparenz über unser Wissen haben wollten. Das heißt, es sollte keine horizontalen oder vertikalen Wissensbarrieren mehr im Unternehmen geben«, erklärt Roebers. Damit war aber auch die Überzeugung verbunden, dass die Mitarbeiter, die sowieso den besten Einblick in bestimmte Themen des Unternehmens haben, diese auch am ehesten mitgestalten sollten.

Ganze 4000 Artikel, deren Struktur und sachlich-konstruktiver, aber humorvoller Sprachstil die Grundlage für den zukünftigen Aufbau und die Tonalität des Unternehmenswikis bilden sollten, wurden im Vorfeld angelegt, bevor das Wiki allen Mitarbeitern im Unternehmen freigegeben wurde. Heute enthält die Plattform die gesamte Unternehmensdokumentation und das gesamte Unternehmenswissen. Neben den Unternehmensregeln und Prozessbeschreibungen gehören dazu auch Stellenbeschreibungen, Protokolle von Meetings und eigentlich alles, was das Unternehmen ausmacht. Das Besondere aber ist, dass tatsächlich alle Dokumente ungeschützt sind, sodass jeder Mitarbeiter – unter seinem Klarnamen – diese verändern darf. Die Änderungen sind daher zwar nachvollziehbar, bedürfen aber keiner weiteren Freigabe und sind sofort wirksam. »Das ist gewagt, aber wir hatten schon das Vertrauen, dass von unseren Mitarbeitern unsere Regeln nur so geändert würden, dass alle dahinterstehen können«, erinnert sich Roebers.

Die Befürchtungen, dass das Projekt schiefgehen könnte, waren trotzdem groß: »Wenn wir richtig Glück haben, werden wir möglicherweise nur pleitegehen, wenn wir Pech haben, landen wir im Gefängnis«, fasst Roebers die Gespräche im Führungskreis von Synaxon zusammen. Die denkbaren Szenarien rund um das Wiki-Projekt gingen von totaler Anarchie bis zur Sorge, dass niemand es nutzen und rein gar nichts passieren würde. Und Letzteres trat zunächst auch ein. Die meisten Mitarbeiter dachten nicht daran, ihr Wissensmonopol aufzugeben. Dann stellten einige für sich fest, dass das dezentrale Dokumentieren und Verwalten des Unternehmenswissens nicht nur den Job etwas spannender machte, sondern sie tatsächlich bei ihrer Arbeit unterstützte. Die erste Hürde war genommen. Um das Wiki aber unternehmensweit zum Dreh- und Angelpunkt der Kommunikation zu machen und damit auch eine Kultur der völligen Wissenstransparenz zu etablieren, musste Vorstandsvorsitzender Roebers selbst zum Botschafter seiner Mission werden. »Ich lief in alle Büros und fragte meine Mitarbeiter: Was machst du gerade? Wieso steht das nicht im Wiki?«, erinnert er sich. Gemeinsam mit einem kleinen Fanklub aus Azubis und Führungskräften gleichermaßen trieb er die Initiative voran und konnte nach und nach die Kollegen davon überzeugen, dass sie mit dem Wiki eine effektive Möglichkeit bekommen hatten, im Unternehmen etwas positiv zu verändern.

Die begannen zögerlich, erste Testballons steigen zu lassen. Zunächst bezogen sich die Änderungen auf Kleinigkeiten, wie die Ordnung am Arbeitsplatz oder die Parkordnung. Schließlich trauten sich die Mitarbeiter auch an die bedeutenderen Themen wie die Formulierung der Unternehmensmission und sogar die Abrechnungsregeln heran. Zwar behält sich die Leitung des Unternehmens die Möglichkeit vor, ein Veto gegen eine Regeländerung einzulegen, für den Fall, dass das Interesse des Unternehmens massiv verletzt würde. Vorgekommen ist das allerdings bisher kein einziges Mal – bei über einer halben Million Änderungen an den mittlerweile rund 70 000 Dokumenten.

Dass das Wiki sieben Jahre nach der Einführung mittlerweile – und vor allem immer noch – so gut funktioniert, liegt an den gleichen Mechanismen, die bei Wikipedia greifen: Jeder kann sich auf unkomplizierte Weise im Unternehmen einbringen, jedes Talent kommt zum Tragen und jede Leistung wird sichtbar. Egal was die Mitarbeiter besonders gut können, es wird im Wiki gebraucht: ob bei der Strukturierung, beim Erstellen der Artikel, im Design, für Recherchen oder für die technische Weiterentwicklung der Plattform.

Als das Wiki-Projekt reibungslos lief, kam Roebers wieder ins Nachdenken: »Ich hatte die Befürchtung, dass die Änderungen in unserem Wiki nicht besonders mutig gewesen und die wirklich kritischen Bereiche nicht angefasst worden waren.« Bei der Erarbeitung eines Unternehmensleitbildes bestätigte sich diese Vermutung dann. Die Mitarbeiter empfanden, dass trotz Wiki nicht genug Offenheit im Unternehmen herrschte, um sensible Punkte kritisieren zu können, ohne Angst haben zu müssen, sich beim Chef unbeliebt zu machen. Die Überlegung, dass das daran liegen könnte, dass alle Mitarbeiter unter Klarnamen im Wiki agierten, brachte ihn fünf Jahre nach Einführung des Wikis auf eine noch weiter gehende Idee: LiquidFeedback.

Dabei handelt es sich um eine kostenlose Open-Source-Software, die zur politischen Meinungsbildung und Entscheidungsfindung genutzt wird – unter anderem von der Piratenpartei, in der Roebers aktives Mitglied ist. Dort können die Mitarbeiter nicht nur unter einem Pseudonym Initiativen einstellen, diskutieren, Gegeninitiativen gründen und sehr direkt und offen ihre Meinung sagen, sondern die Unternehmensleitung ist dank dieses Tools auch zum ersten Mal in der Lage, die von den Mitarbeitern aufgebrachten Herausforderungen, Schwierigkeiten und Regeländerungen quantitativ bewerten zu können. Das war alleine mit den Wikis nicht möglich; dort blieb immer die Frage, ob nur die Unzufriedenen gerade am lautesten brüllten. Da es nicht alleine um die Abbildung der Meinungen im Unternehmen gehen sollte, verpflichtete sich die Führung von

Synaxon dazu, die von einer Mehrheit beschlossenen Entscheidungen bei einer Mindestwahlbeteiligung von 50 Prozent auch umzusetzen. Nur für den Notfall behielt sie sich allerdings auch hier ein Vetorecht vor.

Die Möglichkeit, ein realistischeres Meinungsbild für Entscheidungsvorlagen zu bekommen und verbindlich zu nutzen, wurde bei Synaxon lange diskutiert. Was passiert, wenn man seinen Mitarbeitern völlig anonym die Möglichkeit gibt, Entscheidungsvorlagen einzubringen, zu diskutieren und abstimmen zu lassen? Auch hier war eine Vielfalt an düsteren Szenarien denkbar, wie das System missbraucht werden könnte. Unter dem Schutz der Anonymität ist schon im Internet überall zu beobachten, wie »getrollt«, »gebasht« und »gerantet« wird. Würde so ein Tonfall auch das LiquidFeedback des Unternehmens bestimmen, wäre die Unternehmenskultur im Eimer.

Ein weiteres befürchtetes Szenario war, dass das System für reine Mitarbeiterinteressen ausgenutzt würde, die nicht im Sinne des Unternehmens wären. Frank Roebers lacht: »Doppelte Kaffeepause bei gleichzeitig vollem Kuchenausgleich, das hätte uns gerade noch gefehlt.« Dennoch entschied man sich schließlich für den Schritt. Zu Anfang schien es auch tatsächlich in diese Richtung abzudriften. Legendär ist die erste Initiative, die zur Anschaffung eines Mitarbeiterfahrrads führte, das heute in der Ecke sein vergessenes Dasein fristet. Darauf folgten Initiativen zu Kaltgetränkeautomaten oder Mietwagenvergünstigungen. Ob die Mitarbeiter sich erst einmal an ihre neue Freiheit der Mitbestimmung gewöhnen mussten und sich entlang der eher trivialen Themen nach vorne tasten wollten, ist schwer zu beurteilen. Vielleicht waren es auch einfach diese scheinbar kleinen Themen, die den Mitarbeitern auf der Seele lagen. Heute weiß Frank Roebers, dass die 200 Euro für das nicht genutzte Mitarbeiterfahrrad eine gute Investition in die Schulung im Umgang mit LiquidFeedback und die Entscheidungskompetenz der Mitarbeiter war.

Tatsächlich hat sich die Qualität der Entscheidungen aus der Sicht von Frank Roebers in der Zwischenzeit deutlich verbessert. Dafür sorgen unter anderem die eingebauten Relevanzfilter wie ein Quorum, eine Mindestwahlbeteiligung und die Möglichkeit, zu jeder Initiative eine Gegeninitiative einzustellen. Das dämmt die Flut der Abstimmungen so ein, dass nur Themen, die wirklich auf ein mehrheitliches Interesse bei den Mitarbeitern stoßen, diskutiert und bei erfolgreicher Abstimmung auch umgesetzt werden. Darüber hinaus können die Themen, die als Initiative in LiquidFeedback landen und deren Für und Wider im Entscheidungsprozess angesprochen, durchdiskutiert, abgewogen und in die Meinungsbildung mit eingeflossen sind, sehr viel effektiver umgesetzt und verankert werden. Und das nicht nur bei einem positiven Ausgang einer Abstimmung.

Ein Beispiel dafür ist die Entscheidung über die Abschaffung der Regelung, dass jeder Mitarbeiter pro Halbjahr zwei Blogposts zu den Unternehmensblogs beizutragen hat. Eine Angelegenheit, die Roebers selbst sehr auf dem Herzen lag. Die Initiative in LiquidFeedback kippte diese Regelung, bei der sich zuvor keiner getraut hatte, sie einfach im Wiki zu verändern. Auch wenn er kurz davor war: Roebers zog kein Veto. Im Nachgang zu der Diskussion, bei der er ordentlich mitgemischt hatte, bemerkte er, dass sich die absolute Anzahl der Blogbeiträge pro Halbjahr trotz abgeschaffter Mindestregelung plötzlich erhöhte. Sein Fazit: »Wir haben es offensichtlich mit Mismatchern im Unternehmen zu tun. Wenn man sie zwingen möchte, machen sie es nicht gern. Wird die Regel abgeschafft, machen sie es von alleine.«

Seit Einführung von LiquidFeedback kommen zunehmend auch Themen auf die Tagesordnung, über die man sich vorher einfach keine Gedanken gemacht hatte. »Es gibt unglaublich viele Hinweise, wo Denkfehler im System sind, zu denen sich vorher offensichtlich niemand öffentlich zu äußern traute. Unangenehme Dinge werden endlich deutlich angesprochen«, freut sich Roebers. Diese Vertrauenskultur äußert sich auch in einer weiteren, gerade für eine Aktiengesellschaft unüblichen Entscheidung. Bei Synaxon gilt jeder Mitarbeiter als Botschafter des Unternehmens und darf oder wird gar gebeten, im Namen des Unternehmens zu kommunizieren. Selbstverständlich, ohne vorher um eine Freigabe bitten zu müssen. Dazu bieten sich Blogs und soziale Medien an. Und es funktioniert. Der Kommunikationsausstoß hat sich seit der Einführung dieser Möglichkeit erheblich erhöht. Und dasselbe gilt auch für den Umsatz, der sich seit dem ersten Schritt, nämlich der Einführung des Wikis, bei fast gleichbleibender Mitarbeiteranzahl verdreifacht hat.

Eine ähnliche und gleichzeitig ganz andere Geschichte der Verantwortungsdelegation an die Mitarbeiter hat die Allsafe Jungfalk GmbH & Co. KG zu erzählen. Dabei fällt es auf den ersten Blick schwer zu glauben, dass die Firma überhaupt Vorreiter für irgendetwas sein könnte. In Engen im Hegau gelegen, ist Allsafe ein international tätiger Hersteller von Ladegut-Sicherungssystemen für die Automobil- und Luftfahrtindustrie – und damit Teil einer konservativen Branche. Als der geschäftsführende Gesellschafter Detlef Lohmann die Führung des Unternehmens 1999 übernahm, war die strategische Neuausrichtung seiner Firma die wichtigste Aufgabe. Besonders in einem Umfeld, in dem nur wenige Augen auf den Wandel gerichtet waren und der Markt hektische Bewegungen nicht gewohnt war, wollte er eine nachhaltige Lösung finden, wie man die kleinsten Veränderungen der Rahmenbedingungen des Marktes schon früh genug erkennen konnte, um ohne Hektik darauf reagieren zu können.

Sein Ansatz klingt überzeugend: Wo viele Augen informierter Nischenexperten den Markt und seine Akteure im Blick haben, bildet das Unternehmen gemeinsam eine kollektive Intelligenz, die bei der Erkennung von Kundenbedürfnissen, bei der Analyse von Ereignissen am Markt und den daraus zu ziehenden Schlussfolgerungen unschlagbar ist. »Egal wie intelligent oder clever der oberste Entscheidungsträger einer Firma ist: Er allein kann die Komplexität der Dinge in der heutigen Realität gar nicht mehr durchschauen, geschweige denn im Griff halten. Niemand kann das«, stellt Lohmann fest.

Bei Allsafe führen die 160 Mitarbeiter sich und ihre Arbeit seitdem selbst. Der Rahmen, in dem die Mitarbeiter das tun, ist dabei sehr weit gesteckt. Sie haben Abteilungen, Hierarchien und damit auch Reporting-Strukturen abgeschafft und die Pyramide der Befugnisse und Entscheidungskompetenzen auf den Kopf gestellt. Ganz unten sitzt Geschäftsführer Lohmann. Er findet, dass die Mitarbeiter, die den direkten Kontakt zum Kunden, zu den Zulieferern und Logistikpartnern haben, ganz oben in der Entscheidungshierarchie sitzen sollten. Um Verantwortung für das Unternehmen übernehmen zu können, müssen sie dann auch die volle Verantwortung für ihre Aufgabenbereiche haben. Entscheidungen über den Einkauf von Materialien, Reparaturen und andere Dienstleistungen und Investitionen in neue Maschinen treffen die Mitarbeiter, die direkt von den Fragestellungen betroffen sind, in kleinen Gruppen oder alleine nun selbst.

Der Auslöser für diese konkrete Änderung war die Erkenntnis, dass Lohmann selbst viel zu viel Zeit damit verschwendete, die Anträge auf Materialbestellungen zu unterzeichnen – ohne sie überhaupt genauer zu betrachten, weil er sich in Fragen wie Materialnachschub sowieso nicht kompetent fühlte. Diese Art von Pseudokontrolle war Zeitverschwendung. Seit die Mitarbeiter ihre Einkäufe selbst organisieren, konnten die Kosten deutlich gesenkt werden – im Krisenjahr 2008 sogar um 30 Prozent. Eine positive und überraschende Abweichung, die in einem kontrollierbaren festen Rahmen wohl nicht vorgekommen wäre, wie Lohmann in seinem Buch ... *und mittags geh ich heim* über die Evolution von Allsafe schreibt.

Damit auch seine Mitarbeiter tatsächlich ebenso fundierte Entscheidungen treffen können wie zuvor die Manager und Abteilungsleiter, steht ihnen das gleiche Zahlenwerk zur Verfügung, um den Effekt ihrer Entscheidungen messen und notfalls revidieren zu können. Wer aber welche Zahlen für seinen Bereich braucht, ist bei Allsafe nicht die Entscheidung der Firmenleitung – auch hier bestimmen die Mitarbeiter selbst. Sie haben Zugang zu allen Kunden- und Bestelldaten, zu Daten über Lieferanten, Preise und Einkaufsmengen und vielem mehr. Aber nicht nur das: Auch die betriebswirtschaftlichen Auswertungen hängen an Pinnwänden für jedermann jederzeit zugänglich aus. Natürlich könnten die Mitarbeiter die Datentransparenz auszunutzen und horrende Lohnforderungen stellen, wenn sie die Gewinne des Unternehmens kennen. Nichts von dem hat Lohmann bei Allsafe bisher erlebt, aber das überrascht ihn auch nicht weiter: »Mitarbeiter, die das Ergebnis ihrer Arbeit sehen, setzen alles daran, um dieses zu verbessern. So sind Menschen.«

Die Mitarbeiter organisieren sich im Alltag selbst und sorgen dafür, dass alle notwendigen Kompetenzen bei wichtigen Entscheidungen zusammenfinden. Bereichsübergreifend wird so nicht mehr mit den einzelnen Repräsentanten einer Abteilung kommuniziert, sondern mit möglichst vielen Kollegen gesprochen, die das Thema betreffen könnte. Durch den freien Fluss des Wissens und den Einbezug aller relevanten Mitarbeiter wird permanent das Ganze optimiert. Dass Prozesse dadurch nicht chaotischer oder diffuser, sondern logischer und direkter werden, zeigt sich zum Beispiel in der Abschaffung des Lagers für die vorproduzierte Ware. Ohne Lagermöglichkeit ist nämlich aktives Mitdenken aller Mitarbeiter gefragt. Wird die Ware ohne genaue Absprachen produziert, könnte sie ohne nahtlose Anschlussstelle den Arbeitsplatz des Verantwortlichen oder die Verpackungsstation blockieren. Die Frage der Gestaltung der Abläufe wird so zur Verantwortung aller, die sich nicht nur um ihren Arbeitsschritt Gedanken machen müssen, sondern auch über die Arbeitsschritte davor und danach. Die Abschaffung der Puffer hat damit nur zu noch mehr Miteinander und ganz nebenbei zu höherer Effizienz geführt.

Selbstorganisation in Absprache mit den ebenfalls selbst organisierten Kollegen ist bei Allsafe in allen Bereichen und Lebens-

lagen selbstverständlich – in den Büros ebenso wie in der Produktion, in guten Zeiten ebenso wie in Krisen. Kommen unerwartet große Kundenaufträge rein oder fallen plötzlich Maschinen aus, organisieren die Mitarbeiter ihre Überstunden oder die
Zwangspausen selbst – ebenso wie man im Krisenjahr 2008
nicht auf Ansagen wartete, dass ein Sparkurs einzuschlagen
wäre.

Wenn der Chef sich für einen Führungsstil entschieden hat,
bei dem er die Macht aus den Händen gibt, kann er die Macht
nicht wieder nach Belieben an sich reißen. Auch dann nicht,
wenn seine Mitarbeiter hin und wieder eine Entscheidung treffen, die ihm wehtut. Was das angeht, ist sich Lohmann mit
Frank Roebers von Synaxon einig, denn beide wissen: Das
würde das ganze Prinzip zum Scheitern verurteilen, weil die
Mitarbeiter am Ende des Tages dann doch keine Ermächtigung
empfinden und so nicht die volle Verantwortung übernehmen
wollen würden. Um das Verantwortungsgefühl der Mitarbeiter
zu stärken, muss man Vertrauen schenken, indem man auf
Kontrolle verzichtet: Die Zeiterfassung wurde abgeschafft, und
auch die Pausen werden nicht kontrolliert. Lohmann betont:
»Nur mit einem positiven Menschenbild lassen sich Unternehmen so führen.« Er hat selbst erlebt, dass Vertrauen missbraucht
wird. Solche Fälle treten vereinzelt auch bei Allsafe auf, aber
Lohmann sieht sie nicht als Beweis dafür, dass das System
nicht funktioniert, sondern als Konsequenz falscher Personalentscheidungen. Ein Chef muss nicht jedem Mitarbeiter blind
vertrauen, aber er muss sich auf seine Personalentscheidungen
verlassen können. Denn er hat schließlich erst nach sorgfältiger
Auswahl Menschen eingestellt, denen er vertrauen möchte.

Den richtigen Durchbruch schaffte das Konzept der Selbstorganisation bei Allsafe, als Lohmann das erste Mal wirklich ernst
machte und dieses Vertrauen zeigte, indem er bei der Entwicklung des Leitbildes alle seine Mitarbeiter einbezog. Ihm half
aber auch, dass die Firma danach stetig wuchs und sich die Zahl
der Mitarbeiter im Laufe der Zeit vervierfachte. Denn auch

wenn von den ersten 40 Angestellten immer noch mehr als 30 bei Allsafe arbeiten, weiß Lohmann: »Ohne die 100 neuen wäre dieser gravierende Kulturwandel wohl nicht zustande gekommen.«

Trotz abseitiger Lage im äußersten Süden von Deutschland: Allsafe hat kein Rekrutierungsproblem: »Gerade für junge, gut ausgebildete Menschen, die aber auch ihre vielfachen Talente ausleben wollen, ist ein so organisiertes Unternehmen höchst attraktiv.« Ob die Mitarbeiter wirklich in die Unternehmenskultur passen, überlässt Lohmann ein Stück weit auch der Selbstselektion: Bei Vorstellungsgesprächen sitzt der Bewerber nämlich sehr wahrscheinlich allen direkten Kollegen, Mitarbeitern und zukünftigen Managern gegenüber. Wer sich nicht traut, in einem solchen Setting seine Gehaltsvorstellung laut auszusprechen, wird kaum selbst Interesse haben, seine Bewerbung aufrechtzuerhalten.

Bei Allsafe wartet kein klassischer Karrierepfad auf den Mitarbeiter. Lohmann spricht von »Landschaft statt Leiter«. Bei ihm sind Führungsebene und Fachebene klar voneinander getrennt und zudem an Kompetenz gebunden – nicht an Macht. »Führung und Verantwortung sind in einem Unternehmen mit flachen Hierarchien also nicht an die formelle Position und auch nicht immer an die vorgegebene Rollenverteilung gebunden. Führungsverantwortung ist in Beta-Unternehmen in erster Linie an Kompetenz gekoppelt. Deshalb kann sie sich sogar aus der Situation heraus ergeben«, schreibt er in seinem Buch und ergänzt: »So entstehen statt zementierter Machtstrukturen ganz natürlich Autoritäten.«

Nach demselben Prinzip funktioniert seit Kurzem auch ein in Berlin ansässiges Unternehmen. Nun gilt die Bundeshauptstadt schon seit einiger Zeit auch als heimliche Start-up-Hauptstadt der Welt, insofern verwundert es nicht, dass sich dort Firmen finden lassen, die nach Start-up-Prinzipien funktionieren. Bei unserem Beispiel handelt es sich allerdings um ein Unternehmen, das man in diesem Umfeld eher weniger vermuten würde.

Die Rede ist von der ehemaligen E&E AG, die als klassische Unternehmensberatung viele namhafte national und international tätige Unternehmen und Organisationen im Bereich Geschäftsmodelle und Prozessoptimierung beriet.

Obwohl das Geschäft eigentlich sehr gut lief, entschied sich die Unternehmensleitung für eine radikale Umstrukturierung. Das Ziel war allerdings nicht, Kosten zu sparen oder Prozesse zu schleifen, sondern wieder mehr Sinn und Freude bei der Arbeit zu erleben. Gleichzeitig sollte die freigesetzte Energie dazu genutzt werden, um neue, innovative Projekte und Produkte zu entwickeln, die sich deutlich näher an den im Team vorhandenen Talenten und den Bedürfnissen des Marktes orientieren. Aus der Neuformierung ging das Unternehmen partake AG hervor, das sich heute vor allem mit der Arbeitswelt der Zukunft, New Management und Innovation auseinandersetzt und sich für Themen rund um Energie, Städte, Menschen und Märkte interessiert.

Der Gründer und Vorstandsvorsitzende Dr. Juergen Erbeldinger hatte 2010 begonnen, sein Unternehmen noch einmal von Grund auf zu analysieren. Gleich zu Anfang merkte er, dass offensichtlich das ungeschriebene Leitbild im Unternehmen war, dass alle das machten, von dem sie glaubten, dass der Chef es so will – und nicht, was sie selbst für richtig hielten. Er stellte fest, dass seine Mitarbeiter nur dort besonders gut performten, wo er als Vorstandsvorsitzender hinschaute. Je länger er analysierte, umso mehr ungeschriebene Leitbilder – oder Dogmen, wie Erbeldinger es nennt – konnte er in seinem Unternehmen aufdecken. Dazu gehörte zum Beispiel das einseitige Streben nach Effizienz – und der Mangel an Versuchen, Probleme anders zu lösen. Je tiefer er bohrte, desto unerträglicher wurden ihm manche Mechanismen, die er selbst früher einmal angestoßen hatte. Und je länger er sich damit quälte, umso sicherer war er sich, dass sein Job und seine Unternehmung insgesamt ihm erst wieder Freude bereiten würden, wenn er diese Dogmen schlicht »umdrehen« würde.

In der fast zwei Jahre dauernden Analyse- und Vorbereitungsphase beschäftigte Erbeldinger sich sehr intensiv mit den Mechanismen, die in seinem Unternehmen wirkten. Nachdem er in einer gemeinsamen Projektwoche das weitere Vorgehen mit seinem Führungskreis erarbeitet hatte, schaffte er schließlich seine Position als Chef und alle Regeln des bisherigen Personalmanagements ab. Mit ihnen verschwanden Hierarchien, Abteilungen, Jobtitel und Reporting-Strukturen. Damit im neu gewonnenen Freiraum keine Anarchie ausbrach, musste zuerst ein neues Leitbild aufgestellt werden, nach dem Erbeldinger in Zukunft seinen Arbeitsalltag gestalten wollte: »Arbeite nur an Themen, mit Leuten und an Orten, die dir Freude machen!« Und genau dazu rief er auch seine Mitarbeiter auf. Was, wer und wo das jetzt genau ist, sollte dabei jeder eigeninitiativ und eigenverantwortlich selbst herausfinden. »Unser einziger Aufruf an unsere Mitarbeiter war: ›Have the summer of your life!‹«, erklärt Erbeldinger.

Um darüber hinaus das Dogma der Effizienz zu invertieren und so wieder mehr kreatives und innovatives Potenzial im Unternehmen freizusetzen, ließ sich Erbeldinger eine weitere Regelung einfallen: »Wir wollen nur an 180 von etwa 245 Arbeitstagen im Jahr, abzüglich Urlaub, wissen, was die Mitarbeiter machen, an welchen Ideen und Projekten sie gerade arbeiten.« Das heißt, dass man die übrigen Tage zur Ideenfindung, zur Inspiration, zum Ausruhen oder für Spaßprojekte nutzen kann – und zwar im Büro, in der Hängematte auf Hawaii oder zu Hause auf dem Sofa. »Ich habe den Schlendrian ins Unternehmen einziehen lassen«, lacht Erbeldinger.

Die frohe Kunde, die er im Herbst 2012 seinen Mitarbeitern überbrachte, schlug zwar ein wie eine Bombe, aber anstatt dass die befürchtete Anarchie ausbrach, passierte erst einmal nichts. Das erschien reichlich kurios, aber dann machte Erbeldinger eine Entdeckung, mit der er so nicht gerechnet hatte: Die neu gewonnenen Freiheiten lösten bei einigen seiner Mitarbeiter vor allem Stress aus. Ein halbes Jahr später war Erbeldingers Unternehmen um einen Betriebsrat reicher und um einen sehr großen Anteil seines ehemaligen Führungskreises ärmer. »Man rechnet ja mit vielem und bereitet sich auf alles vor, aber am schwersten fällt es mir bis heute, zu verstehen, dass für einige Mitarbeiter mein neuer Kurs eine Vertreibung aus dem Paradies war und sie mich deswegen bis heute anfeinden«, erinnert sich Erbeldinger. Für alle anderen wurde ihr Chef einer von ihnen. Denn sie alle sind jetzt Chef, und zwar ihr eigener – ganz ohne vorher die üblichen Karrierestufen erklommen zu haben.

Gearbeitet wird bei Partake nach dem Freiwilligkeitsprinzip: Wer bei welchem Projekt in welcher Rolle mitmacht, bestimmt jeder Mitarbeiter für sich. Ob als Projektleiter oder als Teammitglied organisieren die Kollegen ihre Zusammenarbeit und die Inhalte ihrer Projekte selbst. Eine Konsequenz daraus ist, dass das Unternehmen zunehmend aus eigener Initiative auf potenzielle Kunden zugeschnittene Produkte und Dienstleistungen entwickelt und die Annahme von konkreten Aufträgen einen schwindenden Anteil der Projekte ausmacht.

Das Freiwilligkeitsprinzip erfüllt für Erbeldinger eine wichtige Funktion. Denn wenn die Mitarbeiter ihre Projektideen intern vermarkten, Teams zusammenstellen, proaktiv Buchhaltung und Administration einbeziehen und wie Unternehmer handeln, dann wirken im Unternehmen die gleichen Prinzipien der freien Marktwirtschaft, der »unsichtbaren Hand«, mit denen sich Partake auf dem Markt auch positionieren muss. Das Portfolio der Ideen und Projekte spiegelt so einerseits die Ressourcen, Interessen und Talente der Mitarbeiter wider und wird andererseits durch die Filterfunktion des internen Projektmarkts schon frühzeitig auf eine gewisse Relevanz abgeklopft. Für eine gemeinsame Struktur sorgt dabei ein in verschiedene Phasen eingeteilter Kernprozess – von der Konzeption über das Prototyping bis hin zum Markteintritt. Teil des Prozesses ist es, dass die selbst organisierten Teams regelmäßig ihre Fortschritte und den Markterfolg ihrer Projekte ihren Kollegen präsentieren. »Denn wenn ein Mitarbeiter keine Kollegen für seine Projektidee begeistern kann, oder diese ihm im Laufe der Konzeptionsphase doch wieder abspringen, dann wäre das Projekt meist sowieso kein Erfolg geworden«, erklärt Erbeldinger den Ansatz. Und ganz nebenbei beschäftigen sich die Mitarbeiter bei Partake so auch noch mit dem dringend notwendigen Umgang mit der Möglichkeit, zu scheitern.

Auch das Recruiting ist einfacher geworden, denn die besondere Kultur von Partake hat sich inzwischen herumgesprochen und zieht reichlich Bewerber an. Und darüber hinaus hat die Umstellung auch noch andere Entwicklungen angestoßen. »Zum einen ist der Anteil an Teilzeitanstellungen und damit die Häufigkeit an Doppelspitzen in Projekten gestiegen, und so haben wir bei Partake auch viel mehr Frauen in der Projektleitung«, weiß Juergen Erbeldinger zu berichten. Bemerkenswert ist darüber hinaus die Tatsache, dass einige Mitarbeiter ihre Arbeitszeit auf eine Teilzeitstelle reduzieren, anstatt die frei verfügbare Arbeitszeit einfach »auszunutzen«. Der Vertrauensvorschuss scheint sich auszuzahlen.

Auch wenn Partake nun keinen richtigen Chef mehr hat, ist Erbeldinger trotz oder gerade wegen der radikalen Umstrukturierung nicht beschäftigungslos: »Ich habe nun die Rolle des Coachs für die Mitarbeiter, helfe ihnen dabei, sich und ihre Projekte in die neue Arbeitsweise zu integrieren – oder wenn sie das lieber möchten, mit ihnen den Ausstieg aus dem Unternehmen möglichst gut zu gestalten.« Für die nächsten Jahre hat Partake keine explizite Strategie. Erbeldingers einzige Erwartung ist, dass das, was passiert, einen Sinn ergeben muss. Und mit dem Sinn ist Erbeldingers Spaß an der Arbeit ganz nebenbei auch wieder zurückgekehrt.

Synaxon, Allsafe und Partake sind, so unterschiedlich die Firmen und ihre eingeschlagenen Wege im Detail sind, mächtige Beispiele dafür, dass auch etablierte Unternehmen einen radikalen Veränderungsprozess erfolgreich bewältigen können. Dabei ist es in den meisten Fällen so, dass erst durch eine tiefe Krise, oder zumindest durch einen wahrnehmbaren Bruch, die notwendigen Steine ins Rollen kamen. Was für Preußen die Schlacht von Jena und Auerstedt und für den Semco-Gründer sein Burn-out waren, war für Partake-Chef Dr. Juergen Erbeldinger eine sechsmonatige Elternzeit. Als er 2010 nach dieser zurück ins Unternehmen kam, merkte er schnell, dass sich seine Sicht der Dinge geändert hatte. Mit dem Abstand, den er in seiner Elternzeit zu den Abläufen, Projekten und Aufgaben gewonnen hatte, hatte sich auch seine Fähigkeit, Entscheidungen – vor allem die eigenen – infrage zu stellen, wieder entfalten können. »Ich fragte mich, ob ich dann jetzt einfach so weitermachen würde wie bisher und ob ich an meine Unternehmung, so wie sie aufgestellt war, überhaupt noch glaubte. Und ich musste feststellen: Nein, eigentlich nicht«, erinnert sich Erbeldinger an die ersten Tage im Büro.

Auch Detlef Lohmann von Allsafe hatte ein »Erweckungserlebnis«, das ihn dazu brachte, umzudenken. Als Mitarbeiter eines großen Autoherstellers hatte er schon früh in seiner beruflichen Laufbahn das Glück, in Positionen mit relativ viel Freiraum arbeiten zu können und dank dezentraler Führung unternehmerisch handeln zu dürfen. Aber er eckte trotzdem oft an, denn es gefiel ihm nicht, wie in seiner Branche mit den Mitarbeitern als Menschen umgegangen wurde. Sein Menschenbild passte nicht zu dem, wie er das Wertebild des Managements in der Großorganisation wahrnahm. Schließlich war er sicher, dass man das auch anders machen könnte: Wenn man die positiven Eigenschaften der Großorganisation – wie die Vielfalt an Menschentypen und der daraus entstehende Wissenspool – mit seinem sehr positiven Menschenbild verbinden würde, dass es dann für ein gesamtes Unternehmen insgesamt besser laufen würde. Er war sich sicher: »So wie ich ticke, so ticken viele.«

REMEMBER

- Mit Übertragung des gesamten Unternehmenswissens in Wikis schaffte das Unternehmen Synaxon nicht nur alle horizontalen oder vertikalen Wissens- und damit Kooperationsbarrieren ab, sondern machte mit der Erlaubnis, dass alle Dokumente ohne Freigabe, allerdings unter Klarnamen, verändert werden dürfen, den Weg frei für ein maximales Ausmaß an Mitgestaltungs-möglichkeiten und Eigeninitiative. Abgerundet wird dies durch den Einsatz einer Open-Source-Software, in der Mitarbeiter ihre Ideen, Initiativen und Veränderungsvorschläge gemeinsam unter Pseudonymen diskutieren und abstimmen können.

- Bei Allsafe Jungfalk führen die rund 160 Mitarbeiter sich und ihre Arbeit selbst, seit der Geschäftsführer die Hierarchiepyra-mide umkehrte, indem er seine Entscheidungskompetenzen zum Beispiel über Budgets, Produktionsabläufe und Ressourcenpla-nung direkt an seine Mitarbeiter weiterreichte. Auf diese Weise lässt sich die vorhandene kollektive Intelligenz des Unterneh-mens deutlich besser nutzbar machen.

- Mit dem Freiwilligkeitsprinzip, gekoppelt an den Aufruf »Arbeite nur an Themen, mit Leuten und an Orten, die dir Freude machen!«, und der Regelung, dass man nur 180 Tage seines Arbeitsjahres in Projekten nachweisen muss, schaffte der Chef der Unternehmensberatung Partake alle Hierarchien ab. Damit kreierte er Raum für Eigeninitiative und Selbstentfaltung seiner Mitarbeiter und legte damit das Fundament für eine innova-tive Arbeitskultur, die unternehmerisches Denken und Handeln fördert.

READ

- Lohmann, Detlef: ... und mittags geh ich heim. Wien, Linde Verlag 2012
  Lohmann erzählt in diesem launigen Buch die inspirierende Ge-schichte, wie er die Pyramide seines Unternehmens auf den Kopf stellte und seitdem vor allem für die interne Post und die Zukunft zuständig ist.

- Roebers, Frank: WEB 2.0 im Unternehmen. Theorie & Praxis –
Ein Kursbuch für Führungskräfte. Hamburg, tredition Verlag
2010
*Mit diesem Buch liefert Roebers eine umfassende Anleitung, wie
man die Annehmlichkeiten des Internets – die sozialen Medien,
Wikis und Blogs – richtig ins eigene Unternehmen integriert.*

Der eigenen Überzeugung trauen

Wer setzt sich tatsächlich in den Nachbau eines Ruderboots,
um zu arbeiten? »Nicht so viele«, hört man auf die Frage von
Mitarbeitern bei Google, dem gefühlt buntesten Arbeitgeber
der Welt. Und man kann sogar erahnen, dass es sich eher um
eine diplomatisch formulierte Auskunft handelt. Wer einmal in
einem Google-Büro zu Besuch war, wird das Gefühl nicht los,
dass manches von dem, was es dort an verrückten Spielereien zu
bewundern gibt, weniger tatsächliche Bedürfnisse der Mitarbeiter adressiert, als vielmehr Selbstzweck ist. Google hat es
geschafft, dass seine Büroräume als das absolute Nonplusultra
moderner Arbeitsorganisation angesehen werden. Und fraglos
hat das Ambiente seinen Charme – und in weiten Teilen auch
durchaus einen Sinn. Wer sowieso nichts im Kühlschrank hat,
weil er alleine wohnt und an den Wochenenden Freunde in der
ganzen Welt besucht, der weiß zu schätzen, dass er sich auch
abends noch an warmen Gerichten, frischem Obst oder Süßig-
keiten bedienen kann, kostenlos natürlich. Und wer als digitaler
Nomade der Arbeit hinterherzieht und vor Ort nur ein über-
schaubares Netzwerk aus Freunden und Familie hat, für den
ist das Kickern am Abend, bevor man sich gemeinsam mit
den Kollegen vielleicht sogar noch einmal an den Schreibtisch
begibt, eher Mehrwert als lästige Pflicht. Für diese Klientel ist
Google mit seinem Rundum-sorglos-Paket natürlich eine ideale
Anlaufstelle – und die Wahrscheinlichkeit, dass man sich dort
in den nächsten Jahren schon allzu heftig mit dem Thema Fach-

kräftemangel auseinandersetzen muss, ist relativ gering. Aber es kann ja nicht jeder wie Google sein, oder?

Natürlich nicht, aber immerhin haben es einige Unternehmen – zumeist Start-ups – geschafft, auch mit deutlich niedrigeren Budgets ähnlich attraktive Strukturen zu schaffen. Dabei kommt es dann nicht darauf an, ob man nun in einem modernen Hochhaus aus Glas und Stahl oder in einem alten Fabrikgebäude sitzt. Jedes Unternehmen hat andere Bedürfnisse, insofern unterscheiden sich auch die Arbeitsflächen. Das war zwar schon immer so, aber die richtige Antwort für sich zu finden, ist inzwischen entscheidender – und schwieriger –, als es das früher war. Denn einerseits haben sich die Tätigkeiten immer weiter ausdifferenziert, andererseits hat durch den Rückgang des Gewerkschaftseinflusses der Zwang zur Vereinheitlichung abgenommen. Daher ist es nicht überraschend, dass auch Unternehmen aus der »Old Economy« sich immer häufiger aus der Deckung wagen und versuchen, vom Beispiel Google zu lernen. *Was würde Google tun?* heißt der Bestseller von Jeff Jarvis – und auf diese Frage versuchen seit einigen Jahren Legionen von Managern eine Antwort zu finden. Dabei ist die Frage falsch gestellt, denn wenn man nicht Google ist, sollte man auch nicht tun, was Google tun würde.

Auch Google hat nicht mehr die Antworten auf alle Fragen des modernen Arbeitens parat – nicht einmal mehr für sich selbst. Die Mitarbeiterschaft von Google hat einen Altersdurchschnitt, der noch so niedrig ist, dass eine große Herausforderung für die HR-Abteilung demnächst sein wird, dass in ein paar Jahren zum ersten Mal Mitarbeiter ins Rentenalter kommen. Während ein großer Teil der Angestellten – vornehmlich die Webentwickler – sich in einer Lebensphase befindet, in der Arbeit und Freizeit untrennbar miteinander verschmelzen, steigt gleichzeitig die Anzahl der Mitarbeiter, die mit Google gemeinsam erwachsen wurden. Für diese definiert sich Freiheit darüber, dass man abends pünktlich bei der Familie und regelmäßig in der Lage ist, die Fußballmannschaft des Sohnes zu trainieren. Gemeinsam haben beide »Altersgruppen« den Wunsch nach einem Arbeitsplatz, der sich dadurch auszeichnet, die Arbeit frei einteilen zu können, sich weitgehend hierarchiefrei zu bewegen und seine eigenen Ideen einbringen zu dürfen. Beiden Gruppen in ihren Gemeinsamkeiten und Unterschieden gerecht zu werden, darauf muss eine moderne Arbeitskultur Antworten finden. Wie das funktioniert, damit hat bisher nicht einmal Google Erfahrung gemacht.

Aber darum geht es den Nachahmern zunächst auch gar nicht. Als Arbeitgeber hätten sie schlicht nur gerne das gleiche Image wie der Silicon-Valley-Riese. Und so lässt sich viel zu oft beobachten, dass einzelne Teile von dem, was man für »googleesk« hält, nachgeahmt werden, ohne dass dahinter ein echtes Konzept stehen würde. Dann werden einzelne Flächen so gestaltet, wie man es von den Fotos aus einschlägigen Berichten aus der Start-up-Welt kennt. Die Kaffeemaschine genügt dann höchsten Ansprüchen, aber die angrenzenden Bereiche sitzen weiter in ihrer alten Welt, und die Führungskräfte beobachten weiter jede Zusammenkunft argwöhnisch. Es werden Rückzugsräume geschaffen, in denen man ruhig arbeiten könnte, und die vielleicht mit tiefen Ledersofas oder bequemen Sesseln ausgerüstet sind – aber leider haben die wenigsten Mitarbeiter einen Laptop. Und außerdem traut sich auch niemand, die neuen Möglichkeiten wirklich zu nutzen, weil man Angst hat, dass die Kollegen einem direkt den Hang zum Müßiggang unterstellen. Manche trauen sich sogar an Googles berühmte 20-Prozent-Regelung: An einem Tag in der Woche dürfen Mitarbeiter sich selbst initiierten Projekten widmen. Wer aber sowieso schon einen vor Aufgaben überquellenden Schreibtisch hat, wird diesen Tag bestenfalls zum Aufholen und Nacharbeiten seiner vorgegebenen Aufgaben nutzen.

Nun überraschen diese Ergebnisse bei näherer Betrachtung kaum. Es macht einfach keinen Sinn, blind ein Arbeitszeit- oder Arbeitsplatzkonzept oder Prinzipien der Zusammenarbeit von einem Unternehmen zu kopieren, das das Gegenteil von einem selbst ist. Dabei ist diese Erkenntnis auch schon der Schlüssel zur Lösung – zumindest in den meisten Fällen. In einem Produktmarkt würde man angesichts übermächtiger Konkurrenz auf die Suche nach einer passenden Nische gehen. Wer ein bisschen von allem anbietet, macht am Ende niemanden wirklich glücklich. Und er schafft es auch nicht, aus seinen Investitionen in neue Meetingräume, mobile Endgeräte, interne Wikis und Intranets mit Social-Media-Funktionen einen messbaren Mehrwert zu ziehen. Vor diesem Hintergrund sollte man in einem ersten Schritt sehr genau analysieren, welche Themen denn im jeweiligen Unternehmen besonders wichtig sind, welche Art von Mitarbeitern hierbei unterstützen können und welche Anforderungen diese stellen. Dann kann in einem nächsten Schritt genau an den definierten Baustellen – und nirgends sonst – mit Nachdruck angepackt werden.

Gute Beispiele dafür finden sich zum Teil auch dort, wo man sie sicher nicht vermuten würde. Die Deutsche Telekom als ehemalige Bundesbehörde galt lange Zeit nicht als besonders fortschrittliches Unternehmen. Der negative Kursverlauf ihrer einst zur Volksaktie ausgerufenen Anteilsscheine und die damit einhergehenden Klagen schadeten dem Unternehmensimage ebenso wie die Überwachungsaffäre im Jahr 2008. Die Voraussetzungen, um in einem ohnehin schon schwierigen Markt die Köpfe von sich zu überzeugen, die man brauchte, hätten damals besser sein können. Ein Imagewandel tat not – und der konnte langfristig nur erfolgreich erreicht werden, wenn er auf einem Kulturwandel basierte.

Einige Jahre später sieht man die Ergebnisse deutlich. Natürlich hat man auch heute noch nicht alle Baustellen im Griff, aber man hat es geschafft an einzelnen Schrauben zu drehen und dort durchaus Erfolge zu feiern. Treibender Kopf hinter dieser Entwicklung war der von 2007 bis 2012 amtierende Konzernpersonalvorstand Thomas Sattelberger. Er setzte schon früh auf ein Thema, das bis dahin noch kein großes deutsches Unternehmen offensiv besetzt hatte: die Frauenquote. Dabei war Sattelberger die Brisanz des Themas gerade unter seinen Manager-kollegen fraglos bewusst. Genauso dürfte er aber geahnt haben, dass es unter den Talenten, die die Telekom lange nicht mehr erreicht hatte, einige geben dürfte, die das Thema äußerst positiv aufnehmen würden.

Parallel zur verbissen geführten politischen Debatte trieb die Telekom das Thema Diversity Management, zu dem die selbst erklärte Frauenquote gehört, wie kein anderer DAX-Konzern voran und erweiterte den Themenbereich nach und nach. Und spätestens mit einer mutigen Anzeigenkampagne dürfte der Zielgruppe klar geworden sein, dass sich die entwickelten Angebote nicht nur an Frauen richten. »Wir sprechen genauso Männer an und rücken daher ganz allgemein die Work-Life-Balance in den Fokus der Kampagne«, lässt sich Jürgen Kuhn, als Programmleiter von Work-Life@Telekom, zitieren. Homeoffice, flexible Arbeitszeitmodelle und allgemein die Vereinbarkeit von Beruf und Privatleben standen bei der Kampagne mit dem Claim »Werde Chef Deines Lebens« im Mittelpunkt. Was bei anderen Unternehmen zu dem Zeitpunkt noch als etwas galt, was man auf Nachfrage der Mitarbeiter mit Zähneknirschen und Auflagen ermöglichte, wurde von der Deutschen Telekom plötzlich offensiv beworben. Dieser »Tabubruch« hatte Folgen. Und zwar positive.

Auch wenn Thomas Sattelberger das Unternehmen inzwischen verlassen hat – und an seiner Stelle eine Frau in den Vorstand aufgerückt ist –, geht man bei der Telekom den eingeschlagenen Weg weiter und taucht plötzlich auch in den einschlägigen Rankings als Positivbeispiel auf. So wird die ehemalige Bundesbehörde, die noch vor einigen Jahren als männlich dominiertes Bürokratiemonstrum galt, inzwischen als einer der attraktivsten Arbeitgeber für Frauen gehandelt. Dabei werden die entwickelten Angebote durchaus auch von den Männern geschätzt – und das Arbeitgeberimage hat sich deutlich verbessert. Gerade für börsennotierte Unternehmen ist es darüber hinaus zur Kurspflege auch relevant, wie die allgemeine

Wahrnehmung in der Öffentlichkeit ist. Während die Deutsche Bank auch wegen eines Ausrutschers ihres früheren Vorstandsvorsitzenden Josef Ackermann zum Thema Diversity mit einer Reihe negativer Kommentare zu kämpfen hatte, durften sich die Unternehmen, die beim selben Thema als Vorreiter gelten, über eine insgesamt positive Wahrnehmung in den Medien freuen – allen voran die Deutsche Telekom.

Das Gespür dafür, was Gesellschaft und Politik umtreibt, das Verständnis für die Veränderung von Werten, Ansprüchen und natürlich Technologien wird für Manager immer relevanter. Das gilt natürlich umso mehr, wenn man als Unternehmen selbst im Fokus der Öffentlichkeit steht oder sich in einer Branche bewegt, für die das gilt. Es ist vermutlich kein Zufall, dass die Telekom den Sprung nach vorne gerade unter einem Personalvorstand schaffte, der als hochpolitischer Kopf gilt. Die Werte, die er im Bereich Talententwicklung und Diversity Management vertrat, waren dieselben, für die er früher schon als Schüler und Student in der außerparlamentarischen politischen Bewegung gekämpft hatte. Ein wenig revolutionäres Denken – oder zumindest ein eigener politischer Kopf – hilft also offenbar bei der Bewertung von Chancen und Risiken. Insofern ist es auch nicht überraschend, dass Dr. Detlev Repenning, der Kopf hinter unserem nächsten Beispiel, sich selbst als »schon immer autoritätsfeindlich« bezeichnet, was sich auch in seinem Abiturzeugnis nachlesen lässt. Dort stand nämlich: »Stört ständig den Unterricht.« Und er wirkt nicht unglücklich, wenn er feststellt: »Die Mentalität habe ich mir bis heute behalten.«

Repenning ist Gründer und Geschäftsführer von zwei Unternehmen, die auf den ersten Blick wenig miteinander zu tun haben. Da ist zum einen die o. m. t GmbH, ein Technologieunternehmen mit Schwerpunkt auf Oberflächen und Beschichtungen, und zum anderen die ECC Repenning GmbH, die sich auf Lösungen zur Speicherung von Energie basierend auf Lithiumtechnologie spezialisiert hat. Erstere gründete Repenning im Jahr 1987 aus der Unzufriedenheit mit seinem ehemaligen Arbeitgeber heraus. »Ich hielt es für notwendig, parallel zum Kernprodukt die Forschung im Bereich Beschichtungen voranzutreiben, merkte aber, dass ich bei meinen Vorgesetzten keine wirkliche Begeisterung entfachen konnte. Da entschied ich mich, es einfach auf eigene Faust zu probieren«, erinnert sich Repenning. Mit seinen selbst entwickelten Beschichtungen hilft das Unternehmen in vielen Branchen wie der Automobilindustrie, der Medizin- und der Umwelttechnik, sparsame Lösungen umzusetzen, und beschäftigt maßgeblich am Standort Lübeck inzwischen 110 Mitarbeiter. Repenning hätte sicher alleine mit dem Aufbau von o.m.t guten Gewissens in Rente gehen können, aber auf die Idee kam er gar nicht. Als promovierten Physiker hatte ihn das Thema dezentrale Energiespeicherung sowieso immer schon interessiert, allerdings musste er über die Jahrzehnte immer wieder mit ansehen, wie Forschungsprojekte gestoppt wurden, wenn sich die politische und gesellschaftliche Großwetterlage änderte. Inzwischen sieht er diesbezüglich aber eine Umkehr. »Das Thema ist jetzt in den Köpfen, und es wird auch nicht mehr verschwinden«, ist sich Repenning sicher. Das veranlasste ihn dazu, mit dem Joint Venture ECC noch einmal einen Neuanfang zu wagen. Dabei machte er einige Dinge anders, als es vielleicht üblich wäre.

Zunächst wandte sich Repenning in Richtung Großstadt, weil ihm klar war, dass er in Lübeck Schwierigkeiten haben dürfte, die Spezialisten zu finden, die er brauchte, um in einem Zukunftsthema wie dem Bereich dezentrale Speicherung erfolgreich bestehen zu können. Im Hamburger Speckgürtel, genauer gesagt in Geesthacht, fand er ein Grundstück und die Leute, die er brauchte. »Für viele exzellente Facharbeiter ist unser Unternehmen die Möglichkeit, nicht mehr jeden Tag nach Hamburg einpendeln zu müssen«, freut sich Repenning. »Ansonsten sorgt die Aufbruchsstimmung in der Branche dafür, dass die Spezialisten im Bereich Speicherungstechnologie, die in Hamburg wohnen wollen, gerne nach Geesthacht kommen, weil sie so die Chance haben, an einer echten Zukunftstechnologie mitzuarbeiten.« Die Öffnung des Unternehmens, die man mit dem Gang ins Hamburger Einzugsgebiet erreichen wollte, ist damit schon ein Stück vorangekommen.

Die Vernetzung mit dem Großstadtpublikum, das eine relativ große Offenheit für Neuheiten für einen nachhaltigen und gleichzeitig modernen Lebensstil hat, hat Repenning allerdings mit einer anderen Aktivität noch sehr viel stärker vorangetrieben. So entschied er sich, in der Hamburger HafenCity, nicht unweit des neuen Anlegers für Kreuzfahrtschiffe, einen Concept Store zu eröffnen. Dieser lief unter dem Namen E-COLLECTiON und sollte zeigen, wie man mit modernen Technologien umweltfreundliche Lösungen finden kann, ohne dass man dafür Einschnitte bei der Lebensqualität hinnehmen muss. Der Schwerpunkt lag dabei auf dem Thema Mobilität – von top designten Motorrädern bis hin zu elektronisch betriebenen Skateboards –, beschränkte sich aber nicht darauf.

Der Store in der HafenCity stand jedem offen, zum Fragen, zum Schauen, zum Verweilen und zum Testen, und hat zwei maßgebliche Ziele voll erfüllt: Zum einen konnte über die Lage und die Offenheit sowie die verschiedensten Veranstaltungen, die in den Räumlichkeiten stattgefunden haben, eine Schnittstelle zum Endverbraucher geschaffen werden. Das ist gerade für ein Unternehmen, das ansonsten nur als Zulieferer fungiert, äußerst wertvoll, um den Puls des Marktes spüren und vorausschauend handeln zu können. Zum anderen betraten einige Kreuzfahrttouristen und andere Besucher den Laden, die sich später als potente Kontakte herausstellten. »Aus den Gesprächen haben sich drei große, internationale Aufträge ergeben. Hätten wir das versucht, mit Marketing in den einzelnen Ländern zu erreichen, es hätte uns Unsummen gekostet und wäre kaum so erfolgreich gewesen«, resümiert Detlev Repenning.

Das Prinzip der Offenheit in möglichst viele Richtungen beschränkte sich allerdings nicht auf Kunden und Mitarbeiter, sondern schloss auch potenzielle oder tatsächliche Konkurrenten mit ein. Ganz bewusst hatte E-COLLECTiON nicht nur die Produkte im Sortiment, die bei der o.m.t oder der ECC gefertigt werden, sondern man gab auch anderen Anbietern eine Plattform. Die Idee dahinter war so einfach wie revolutionär: Wenn man es schaffte, die Wahrnehmung von E-Mobility-Lösungen wie auch modernen, umweltfreundlichen Beschichtungs- und Beleuchtungslösungen insgesamt zu verändern, würde auch die Nachfrage nach Produkten in diesem Bereich anziehen – und dann würden o.m.t und ECC ganz automatisch mit davon profitieren. Dass es den Konkurrenten vielleicht ebenso geht, ist dann nur eine wenig störende Randnotiz. Anstatt also nur auf die Vermarktung der eigenen, für den Endkunden wenig relevanten Produkte zu setzen und viel Energie in die Bekämpfung der Wettbewerber zu stecken, bündelte man lieber die Kräfte, um ein für alle positives Ergebnis zu erreichen. Das ist ein Spirit, den man ansonsten am ehesten aus Start-ups kennt.

Wieder ganz anders aufgestellt hat sich Markus Hermelink, Volljurist mit einem MBA von der HHL in Leipzig und Inhaber einer erfolgreichen Anwaltskanzlei und Wirtschaftsberatung. Auf den ersten Blick macht er alles falsch, was man heute falsch machen kann. Anstatt in einem Palast aus Glas und Stahl in einer der hippen Großstädte sitzt er mit seiner Kanzlei in einem alten Bauernhaus in Glems, einem Stadtteil von Metzingen in Schwaben. Wer nach 17 Uhr in Markus Hermelinks Kanzlei anruft, darf nicht etwa damit rechnen, dass dort fleißige Junganwälte auf seine Aufträge warten und diese über Nacht abarbeiten. Der einzige Gesprächspartner, der einen unter der offiziellen Nummer erwartet, ist der freundliche Anrufbeantworter, der den potenziellen Kunden darauf hinweist, dass er sich bis zum nächsten Morgen gedulden müsse.

Eigentlich dürfte Hermelink keine größeren Kunden haben, die es von den Großkanzleien gewöhnt sind, dass ihre Ansprechpartner fast rund um die Uhr für sie erreichbar sind. Darüber hinaus müssten ihn heftige Nachwuchssorgen plagen. Denn er hat nicht nur den geografischen Nachteil, dass er in der Provinz sitzt, in Schwaben Vollbeschäftigung herrscht und der Kampf um gute Anwälte nicht nur zwischen den Kanzleien, sondern auch mit den großen, namhaften Firmen wie Daimler, Porsche, Bosch und Co. tobt. Vielmehr wollen die High Potentials der heutigen Zeit doch neben guter Bezahlung und Statussymbolen auch die Herausforderung nach dem Motto »Work hard, play hard«. Oder?

Hermelink hat für dieses Denken wenig übrig – schon aus persönlichen Gründen. Wenn man um acht Uhr mit der Arbeit anfängt, sollte man sein Tagewerk bis 17 Uhr erledigt haben, ist er überzeugt. Und außerdem möchte er abends eben auch mit seinen Kindern spielen. Natürlich ist er für absolute Notfälle per Handy erreichbar. Aber auch seine Kunden haben die Spielregeln akzeptiert und gehen entsprechend verantwortlich mit der Notfallnummer um. Wichtig ist in den meisten Fällen sowieso nicht die dauernde Erreichbarkeit, sondern die Transparenz über den Prozess. Und die gehört bei Hermelink wie selbstverständlich zum Serviceumfang. Bleibt noch die Frage, woher Hermelink seine Mitarbeiter rekrutiert. Und diese beantwortet sich recht schnell mit einem Blick auf die Geschlechterverteilung: Hermelinks Mitarbeiter waren in den letzten Jahren fast immer weiblich. Dabei ist das in keinster Weise einer Überzeugung geschuldet, sondern einfach ein Ergebnis der Rahmenbedingungen, die er anbietet. »Natürlich werde ich mit meinem Modell besonders attraktiv für Frauen, die Familie und Karriere unter einen Hut bringen wollen. Bei vielen großen Unternehmen müssten sie sich für eins von beiden entscheiden, bei mir können sie beides hinbekommen«, erklärt der Kanzleiinhaber. Inzwischen scheint sich aber auch hier der Wertewandel zu zeigen, denn seit einiger Zeit zeigen auch Männer zunehmend Interesse an Hermelinks Modell.

Wenn alle das Gleiche tun, kann es durchaus der bessere Weg sein, das Gegenteil davon zu tun. Denn klar ist auch: Kein Trend gilt für alle Menschen gleichermaßen, es gibt immer Ausnahmen. Für die einen mag es richtig sein, das zu tun, was

Google tun würde, für die anderen ist vielleicht eher Markus Hermelink ein Vorbild. Und für die meisten wird die Wahrheit irgendwo zwischen den beiden Extremen liegen. Deutlich geworden ist allerdings, dass die Unternehmensgröße, der Standort oder die Branche alleine kein Grund sind, warum es nicht auch anders gehen sollte, als man es immer gemacht hat.

Wir haben im Rahmen des zweiten Teils dieses Buches eine große Zahl von Unternehmen und ihren Umgang mit den Herausforderungen der Zeit portraitiert. So unterschiedlich die Beispiele im Detail auch sein mögen, so wenig die Branchen und Märkte der Unternehmen miteinander zu tun haben, so sehr haben die Projekte, Ideen und Maßnahmen doch eines gemeinsam: Sie atmen den Geist des Unangepassten. Das liegt vor allem daran, dass die Menschen dahinter das sind, was man gemeinhin wohl Querdenker nennt. Sie eint, dass sie es nicht einfach beim Status quo bewenden lassen, dass sie neugierig sind, dass sie sich ihre eigenen Gedanken machen und dass sie bereit sind, auch einmal gegen den Strich zu bürsten.

Auffällig ist auch, dass es sich ausnahmslos um politische Köpfe über das normale Maß hinaus handelt, die sich intensive Gedanken über gesellschaftliche Belange machen und ein breites, sehr diversifiziertes Netzwerk unterhalten. Das mag nun alles andere als unlogisch klingen, uns hat es aber überrascht, wie deutlich die Überschneidungen zu sehen sind. Denn wir haben nach diesem Typ Mensch nicht gesucht, sondern wir haben ihn auf der Suche nach Antworten zu Zukunftsfragen gefunden. Viele haben darüber hinaus die negativen Erfahrungen in vorherigen Positionen gemeinsam – und den Wunsch, es im eigenen Unternehmen besser zu machen. Ähnliche Situationen hat vermutlich fast jeder Manager selbst schon einmal durchlebt und sich ebenfalls geschworen, selbst anders führen zu wollen. Vielleicht ist das der erste Ansatzpunkt für all diejenigen, die sich nach Lektüre von zwei Dritteln dieses Buches fragen, wo sie mit der Veränderung anfangen sollen.

REMEMBER

- Die richtige Antwort auf die Frage, wie man seine Arbeitskultur attraktiv gestaltet, für sich zu finden, ist inzwischen entscheidender – und schwieriger –, als es früher war. Was die Gestaltung einer mitarbeiterorientierten Arbeitskultur angeht, kann man von Google einiges lernen. Dabei kommt es aber nicht darauf an, Google oder andere bekannte Arbeitgeber originalgetreu zu kopieren. Jedes Unternehmen hat eine andere Mitarbeiterschaft, und die haben andere Bedürfnisse.
- Wenn alle das Gleiche tun, kann der richtige Weg auch sein, gegen den Strom zu schwimmen. New Work, vernetztes Arbeiten, ist nicht für alle gleichermaßen attraktiv. Fest steht aber auch: Unternehmensgröße, der Standort oder die Branche sollten heute keine Ausrede mehr sein, warum es nicht auch anders gehen sollte, als man es bisher immer gemacht hat.

READ

- Jarvis, Jeff: Was würde Google tun? Wie man von den Erfolgsstrategien des Internet-Giganten profitiert. München, Heyne Verlag 2009
  Um Googles Strategien und Kultur ranken sich viele Legenden – hier kann man ihnen auf den Grund gehen und sich vom Spirit des Silicon-Valley-Riesen anstecken lassen.

TEIL 3

Die im zweiten Teil vorgestellten Unternehmen sind mit ihren Ansätzen, sich anders aufzustellen, erfolgreich. Wir wollen nachfolgend zeigen, dass das kein Zufall ist. Dafür beleuchten wir den Kontext, werfen an der einen oder anderen Stelle einen Blick auf die dahinter stehenden Prinzipien und bemühen Beispiele aus anderen Bereichen wie Kunst und Politik. Außerdem verankern wir die Beispiele in Theorien, die es schon lange vor unserer Zeit gab. Dieser Rundumblick soll einerseits zeigen, dass die angesprochenen Entwicklungen unumkehrbar sind, und kann andererseits dem Leser dabei helfen, genau die Maßnahmen zu erarbeiten, die für den eigenen Fall passend sind. Denn Beispiele können immer nur einen Impuls liefern, die Umsetzung sollte auf einer stabileren Basis geschehen und in den jeweiligen Kontext passen.

Das Gerüst stabilisieren

Gary Hamel – der amerikanische Managementguru – nennt sie die Poltergeister des Managements: die Vordenker der Industrialisierung des 20. Jahrhunderts. Sie spuken in den meisten Unternehmen bis heute herum und bestimmen Strukturen und Arbeitsweisen und vor allem: das Management. Hierarchien sind zwar flacher geworden, und Sozialkompetenzen gehören mittlerweile in den Anforderungskatalog an einen jeden Manager, aber im Grunde hat sich an der Lehre des Managements seit der ersten Hälfte des 20. Jahrhunderts nichts geändert. Das war lange Zeit auch legitim, denn die Grundsteine, die vor so langer Zeit gelegt wurden, waren fast ein ganzes Jahrhundert lang die Voraussetzung für unseren wirtschaftlichen Fortschritt. Die durch das Management ermöglichte Wiederzusammenführung der erbrachten kleinen Teilergebnisse machte Arbeitsteilung überhaupt erst möglich und zu einem erfolgreichen Modell.

Während sich unsere Technologien, die Gesellschaft und Wirtschaft als Ganzes besonders in den letzten wenigen Jahrzehnten in großen Sprüngen weiterentwickelt haben, scheint ausgerechnet die Art, wie Unternehmen geführt werden, in einer Zeitschleife festzustecken. »Haben wir das Ende des Managements erreicht?«, fragt Hamel nun. Denn wenn die westliche Demokratie die finale Antwort auf die ewige Suche der Menschheit nach politischer Selbstbestimmtheit ist, dann ist vielleicht auch das moderne Management, das sich in den letzten 100 Jahren etabliert hat, der Weisheit letzter Schluss, wie man die menschliche Arbeitsleistung möglichst effektiv organisiert.

Aber was, wenn nicht? Auch Hamel zweifelt daran angesichts der ungelösten Widersprüche, wenn zum Beispiel Innovationsprojekte und -abteilungen gegründet werden, aber keine Innovationskultur in Unternehmen herrscht und Mitarbeiter zu »Associates« berufen werden, ohne dass ihnen ein größerer Ermessensspielraum zugestanden wird. Ein Beispiel veranschaulicht, wie verheerend sich das auf die Marktposition eines

Unternehmens auswirken kann: Wer seinen Mitarbeitern mit auf den Weg gibt, dass sie immer noch effizientere Verbrennungsmotoren bauen sollen, während immer mehr potenzielle Kunden sich aus verschiedensten Gründen fragen, ob sie überhaupt noch ein Auto brauchen – oder wollen –, der veranlasst vielleicht wirklich den Bau der besten Autos mit unglaublich effizienten Motoren, löst aber nicht mehr die eigentlichen Probleme seiner Kunden. Was hinter diesem Problem steckt, bringt Jon Kolko, Direktor des Austin Center for Design in seinem Artikel mit dem Titel »Sensemaking« für *The Alpine Review*, auf den Punkt. Nachdem in der Vergangenheit Produktionsprozesse, Finanzwesen und Controlling immer weiter optimiert wurden und dabei durchaus eine ordentliche Portion Kreativität an den Tag gelegt wurde, sind diese Möglichkeiten inzwischen weitestgehend ausgereizt. Die damit einhergehende Kostensenkung hat es immer weiteren Bevölkerungsgruppen ermöglicht, ihre Grundbedürfnisse zu befriedigen, und so steigen jetzt ihre Ansprüche. Maslow lässt grüßen.

Um auch auf den nächsten Stufen der Bedürfnispyramide erfolgreich mitmischen zu können, gilt es daher, auch die anderen Bereiche des Unternehmens auf den neuesten Stand der Dinge zu bringen. Das kann aber nicht nach denselben Prinzipien geschehen wie zuvor in Produktion und Finanzwesen. Natürlich wird Effizienz weiterhin eine Rolle spielen. Der alleinige, zumeist kurzfristige Blick auf deren Steigerung wäre in den Bereichen HR, Innovation, Design und Co. allerdings nicht Teil der Lösung, sondern Teil des Problems. Die Lösung liegt nicht in der Optimierung der Themen selbst verborgen, sondern in der Optimierung des Gerüsts, das sie umgibt. Es führt also kein Weg daran vorbei, die Befriedigung anspruchsvollerer Bedürfnisse auch mit anspruchsvolleren Managementansätzen anzugehen.

Allein neue Spielarten der gleichen Managementidee werden dieses Dilemma nicht lösen können, ist Hamel überzeugt, und fordert stattdessen die Erarbeitung einer echten »Managementinnovation« – denn diese »hat das einmalige Potenzial, langfris-

tige Wettbewerbsvorteile für Ihre Firma hervorzubringen«.
Doch Hamel knüpft diesen Gedanken an eine schwierige Aufgabe: Wer sich der Herausforderung stellen will, ein zukunftsfähiges Management zu etablieren, wird nicht »folgen können,
sondern anführen müssen«. Die Best Practices anderer heute
noch führender Unternehmen zu kopieren kann nicht mehr
reichen. Denn die Nachahmung ihrer Wettbewerbsvorteile
wäre der Verzicht darauf, die eigene Vorreiterstellung in dem
Bereich anzustreben, der zukünftig über Erfolg oder Untergang
eines Unternehmens entscheidet. Wer diese freiwillige Begren-
zung der Kampfzone nicht weiter hinnehmen möchte, muss
seine ganz individuelle, auf die Besonderheiten des Unternehmens angepasste Lösung finden.

Start-ups fällt die Entscheidung einfach, sie haben nämlich
keine Wahl. Bei ihnen ist es sowieso die »unsichtbare Hand« des
Marktes, die die Abläufe im Unternehmen lenkt. In solch einer
Atmosphäre ist es wenig zielführend, eine klare Managementstruktur nach wirtschaftswissenschaftlichem Vorbild zu etablieren, geschweige denn einen alleinigen Boss zu benennen. Die
gemeinsam erarbeitete Mission ersetzt den Chef, sie formt die
Aktivitäten, und alles ordnet sich ihr unter. Die sich mit der
Zeit etablierende Managementstruktur und -kultur darf ihren
wichtigsten Wettbewerbsvorteil und ihre Existenzberechtigung –
die Orientierung am Markt – nicht aufgeben und bedarf dann
nur selten einer Überarbeitung. Aber wie sieht eine entsprechende Lösung für ein etabliertes Unternehmen aus? Die Antwort darauf muss sich jedes Unternehmen selbst erarbeiten –
ein möglicher Weg dorthin soll hier skizziert werden.

Fraglos ist die Umsetzung einer neuen Managementidee in
einem etablierten Unternehmen nur möglich, wenn man bereit
ist, die Unternehmensregeln komplett umzuschreiben. Ein
praktischer Ansatz, der den Mechanismen, wie sich Start-ups
Problemen nähern, sehr nahe kommt, ist Design Thinking, also
»erfinderisches Denken mit radikaler Kunden- beziehungsweise
Nutzerorientierung. Es basiert auf dem Prinzip der Interdiszi-

plinarität und verbindet in einem strukturierten, moderierten Iterationsprozess die Haltung der Ergebnisoffenheit mit der Notwendigkeit der Ergebnisorientierung«, wie der bereits vorgestellte Juergen Erbeldinger und Wirtschaftsjournalist Thomas Ramge in ihrem Buch *Durch die Decke denken* schreiben. Das Buch zeigt zunächst auf, wie man mit Design Thinking Meetings, Workshops und Projekte im Unternehmen ergebnisorientierter durchführen kann, macht dann aber auch vor der Organisation als Ganzes nicht halt. Ihre eigene Erfahrung bei der Neustrukturierung der partake AG zeigt, dass sich Design Thinking neben vielen anderen Bereichen auch als ganz konkrete Herangehensweise an offene Fragestellungen für die Innovation von Management und Organisationsstrukturen anwenden lässt, weil es das Potenzial hat, Unternehmensstrategien und Geschäftsmodelle grundsätzlich infrage zu stellen und neue Antworten zu finden. Oder wie es die beiden Autoren beschreiben: »Design Thinking macht es möglich, systematisch gedankliche Glasdecken zu durchbrechen.«

Eine ausführliche Definition und Beschreibung der Vorgehensweise findet sich auch im Buch *Design Thinking. Business Innovation* von einer Gruppe brasilianischer Autoren. Dort wird erklärt, dass das gängige Verständnis von Design verkürzt ist, bei dem es maßgeblich um die Gestaltung, das Erscheinungsbild geht. Bei Design Thinking geht es darum, Lösungen zu finden, die Menschen das Leben möglichst angenehm gestalten. Um dieses Ziel zu erreichen, muss zunächst das Problem als solches identifiziert und definiert werden. Das mag sich banal anhören, ist aber einer der wichtigsten Schritte, gibt es doch im schlimmsten Falle so viele unterschiedliche Problemdefinitionen, wie es potenzielle Nutzer gibt. Deren Denkmuster zu verstehen ist die Voraussetzung, um passende Lösungen zu entwickeln. Dafür ist es unabdingbar, auf die eine oder andere Art in ihre Lebenswelten einzutauchen und verschiedene Perspektiven einzunehmen – und vor allem, für Kritik und Änderungsvorschläge offen zu sein. Alleine, ohne Interaktion und Kollaboration, ohne dauernde Iteration und konstantes Lernen, ist ein Erfolg kaum denkbar, denn Fehler ermöglichen Erkenntnisse, die helfen, alternative Kurse und Innovationsmöglichkeiten zu entwerfen.

Wer sich mittels Design Thinking der Herausforderung »Managementinnovation« nähert, wird also schnell merken, dass er zwar eine neue Rolle für sich als Manager finden muss, alleine aber aufgeschmissen ist. Die Mitarbeiter sind der Schlüssel für das Gelingen von Managementinnovation. Arbeitnehmer haben sich in den letzten Jahren bereits zunehmend auf die Veränderungen am Markt eingelassen, sich weitergebildet und emanzipiert. Zu ihrem Kompetenzprofil gehören nun auch Kommunikationsfähigkeit, Team- und Integrationsfähigkeiten, Sprach- und Kulturkenntnisse sowie Eigenschaften wie Offenheit und Flexibilität. Der moderne Manager muss nun einen Ansatz finden, der den Anforderungen seiner aufgeklärten Mitarbeiter an mehr Mitbestimmung und Selbstbestimmtheit gerecht wird – ähnlich der modernen Demokratie, die sich zwar als das überlegene politische System durchgesetzt hat, in immer weiteren Optimierungsschleifen aber zunehmend unter der Beteiligung der Menschen das gesellschaftliche Zusammenleben aufgeklärter, emanzipierter Bürger organisiert.

Einer solchen Herangehensweise muss allerdings ein Wandel des Menschenbildes vorausgehen. Denn klar ist: Wer in einem offenen Prozess wie dem des Design Thinking die Potenziale seiner Mitarbeiter freisetzen und die zunehmende Komplexität für sich nutzen möchte, muss vor allem auf Führung durch Vorgaben und Kontrolle verzichten. »Moderne Führung kann nicht einfach auf Anweisungen bauen, weil es die Kompetenz der Mitarbeiter zur Situationsbeurteilung und Entscheidungseinschätzung braucht«, schreibt Birger P. Priddat, Professor für Politische Ökonomie an der Universität Witten/Herdecke in seinem Buch *Organisation als Kooperation*. Die Hauptaufgabe moderner Manager besteht darin, die Mitarbeiter zu relativ selbstständiger Aufgabenerledigung zu bringen, wobei sie selbst zum diplomatischen Beobachter von teilselbständigen Prozessen werden. Damit sind nicht, wie immer wieder fälschlicherweise behauptet wird, das Setzen und die Kontrolle von Zielen gemeint, kombiniert mit größtmöglichem Freiraum, was den Weg zur Zielerreichung betrifft. Vielmehr legt der moderne Manager nur noch die Rahmenbedingungen fest, unter denen der Mitarbeiter selbständig auf Basis seiner Erfahrung sowohl seine Ziele definiert als auch seine Arbeit selbst reflektiert. Manager sind dabei von der unmittelbaren Führung entlastet und können sich auf das Coaching der Mitarbeiter sowie die Betreuung von strategischen Projekten konzentrieren.

Um die Potenziale der Mitarbeiter wirklich zur Entfaltung kommen zu lassen, muss auch die Unternehmensorganisation stimmen. Die Anforderungen an Fach- und Führungskompetenzen klaffen je nach Aufgabe immer weiter auseinander. Und das muss sich auch in Entwicklungsmöglichkeiten und Karrierepfaden niederschlagen. Wenn Führungskräfte in erster Linie für die Auswahl der richtigen Mitarbeiter und deren Motivation zuständig sind, wäre es absurd, die Besetzung von Führungspositionen maßgeblich anhand von fachlichen Qualifikationen vorzunehmen. Dass das in vielen Unternehmen immer noch der Fall ist, ist unbestritten und hat insbesondere auch damit zu tun, dass Fach- und Führungslaufbahn entweder gar nicht nebeneinander existieren oder zumindest nicht als ebenbürtig angesehen werden. Aber wenn ein Fortkommen im Unternehmen zwangsläufig mit der Übernahme von Führungsaufgaben zu tun hat, streben verständlicherweise auch diejenigen Mitarbeiter diesen Weg an, deren Kompetenzen vor allem in fachlichen Fragen liegen. Doch so verlieren am Ende alle.

Für ein System, das auf Führung als Motivation und Unterstützung zum Selbstmanagement basiert, sind die falschen Leute in leitenden Positionen wie Wasserrohre aus Blei in Altbauten: Man fällt zwar nicht sofort tot um, aber die Langfristwirkung ist nicht weniger gefährlich. Wo Führung immer anspruchsvoller wird, muss die fachliche Laufbahn aufgewertet werden, um jedem verdienten, motivierten und leistungsfähigen Mitarbeiter eine Perspektive zu geben, die nicht nur Geld und Prestige bringt, sondern in erster Linie seinen Fähigkeiten entgegenkommt. In einer Umstellungsphase muss das Management den Fokus darauf legen, dem bestehenden Mitarbeiterstamm die neuen Prinzipien näherzubringen. Dazu bedarf es zuallererst Führungspersönlichkeiten, die sich den Entwicklungen stellen, wie die Hamburger Organisations- und Changeberaterin Vanessa Boysen aus ihrer täglichen Erfahrung zu berichten weiß. Und auch die Einstellung zum Thema Führung muss den Ansprüchen der neuen Zeit genügen. Boysen konkretisiert: »So jemand inspiriert häufig mehr, als dass er im klassischen Sinne führt. Das wiederum zieht unweigerlich Mitarbeiter an, die einen inspirierenden Rahmen mehr schätzen als kleinteilige Vorgaben und die von sich aus besser mit Veränderungen umgehen können.« Und das wiederum beschleunigt den Prozess.

Detlef Gürtler – Chefredaktor des Wissensmagazins *GDI Impuls* – denkt noch einen Schritt weiter. Er sieht das finale Ziel nicht darin, Menschen optimal einzusetzen oder die zu finden, die bereit sind, sich den Regeln des Systems unterzuordnen und dabei auch noch selbst zu denken. Vielmehr glaubt er, dass man diejenigen finden muss, die gar keine expliziten Regeln bräuchten, weil sie ganz intuitiv im Einklang mit den Überzeugungen des Unternehmens handeln. Er nennt das eine »Ipsokratie«, zusammengesetzt aus den lateinischen Wörtern für »selbst« und »herrschen«. Die Abgrenzung zur Demokratie, die man damit fast automatisch assoziiert, erklärt Gürtler dabei in seinem Aufsatz *Zukunft der Führung* so: »In der Demokratie wird ein Gesetz verabschiedet, welches das Ausspucken von Kaugummis verbietet, eine Verordnung erlassen, die die Umsetzung des Gesetzes regelt, und die Polizei angewiesen, die Einhaltung der Verordnung zu kontrollieren. In der Ipsokratie spuckt man einfach keine Kaugummis auf die Straße.« Gürtler sieht die Personalauswahl in einer Organisation, in der die Mitarbeiter maßgebliche Entscheidungen treffen, als letzten zentralen Punkt des Managements an. »Die legendäre Sorgfalt, die der frühere General-Electric-CEO Jack Welch auf die Auswahl der wichtigsten Manager des Konzerns verwandte, würde in einem Unternehmen, in dem die Mitarbeiter alles selbst entscheiden, bei der Auswahl jedes einzelnen Beschäftigten eingesetzt werden.«

Dabei sollte man nicht glauben, dass es darum geht, dass immer alle einer Meinung sind. Im Gegenteil. So schreibt auch Tim Leberecht, vormals Vizepräsident bei der global tätigen Innovationsberatung frog design, in seinem Artikel »How To Nurture Your Company's Rebels, And Unlock Their Innovative Might«, dass es nicht nur darum geht, Freiheiten zu gewähren und darauf zu setzen, dass die richtigen Mitarbeiter diese dann auch im produktiven Sinne des Unternehmens nutzen. Er spricht sich vielmehr dafür aus, innerhalb der gemeinsamen Überzeugungen ganz gezielt eine »Opposition« innerhalb des Unternehmens zu befördern.

Eine konstruktive Opposition ist ein Wert an sich. Denn sie sorgt dafür, dass man es sich nicht einfach nur leicht macht – was in Organisationen, in denen alle ähnlich ticken, durchaus eine Gefahr ist. Die Abwesenheit von Spannung sorgt nur in den seltensten Fällen für Höchstleistungen. Darüber hinaus sorgen die unternehmensinternen Gegner oftmals für eine Ausweitung der Zielgruppe, weil sie Gedanken in den Prozess bringen, die sonst nicht mit bedacht würden. Und sie entschärfen die Gefahr von außerhalb der Organisation. Denn »Unternehmen, die es nicht schaffen, interne Opposition zu ermöglichen, können ohne Schutz von externer Opposition erwischt werden und sind dann zu langsam in der Reaktion darauf«, wie es Leberecht beschreibt. Es reicht allerdings nicht, eine interne Opposition zu haben und ihr zu kommunizieren, dass sie wertgeschätzt wird, sondern man muss auch sicherstellen, dass diese Aussage als glaubhaft wahrgenommen wird. Wirkt sie wie ein Lippenbekenntnis, werden die Mitarbeiter aus Angst vor dem Jobverlust skeptisch bleiben. Bei der Synaxon AG, die wir im zweiten

Teil bereits vorgestellt haben, führte das zu der Entscheidung, LiquidFeedback einzuführen – mit der Möglichkeit, anonym zu bleiben.

Unterschiedlichste Menschen zur Kooperation zu bringen ist eine Fähigkeit, die insbesondere dann herausgefordert wird, wenn die Unterschiede zunehmen. Organisationen, die in ihrem Wandlungsprozess nicht schnell genug vorankommen, suchen daher oft Möglichkeiten nach einer Abkürzung, indem sie junge Wissensarbeiter einstellen. Für moderne Manager heißt das zunehmendes Integrations- und Diversity-Management, wenn sie die Kooperation eigentlich inkompatibler Mentalitäten erreichen wollen. Den Übergang einmal geschafft zu haben ist dabei die halbe Miete, wie nicht nur die Beispiele aus dem zweiten Teil deutlich machen. »Für die nächste Generation sind die neuen Prinzipien dann Standard, für die wäre ein Schritt zurück keine Erlösung, sondern würde für Unverständnis und Widerstand sorgen«, beobachtet auch Vanessa Boysen in ihrer Beratungspraxis. *Per Anhalter durch die Galaxie*-Autor Douglas Adams hat dies bereits 1999 in einem Gastbeitrag für die Sunday Times mit seinen Worten beschrieben: »Alles, was schon da ist, wenn man geboren wird, ist normal. Alles, was erfunden wird, bevor man 30 wird, ist unglaublich spannend und kreativ und mit ein bisschen Glück kann man seine Karriere darauf aufbauen. Alles was erfunden wird, nachdem man die 30 überschritten hat, empfindet man als gegen die natürliche Ordnung und als den Anfang vom Ende der Zivilisation wie man sie kennt – bis es sich nach etwa zehn Jahren nach und nach in Ordnung anzufühlen beginnt.« Der Anspruch muss sein, diesen Prozess vom Alter unabhängig zu gestalten und vor allem zu beschleunigen.

REMEMBER

- Wenn alle klassischen Optimierungsmöglichkeiten – Produkt, Prozesse, Geschäftsmodelle – ausgereizt sind, lassen sich Wettbewerbsvorteile nur noch durch Managementinnovation erreichen. Dabei reicht es nicht, die Best Practices anderer Unternehmen zu kopieren. Vielmehr muss jedes Unternehmen seine ganz eigene, auf seine Besonderheiten angepasste Managementinnovation entwickeln.

- Design Thinking – verstanden als vielseitiges Methodenset auf Basis des Denkens von Designern – kann helfen, sich aus strategischen Sackgassen zu befreien, weil es das Potenzial hat, Unternehmensstrategien und Geschäftsmodelle grundsätzlich infrage zu stellen.

- Jede neue Organisationsstruktur wird erst durch neues Denken und Handeln aller Mitarbeiter zum Leben erweckt. Es bedarf daher eines neuen Typus Führungskraft, der die Potenziale seiner Mitarbeiter freisetzen und vor allem auf Führung durch Vorgaben und Kontrolle verzichten kann. Das Leben und Erleben von mehr Mitbestimmung, Selbstbestimmtheit und Selbstentfaltung sind der Schlüssel für den Erfolg von Managementinnovation im Unternehmen.

- Diversität in Teams ermöglicht es, querzudenken, zu hinterfragen, sich permanent zu erneuern. Es ist niemandem geholfen, wenn sich im Unternehmen alle einig sind und man dann gemeinsam in die falsche Richtung steuert. Interne Opposition ist hilfreich, um sich gegen externe Opposition zu rüsten.

READ

- Adams, Douglas: »How to Stop Worrying and Learn to Love the Internet«. In: The Sunday Times, 29. August 1999
  Nicht nur lesenswert wegen seiner prägnanten Aussage zur negativen Korrelation von Alter und Offenheit für Neues – und auch NICHT nur im Kontext des Internets zu verstehen.
- Erbeldinger, Juergen; Ramge, Thomas: Durch die Decke denken. München, Redline Verlag 2013
  Ein schön gestaltetes Buch mit vielen praxisorientierten Tipps zum Thema Design Thinking, die sich sofort im Unternehmen anwenden lassen.

- Gürtler, Detlef: Die Zukunft der Führung. Eine Trendstudie. Zürich, Schweizerisches Institut für Betriebsökonomie 2013
  Ein guter Überblick über die Themen, mit denen sich Führungskräfte in den nächsten Jahren konfrontiert sehen dürften – und mit denen sich daher eine Auseinandersetzung lohnt.
- Hamel, Gary: The Future of Management. Boston, Harvard Business Review Press 2007
  Hamel ist nicht umsonst einer der meistgelesenen Managementdenker. The Future of Management bringt viele kluge Gedanken in die Diskussion und verknüpft sie mit bekannten und daher nachvollziehbaren Beispielen.
- Kolko, Jon: »Sensemaking«, In: The Alpine Review, 1/2013
  Es ist kein Zufall, dass sich gerade ein Designer in einem Heft mit einem hohen ästhetischen und inhaltlichen Anspruch Gedanken über die Zukunft der Wirtschaft macht. Sensemaking ist in Zukunft mehr als quantitative Optimierung, das wird bei Kolko deutlich.
- Leberecht, Tim: »How To Nurture Your Company's Rebels, And Unlock Their Innovative Might«. In: Fast Company Design, 24.09.2012, http://www.fastcodesign.com/1670668/how-to-nurture-your-companys-rebels-and-unlock-their-innovative-might
  Alleine schon lesenswert, weil Leberecht mit diesem Text die Denkschraube noch ein wenig weiter dreht als die meisten anderen Managementdenker.
- Priddat, Birger P.: Organisation als Kooperation. Wiesbaden, VS Verlag 2010
  Priddats Werk ist sicherlich eines der besten deutschsprachigen Bücher, wenn es um die Entwicklung von Organisationstheorien insgesamt und die Hintergründe der Netzwerkökonomie im Besonderen geht.
- Russo, Beatriz et al.: Design Thinking. Business Innovation. Rio de Janeiro, MJV Press 2012
  Ein guter, multidisziplinärer Blick auf das Thema Design Thinking, dazu auch noch mit einem anderen kulturellen Hintergrund und kostenlos einsehbar.

Weg mit den Scheuklappen

»Spiel nicht mit den Schmuddelkindern!«, dieser Satz scheint bis heute in elitären Kreisen zu gelten. Man bleibt lieber unter sich, auch wenn es in Mitteleuropa meistens nicht so weit geht, dass man sich in Parallelwelten hinter Mauern und Stacheldraht zurückzieht, wie es inzwischen in den »Gated Communities« rund um den Globus zu beobachten ist. Auch im professionellen Umfeld halten sich die Menschen lieber an die, die genauso ticken wie sie selbst. Das vermittelt das Gefühl der Zugehörigkeit und Stabilität. Die Kehrseite dieses Denkens ist, dass die Anknüpfungspunkte zum Rest der Welt verloren gehen. Damit ist das größte Problem homogener Gruppen eigentlich schon beschrieben: Es mangelt an Reibungsflächen zwischen den verschiedenen Welten. Und das, obwohl genau dort, irgendwo an der Peripherie, aus den Diskrepanzen Veränderung geboren wird.

Genau solch eine Reibungsfläche ist das Silicon Valley, dessen größtes Potenzial das weltweit einmalige Neben- und Miteinander von Alt-Hippies und Computer-Nerds, Finanzinvestoren und Ingenieuren, Unternehmern und Managern aus aller Herren Länder mit den unterschiedlichsten kulturellen Hintergründen ist. In dieser ganz besonderen Atmosphäre entsteht die kreative Mischung, aus der dauernd neue Ideen, innovative Produkte und den Markt revolutionierende Geschäftsideen erwachsen. Das Valley hat den Aufstieg von Legenden wie Apple, Google und eBay ermöglicht, und Unternehmen wie Pixar und Nvidia, Facebook und Dell und unzähligen Start-ups eine Heimat gegeben, von denen viele unsere Zukunft maßgeblich prägen werden.

Der fruchtbare Boden dafür sind die Vielfalt und die daraus entstehende Toleranz, gemeinsam mit dem Aufeinandertreffen von Wirtschaft, Wissenschaft und Gegenkultur. Denn auch wenn man sich zunächst nur die lähmenden Effekte vorstellen mag, sind die Potenziale, die sich aus dieser Vernetzung von Gegenkultur und Kapitalismus ergeben, enorm. Das haben auch schon Sascha Lobo und Holm Friebe 2006 in ihrem Bestseller *Wir nennen es Arbeit* festgestellt: »Tatsächlich hat die sogenannte Gegenkultur dem Kapitalismus mehr genützt als geschadet. Alle Suchbewegungen der Bohème nach alternativen Lebensentwürfen, humaneren Produkten und bedeutsamen Erfahrungen haben ihm neue Impulse verliehen und Marktlücken entdeckt. Alternative Musikgenres, Öko-Supermärkte und touristische Fernreisen folgen den Pfaden, die zuerst von der Hippie-Gegenkultur beschritten wurden.«

Genau diesen Pfaden wollen wir für einen Moment folgen. Geprägt von der allgemeinen Gegenkultur der späten 1960er- und 1970er-Jahre, bildeten die kalifornischen Hippies mit ihrer ablehnenden Haltung gegenüber zentralisierter Autorität die ideologische Grundlage, auf der die Revolution des dezentralen, führungslosen Internets und des Personal Computings aufbauen konnte. Je nachdem, wem man aber zuhört, wird das Valley mal als eine Erfolgsgeschichte der Hippiebewegung gewertet, dann wiederum wird der Erfolg dem amerikanischen Verteidigungsministerium in Kooperation mit der Stanford University zugeschrieben. Die Wahrheit liegt vermutlich genau dazwischen, genauer gesagt in den Diskrepanzen und Reibungsflächen dieser beiden Gruppen. Die großen Strukturen waren im Falle des Valley tatsächlich zuerst da. Nachdem sich Professor Frederick Terman von der Stanford University schon in den 1930er-Jahren lange genug darüber geärgert hatte, dass die Elektrotechnikingenieure nach dem Studium lieber an die Ostküste gingen, besorgte er staatliche Gelder, um in der Region, die heute das Silicon Valley ausmacht, das Gründerzentrum »Stanford Industrial Park« einzurichten. Nach ersten erfolgreichen Projekten, wie dem speziellen Oszillator von William Hewlett und David Packard aus dem Jahre 1938, vergab der amerikanische Staat zunehmend Gelder an technologische Forschungsprojekte – ganz zeitgemäß am liebsten mit militärischem Bezug. So begann die Rüstungsindustrie diverse Forschungszentren im Valley einzurichten. Unabhängig voneinander begannen Nobelpreisträger William Shockley und das Rüstungsunternehmen Lockheed den Halbleiter Silizium (die englische Übersetzung ist »silicon«) herzustellen, aus dem schließlich der Namen der Region hervorging. Er bildet die Hauptkomponente integrierter Schaltkreise – besser bekannt als Mikrochips –, aus denen unsere Computer hauptsächlich bestehen.

In dieser Zeit zogen mehr und mehr Forschungsinstitute wie das Technologieforschungszentrum ARPA (heute DARPA) des Verteidigungsministeriums ins Valley. Dort wurde auch das »Advanced Research Projects Agency Network« – kurz: Arpanet – entwickelt, der Vorläufer unseres heutigen Internets. Es war als dezentrales Netzwerk konzipiert, das unterschiedliche US-amerikanische Universitäten, die für das Verteidigungsministerium forschten, miteinander über Telefonleitungen verband. Studenten entwickelten 1980 dieses Arpanet weiter zum Usenet, einer Art fachliches Diskussionsforum, das parallel zum World Wide Web noch heute existiert und ebenfalls wie Arpanet dezentral gehostet ist und keinen Administrator hat.

Die Geburt des Silicon Valley war also eine Erfolgsgeschichte der Wissenschaft, die mit staatlichen Fördergeldern und der Unterstützung der Rüstungsindustrie möglich wurde. Das zog im universitätsnahen Umfeld zunächst vor allem große Player aus dem Bereich der Großcomputer an, aber prägen sollte die Mentalität des Valley eine andere Idee. In den 1960er-Jahren streckte die Hippiebewegung, deren Hochburg ja nicht weit entfernt lag, langsam ihre Fühler ins Valley aus. Sie brachte vor allem ihre Abneigung gegen Autoritäten und akkumulierte Macht und damit gegen Großcomputerstrategien, wie sie IBM lebte, mit. Und weil sie begannen, diese in Form von Alternativen zu leben, ist das, was heute mit dem Silicon Valley verbunden wird, maßgeblich den Hippies zu verdanken, wie der amerikanische Autor und Alt-Hippie Stewart Brand in seinem *Time Magazine*-Artikel »We owe it all to the Hippies« schreibt: »Der größte Teil unserer Generation verachtete Computer als Inbegriff zentralisierter staatlicher Kontrolle. Aber eine kleine

Gruppe – später ›Hacker‹ genannt – nahm die Computer begeistert an und machten sich daran, sie in Werkzeuge der Befreiung zu verwandeln. Das stellte sich als der wahre Königsweg in die Zukunft heraus. ›Frag nicht, was dein Land für dich tun kann. Tu es selbst‹, sagten wir, den Aufruf aus Präsident Kennedys Antrittsrede fröhlich veräppelnd.«

Die »technophilen Träumer«, die Brand umgaben, mit ihrer Begeisterung für Science-Fiction und Freiheit, wurden zum Auslöser einer neuen Dynamik und der neuen Ideologie im Silicon Valley. Ihr Credo: »Der Zugang zu Computern soll unbegrenzt und allumfassend sein. Alle Information soll frei sein. Misstraue jeder Autorität – fördere Dezentralisierung. Du kannst Kunst und Schönheit am Computer erschaffen. Computer können dein Leben zum Besseren verändern.« So porträtierte der amerikanische Technologiejournalist und Autor Steven Levy, der ebenfalls damals im Valley mitmischte, als Erster in seinem 1984 erschienenen Buch *Hackers. Heroes of the Computer Revolution* die Ethik der Hacker, wie sie nicht nur damals untereinander galt und gelebt wurde, sondern sich bis heute durchsetzte.

Unter ihnen war der wohl berühmteste Pionier der Personal-Computer-Revolution: Steve Jobs. Aus San Francisco stammend, mit dem liberalen Weltbild der Zeit aufgewachsen, brach er ohne Abschluss das College schon nach wenigen Monaten wieder ab und hangelte sich mit verschiedenen Jobs in der ansässigen Computerbranche durchs Leben, bis er schließlich das erste Mal selbst gründete. Jobs' mittlerweile im Allgemeinwissen der Welt verankerter Weg vom technologiefaszinierten Hippie zum »Vater der digitalen Revolution« steht stellvertretend für die Erfolge, die aus der Verbindung der damaligen Kultur mit ihrer Gegenkultur hervorgingen und heute nicht mehr wegzudenken wären. Sein berühmtes Lebensmotto »Stay hungry – stay foolish« hatte er dem *Whole Earth Catalogue* entlehnt, einem Katalog der amerikanischen Gegenkultur – gegründet und betrieben vom bereits zitierten Alt-Hippie Stewart Brand.

Dass dieser Satz, der heute nur noch mit Apple verbunden wird, einst vom Zentralmedium der Revolutionäre geprägt wurde, zeigt, wie im Laufe der Zeit Kulur und Gegenkultur miteinander verschmelzen.

Beim Beispiel Steve Jobs handelt es sich auch gar nicht um einen Zufall, sondern es steckt ein fast schon verlässlicher Mechanismus dahinter. Umair Haque versucht in seinem Buch *The New Capitalist Manifesto* in Worte zu fassen, wie sich die klassischen Denk- und Handlungsweisen verändern müssen, um zukunftsfähig zu sein. Erschienen im Jahr 2011 kann man für alle Entwicklungen, die er einfordert, inzwischen erfolgreiche Praxisbeispiele finden. Wenn man aber einmal anschaut, woher die Gedanken überhaupt kommen, wird auch hier wieder deutlich: Ideengeber war die Gegenkultur. Egal ob der *Value Cycle*, also die Kreislaufwirtschaft, als Nachfolger des *Value Chain*-Konzepts, die Weiterentwicklung des klassischen, marketinggetriebenen Brand Management hin zu einer Dialogorientierung, die dem Kunden Mitsprachemöglichkeiten eröffnet, oder die Ersetzung von Abschottungsversuchen gegenüber der Konkurrenz durch kreative Weiterentwicklung als Abgrenzungsmerkmal: Immer stecken die Ideen einer demokratischeren, kreativeren, dezentraleren, sozialeren und nachhaltigeren Welt dahinter.

Das hört sich zunächst vielleicht ein wenig realitätsfern an, aber bei einem näheren Blick wird schnell deutlich, dass Entwicklungen, die aus einem Hirngespinst, einem Traum, dem Glauben an eine bessere Welt geboren wurden, schon oft genug die Wirtschaft grundlegend verändert haben. Womit wir auch wieder bei der schon beschriebenen Idee des 3-D-Drucks sind. Am Anfang stand die Idee einiger Ingenieure, ein Verfahren für die Produktion von Sonderanfertigungen zu entwickeln, das kaum Abfall produziert. Außerdem sollte es möglich werden, Ersatzteile für Produkte herzustellen, die normalerweise auf dem Müll landen würden, weil eine Reparatur unwirtschaftlich wäre. Noch dazu sollte das Verfahren einfacher sein als zum Beispiel die gängige Spritzgusstechnik, die besonders durch das

Anfertigen und Auswechseln der Formen ein aufwendiger Prozess ist. All das wurde mit der Erfindung von 3-D-Druck-Verfahren erreicht. Und ganz nebenbei entwickelte sich daraus mit der Zeit ein Produktionsverfahren, das sich dadurch auszeichnet, dass es via Computer für jedermann einfach zu bedienen ist. Mit dem Auslaufen wichtiger Patente geriet die Technologie in die Hände der Hacker- und Bastlergemeinde – in der Szene oft »Tinkerer« genannt –, die darin eine Chance sah, ein industrielles Produktionsmittel für weite Teile der Bevölkerung zugänglich zu machen. Mit der fortschreitenden Entwicklung der Technologie sind 3-D-Drucker mittlerweile für den Durchschnittsbürger erschwinglich geworden. Gleichzeitig entsteht mit der Weiterentwicklung und der zunehmenden Erfahrung im Umgang mit 3-D-Druckern wiederum die Basis für kreative, auf den neuen Produktionsmethoden basierende Geschäftsmodelle. Spätestens dann ist man weit über die gegenkulturelle, ökologische Komponente hinaus und erreicht den Punkt, wo es auch für andere wirtschaftlich interessant – weil effizient – wird.

So weit, so gut. Doch nun stellt sich natürlich die Frage: Wie kommt man überhaupt ins Gespräch? Gegenkultur ist ein Begriff, unter dem man keine Nummer im Telefonbuch findet. Die Spanne derjenigen, die sich unter diesem Dach versammeln, umfasst von in die Jahre gekommenen Hippies über Hardcore-Hacker bis hin zu Werbe-Hipstern ein breites Spektrum. Und nicht jede Gruppe ist aus Unternehmenssicht als Ansprechpartner gleich interessant. Wer also nicht selbst Teil der Szene ist und auch noch keine belastbaren Schnittstellen besitzt, muss sich etwas einfallen lassen.

Der erste Schritt führt ins Internet, zum Beispiel indem man in die Welt der Blogs eintaucht und sich dort inspirieren lässt. Immer noch führend sind einige amerikanische Blogs, aber auch in Deutschland hat sich ein durchaus attraktives Angebot etabliert. Während 3-D-Druck, um bei diesem Beispiel zu bleiben, in den meisten Medien noch vor sechs oder sieben Jahren höchstens eine »bizarre Zukunftsvision« war – und entsprechend besprochen wurde –, werkelten in der Zwischenzeit in Hackerspaces überall in der Welt schon die Nerds und Hipster an ihren eigenen Druckern, stellten Anleitungen zum Eigenbau ins Netz und bloggten über ihre Erfahrungen. Anderen Themen ging es ganz genauso: Sie flogen lange unter dem Radar. Bis P2P-Filesharing zum Thema in den Unternehmenszentralen wurde, waren schon Millionen Songs digital und kostenlos im Netz unterwegs, und die Foren und Blogs quollen über an Tipps und Tricks. Trotzdem dauerte es noch eine Ewigkeit, bis es strukturierte legale Angebote gab.

Wenn man sich einmal anschaut, wie – und vor allem wann – verschiedene Medien über neue Trends aus der Gegenkultur berichtet haben, stellt man schnell fest: Linksalternative Medien wie etwa der *Freitag* unter seinem Herausgeber Jakob Augstein schlagen die liberal-konservativen Medien um Längen. Das hat sicher auch damit zu tun, dass man beim *Freitag* immer noch einer zumindest sozialistischen Utopie anhängt. Man muss diese nicht teilen, um zu verstehen, dass genau an diesen Reibungsstellen zwischen Kulturen, Gegenkulturen und ihren Ideologien auch in Deutschland Veränderungen am frühesten und am deutlichsten sichtbar werden. Das ist nicht als Empfehlung zu verstehen, auf jedes vorbeigaloppierende Schlagwort, auf jeden Hype direkt aufzuspringen. Aber um entscheiden zu können, ob ein Thema sich in Zukunft einen festen Platz in der Wirtschaft oder Gesellschaft erobert, muss man erst einmal wissen, dass es überhaupt existiert.

Dazu muss man eine gewisse Bereitschaft mitbringen, sich aus seinem eigenen sozialen Umfeld herauszubewegen. Und man findet zunehmend Beispiele dafür, auch in Deutschland. Den ganzen Weg sind vor Kurzem einige derjenigen gegangen, die vom *Freitag* kaum weiter entfernt stehen könnten. *Bild*-Chefredakteur Kai Diekmann verließ gemeinsam mit einigen anderen Managern des Axel-Springer-Konzerns im Sommer 2012 Berlin, um ein Jahr im Silicon Valley nach den Trends für die nächsten Jahre zu suchen. Die Wirkung, die das auf ihn persönlich hatte, ist in einer Fotostrecke nachzuvollziehen, die der *Spiegel* veröffentlichte: Aus dem gegelten, immer in besten Anzügen gekleideten Inbegriff der Bourgeoisie wurde innerhalb weniger Monate ein Vollbart tragender Boheme im Kapuzenpulli. In Deutschland wurde der ganze Trip mit einer gewissen Belustigung begleitet. Aber das Commitment seines Arbeitgebers, mehrere Topmanager ein Jahr aus ihrer eigentlichen Funktion freizugeben, um ihnen die Möglichkeit zu geben, sich im Silicon Valley weiterzubilden, lässt ahnen, dass es sich nicht nur um eine PR-Idee des rührigen Mathias Döpfner an der Spitze der Axel Springer AG handelte.

Durch die Berichte über Diekmann wurde das Thema Startups und digitaler Wandel ein Stück weit aus der Spielecke herausgeholt. Und es wird klar, dass es ein Thema ist, dem sich auch Topmanager durchaus nähern können. Zwar wird Diekmann auch nach seiner Rückkehr immer noch Diekmann sein – und nicht zu einem Nerd oder Hacker mutiert sein. Aber die neu geknüpften Kontakte, seine frischen Einsichten in die gerade erst entstehenden Trends und vor allem das Eintauchen in die Gegenkultur geben ihm ein zukunftsfähiges Handwerkszeug, nämlich die sozialen Fertigkeiten im Umgang mit jungen Vertretern der Gegenkultur.

Wer sich nicht im Valley einnisten kann, findet auch in Deutschland Möglichkeiten für den Kontakt mit einer Szene, die ihre eigene Zukunft, aber auch die der Gesellschaft rund um die neuen Technologien gestaltet. Es geht um die Menschen, die fast als eine neuere, europäische Version der Hippies aus dem Valley gelten können – von Sascha Lobo und Holm Friebe in ihrem Buch *Wir nennen es Arbeit* als »digitale Bohème« beschrieben. In ihrer 2006 veröffentlichten Lobeshymne auf das selbstbestimmte Arbeiten und Leben zeigen sie die Welt und das Weltverständnis dieser wachsenden Gruppe internetaffiner Menschen, die sich dank der neuen Kommunikationstechnologien ganz eigene neue Handlungsfelder und Erwerbsmöglichkeiten schaffen. Jenseits der Festanstellung in der Großorganisation zelebrieren sie ihre Netzwerke und immer neuen Projekte rund um das Internet, sein Design, seine Entwicklung oder Anwendung. Diese Szene, die heute sogar noch sichtbarer, aber auch komplexer geworden ist als zum Zeitpunkt der Buchveröffentlichung, hat ebenso wenig mit einer typischen, von Antihaltungen geprägten Gegenkultur der Konsumgesellschaft zu tun wie die technologieaffinen Hippies damals im Silicon Valley. Denn ebenso wie den meisten Hippies geht es auch der heutigen »digitalen Bohème« nicht um die Abschaffung der existierenden Systeme, sondern um das Aufweichen eingefahrener Muster und mehr Selbstbestimmung. Sie stellen sich weder gegen die Konsumgesellschaft noch den Kapitalismus an sich, sondern im Grunde nur gegen seine etablierten, viel zu konformen Produktions- und Arbeitsweisen. Sie nehmen dabei keine klassische Verweigerungshaltung ein, sondern vielmehr eine Form von Ablehnung, die sie zum Schaffen neuer, anderer Arbeitsbedingungen motiviert.

Friebe und Lobo stellen fest, dass das, was die »digitale Bohème« von den »anderen gegenkulturellen Vorläufern unterscheidet, ist, dass sie nicht auf Konfrontationskurs geht, sondern unter den gegebenen Bedingungen die eigenen Interessen verfolgt und währenddessen versucht, ihre Instrumente sauber zu halten«. Weil sie nicht wie die Maschinenstürmer gegen die Großkonzerne revoltiert, sondern sich geordnet zurückzieht und eigene Alternativen schafft, handelt es sich um »eine pragmatische, keine ideologisch motivierte Verweigerung, die durchaus dem egoistischen Motiv folgt, das bessere Leben im Hier und Jetzt zu beginnen, koste es, was es wolle«.

Konstruktiv wie sie ist, zeigt sich die »digitale Bohème« als eine besonders offene Gegenkultur, die nicht ausgrenzt, sondern inkludiert. Auch Großkonzerne. »Deshalb hat die digitale Bohème auch keine Berührungsängste mit Konzernen und wenn, dann sind sie anders begründet. Weniger fürchtet sie, dass man ihr in der Zusammenarbeit den revolutionären Schneid abkauft und sie zu willfährigen Erfüllungsgehilfen degradiert.

Dazu verfügt sie inzwischen über ausreichendes Selbstbewusstsein«, schreiben Friebe und Lobo weiter. Und: »Von daher ist sie auch nicht prinzipiell gegen das Geldverdienen eingestellt, eher im Gegenteil, solange es sich mit dem Kanon anderer persönlicher Zeile vereinbaren lässt.« Auch wenn aus ihren Reihen nicht der nächste Steve Jobs hervorgehen sollte, so ist doch die deutsche Start-up-Szene, die Coworking-Gemeinschaft, die »digitale Bohème« längst eine wertvolle Schnittstelle zu den Themen und Praktiken der Zukunft.

REMEMBER

- Aus der Berührung unterschiedlicher Wertesysteme entstehen immer wieder mächtige Ideen – wie zum Beispiel das Internet. Wer sich für die Zukunft interessiert, sollte daher auch mit Vertretern der Gegenkultur im Gespräch sein. Das Silicon Valley ist einer dieser Orte, an dem man die erfolgreiche Vermischung von Kultur und Gegenkultur erleben kann.
- Auch in Deutschland kann man auf der Suche nach Gegenkultur fündig werden, vor allem in Berlin. Viele ihrer Vertreter findet man zum Beispiel in Start-ups oder Coworking Spaces – in der »digitalen Bohème«. Sie stehen dabei nicht für eine von Antihaltungen geprägte Gegenkultur der Konsumgesellschaft. Vielmehr streben sie das Aufweichen eingefahrener Muster und mehr Selbstbestimmung innerhalb der existierenden Strukturen an und kreieren selbst Alternativen.
- Wer Kontakt zur Gegenkultur sucht, kommt um die Blogosphäre nicht herum. Nirgends werden Trends so schnell aufgegriffen – und Moden so schnell wieder beerdigt – wie in den Top-Tech- und Gesellschaftsblogs wie Gründerszene, Third Wave oder Techcrunch. Darüber hinaus gibt es TED-Talks die als Videomitschnitte von Konferenzen leicht konsumierbar sind.
- In eine moderne Pressemappe gehören heute linke Medien wie der Freitag oder die taz, aber auch Fachmagazine wie etwa t3n (Magazin für digitales Business) oder GDI Impuls (Wissensmagazin für Wissenschaft, Gesellschaft und Handel).

READ

- Brand, Stewart: »We owe it all to the Hippies«. In: Time Magazine, 1. März 1995
  Der Autor erzählt gewissermaßen auch seine eigene Geschichte – aber das wirkt nicht selbstgerecht, sondern zeigt, wie eng Gegenkultur und wirtschaftlicher Fortschritt oft verknüpft sind.

- Friebe, Holm; Lobo, Sascha: Wir nennen es Arbeit. München, Heyne Verlag 2006
  Das Buch schafft es, das kreative und digitale Lebensgefühl zunächst in Abgrenzung, aber auch in Versöhnung mit der Welt der klassischen Festanstellung zu beschreiben.

- Haque, Umair: The New Capitalist Manifesto. Boston, Harvard Business Review Press 2011
  Haque schreibt wie ein Revolutionär, will aber den Kapitalismus nicht überwinden, sondern ihn besser machen. Die Stellen, an denen man ansetzen kann, zeigt er strukturiert auf.

- Levy, Steven: Hackers: Heroes of the Computer Revolution. New York, Penguin 1994
  Die in diesem Buch entworfene Hacker-Ethik gilt grundsätzlich bis heute fort und rückt in Zeiten von Daten- und Überwachungsskandalen wieder in den Fokus der Diskussion

Genies im Wahnsinn

Mit Fachausdrücken und Plattitüden aus dem Beratungsumfeld lassen sich ohne Weiteres die Felder für ein umfassendes Bullshit-Bingo füllen. Im Bankbereich sieht es ähnlich aus. Und in der Politik sowieso. Aber auch Diskussionen um Innovation, gerade im digitalen Bereich, werden oftmals von Buzzwords dominiert. Wisdom of the Crowd, die Weisheit der Vielen, scheint eines davon zu sein. Wenn im gleichen Atemzug noch Begriffe wie Social Media, Corporate Social Responsibility oder Corporate Identity fallen, ist es verständlich, dass viele Manager nur noch abwinken. Dabei entfaltet die

Crowd, wenn sie richtig eingesetzt wird, ein beachtliches Potenzial.

Die Weisheit der Vielen ist dabei keine bedingungslose Zuschreibung, sondern muss eher als ein Prozess verstanden werden. Dieser beruht auf der Annahme, dass sich die Fehler, die durch die einseitig gefärbten Einschätzungen von Individuen entstehen, fast vollständig verlaufen, wenn man den Durchschnitt aus einer Vielzahl von Antworten ermittelt. Das bedeutet, dass die aggregierten Antworten einer Gruppe auf eine konkrete Frage – wie zum Beispiel bei Schätzungen, generellem Weltwissen oder Schlussfolgerungen – durchaus besser oder exakter sind als die von einzelnen Experten innerhalb der Gruppe.

Ganz ähnlich formuliert es auch der Journalist James Surowiecki in seinem Buch *The Wisdom of Crowds*, mit dem er zugleich den Begriff prägte: »Auch wenn die meisten Leute in einer Gruppe nicht besonders gut informiert oder rational sind, können sie dennoch in der Gemeinschaft zu einer weisen Entscheidung kommen.« Und das wiederum hat seine Vorteile, da der einzelne Mensch kein perfekt designter Entscheider ist. In der Regel hat er weniger Informationen, als ihm lieb ist, und kann nur begrenzt in die Zukunft schauen. Darüber hinaus haben die wenigsten die Fähigkeit, eine durchdachte Kosten-Nutzen-Rechnung aufzustellen, was dazu führt, dass man bereit ist, sich damit zufriedenzugeben, wenn etwas eben gut genug ist. Und schließlich beeinflussen Emotionen die Entscheidungen. Eben wegen all dieser Begrenzungen des Einzelnen ist die kollektive Intelligenz hingegen oft hervorragend. Vorausgesetzt, die Einzelurteile werden auf die richtige Weise aggregiert.

Während Wisdom of the Crowd ursprünglich durch gemeinnützige Projekte wie Open-Source-Software oder Wikipedia berühmt geworden ist, haben sich inzwischen einige auch für Unternehmen konkret nutzbare Ansätze zur »Domestizierung« der Weisheit der Vielen herausgebildet. Einige Beispiele haben wir im zweiten Teil selbst beschrieben, von weiteren wissen die Autoren Shaun Abrahamson, Peter Ryder und Bastian Unterberg in ihrem Buch *Crowdstorm. The Future of Innovation, Ideas, and Problem Solving* zu berichten. Nicht nur Open-Source-Softwareprojekte wie Linux oder WordPress zeigen, wie Produkte vom Prozess der permanenten Analyse, Bewertung und den Verbesserungen von großen, vielfältig aufgestellten und eher zufällig zusammengesetzten Gruppen von Menschen profitierten. Das Unternehmen Goldcorp etwa stellte seine Geodaten für ein Landstück online, bei dem der Erfolg beim Lokalisieren von Goldminen durch die eigenen Geologen überschaubar gewesen war, schrieb einen Preis aus – und wartete. Mit Erfolg. Dank der kollektiven Datenauswertung durch die Crowd aus über 1400 Wissenschaftlern aus aller Welt konnten über 50 bis dahin unbekannte Stellen auf ihrem Besitz ausfindig gemacht werden, von denen 80 Prozent signifikante Goldressourcen aufwiesen.

Der Idee des »Crowdsourcings« – also der Nutzbarmachung der Wisdom of the Crowd – liegt die Erkenntnis zugrunde, dass man es sich in vielen Fällen nicht mehr leisten kann, nur auf die eigenen Ressourcen zu setzen. Und es ist außerdem eine praktikable Antwort auf das joysche Gesetz, benannt nach dem Mitgründer von Sun Microsystems Bill Joy, das besagt: »Egal wer du bist, die meisten der klügsten Menschen arbeiten für jemand anderen.« Aber steckt in diesem Konzept wirklich das Potenzial, die Zukunftsfähigkeit von Unternehmen zu sichern? In Zeiten des Internets zeigt sich die Crowd nicht immer von ihrer besten Seite. So liest man immer wieder von kollektiven Shitstorms gegen Unternehmen oder Mobbing in sozialen Netzwerken. Und auch die Kommentarspalten der Onlineauftritte großer Medien lassen einen am konstruktiven Charakter der Crowd zweifeln. War es doch nur ein kurzer Hype und eigentlich gilt: »Gemeinsam sind wir blöd«?

Die Entwicklung des Internets hat die Möglichkeiten für die Aggregation vieler einzelner Meinungen deutlich verbessert, bietet unglücklicherweise aber auch der »Madness of the Crowd« eine große Bühne. Interessanterweise ist der Begriff der Madness of the Crowd deutlich älter als der, gegen den er in Stellung gebracht wird. Schon 1841 hat der schottische Journalist Charles Mackay ein Buch mit dem Namen »Extraordinary Popular Delusions« veröffentlicht. Er beschäftigte sich mit Geschichten über die Manien, die aufgrund des Herdentriebs des Menschen ausbrechen können, und nennt als Beispiele verschiedene Finanzblasen, wie etwa das viel zitierte Beispiel der Tulpenmanie Anfang des 17. Jahrhunderts in Holland, als Tulpenzwiebeln zum Spekulationsobjekt mit irrwitzig hohen Preisen wurden.

Dass dieser alte Begriff heute vor allem in den Medien eine Renaissance erfährt, hat wohl verschiedene Ursachen. Eine ist sicherlich, dass es immer Kräfte gibt, die das Neue bekämpfen, wo es ihnen begegnet, und die sich an jeder Schwäche laben. Eine andere sind aber natürlich auch die tatsächlich vorhandenen Negativbeispiele. Dabei ist das Scheitern einzelner Projekte weniger den Schwächen der Idee als vielmehr dem undifferenzierten und inflationären Einsatz der Methoden anzulasten; frei nach Paul Watzlawick: »Wer als Werkzeug nur einen Hammer hat, sieht in jedem Problem einen Nagel.«

Menschen handeln auf Basis der ihnen vorliegenden Informationen. Die sind meistens weder umfassend noch notwendigerweise richtig. Oft ist man sich sogar im Klaren darüber, dass Teile der Informationen sehr brüchig oder regelrecht falsch sein können. Um diese Unwissenheit bei der Entscheidungsfindung zu überwinden, versucht man zum Beispiel, sich an den Entscheidungen anderer Menschen zu orientieren, in der Hoffnung, die fehlenden Informationen so auszugleichen und zu einer besseren Entscheidung zu gelangen. Imitation ist das angeborene Verhalten, um zu lernen und um sich weiterzuentwickeln. Aber wie schon im ersten Teil gezeigt, kann Imitation auch in die Irre führen.

Surowiecki führt in seinem Vortrag »Independent Individuals and Wise Crowds« aus dem Jahr 2005 das Beispiel der zwei benachbarten gleich guten, aber leeren Restaurants an. Nachdem ein erstes Pärchen sich gleichermaßen spontan wie zufällig für eines der Restaurants entschieden hatte, folgten alle Menschen, die mit der identischen Frage konfrontiert waren, diesem ersten Pärchen. Dahinter steckt der feste Glaube daran, dass alle Menschen immer rational handeln – obwohl jeder von sich selbst weiß, dass das nicht wirklich stimmt. Man folgt anderen, weil man davon überzeugt ist, dass sie über eine wertvolle Information verfügen, die schließlich zu der Entscheidung geführt haben wird, in dieses erste Restaurant zu gehen. Und das, obwohl man weder die Personen noch den Grund für ihre Entscheidung kennt. Die Konsequenz ist, dass sich in einem Restaurant die Gäste an der Bar aufreihen und auf einen Tisch warten, während nebenan gähnende Leere herrscht. Eine besondere Intelligenz kann dem Schwarm in diesem Fall nicht bescheinigt werden.

Ein weiterer Mechanismus, der die Schwarmintelligenz unter das Niveau der Intelligenz des Einzelnen sinken lassen kann, ist – auf den ersten Blick vielleicht überraschend – Interaktion. Aufgrund von Unsicherheit bei unvollständiger Information tut man sich bei der Entscheidungsfindung gerne mit anderen zusammen. Zunächst wird nur miteinander geredet, um fehlende Informationen auszutauschen, aber schon nach kurzer Zeit beginnt man, den Wunsch der Zusammengehörigkeit zu entwickeln und vermehrt über den Austausch von Information hinaus miteinander zu interagieren, sodass schließlich Dynamiken zu greifen beginnen, die vor allem der Gruppenbildung dienen. Eine dieser Dynamiken ist Konsens. Das Streben nach Übereinstimmung lässt den Menschen vermehrt auf die gemeinsame Schnittmenge der vorhandenen Meinungen und Informationen fokussieren, sodass eine Art kollektiven Wissens und kollektiven Verständnisses einer Problematik und ihrer Lösung in der Gruppe entsteht. Was in anderen Situationen ein erstrebenswertes Ziel ist, bedeutet hier den Einstieg in einen Teufelskreis. Und in diesem wird die Vielfalt des Wissens in der direkten sozialen Interaktion auf seinen kleinsten gemeinsamen Nenner reduziert. Diese neue Gemeinsamkeit lässt schließlich keinen Platz mehr für das wertvolle Zusatzwissen, für die Alternativen, deren Nutzung einmal die ursprüngliche Zielsetzung war.

Nun wäre es allerdings falsch, die Wisdom of the Crowd tatsächlich als Modethema beerdigen zu wollen. Das gilt schon deswegen, weil die Prinzipien seit langer Zeit an verschiedenen Stellen sehr erfolgreich Anwendung finden, ohne dass sie allerdings mit dem Label »Wisdom of the Crowd« etikettiert würden. Enquete-Kommissionen in den Landtagen und im Bundestag sind dafür ebenso Beispiele wie Gerichtsverfahren, bei denen ehrenamtliche Schöffen den Richter unterstützen oder sogar eine Laien-Jury die Rechtsprechung übernimmt, wie man es aus den USA kennt. Ihre Stärke und Verlässlichkeit beruht darauf, dass sie sich nicht im luftleeren Raum bewegen, sondern in einen Regelungsrahmen eingebunden sind und von Experten begleitet werden. Es ist eben ein schmaler Grat zwischen der Wisdom und der Madness of the Crowd.

Surowiecki hat daher vier Voraussetzungen definiert, die für die erfolgreiche Nutzung der Schwarmintelligenz erforderlich sind: Vielfalt, Unabhängigkeit, Dezentralität und Verdichtung.

- *Vielfalt* ist die erste – und fundamentalste – Voraussetzung. Nur eine Gruppe mit einer Vielzahl an Standpunkten und Informationen kann Entscheidungen hervorbringen, die qualitativ besser sind als die eines einzelnen Experten. Multidisziplinäre Ansätze in der Wissenschaft basieren auf dieser Erkenntnis. In seinem Buch *The Difference. How the Power of Diversity Creates Better Groups, Firms, Schools, and Societies* schreibt der amerikanische Sozialwissenschaftler Scott E. Page, dass die Weisheit einer Gruppe nur dann größer sein kann als die der Individuen, wenn sie darauf aufbaut, die Besonderheiten und Unterschiede der Individuen der Gruppe anzuerkennen und für sich zu nutzen. Damit definiert er übrigens nicht nur die Grundlage für erfolgreiches Crowdsourcing, sondern auch das Fundament für richtig verstandenes Diversity Management.

- Um die notwendige Vielfalt bewahren zu können, bedarf es als nächster Voraussetzung der *Unabhängigkeit*, die Individuen voneinander bewahren müssen, sodass sie nicht beginnen, von der Meinung derer um sie herum zu sehr beeinflusst zu werden. Eine intelligente Gruppe verlangt also nicht von ihren Mitgliedern, sich anzupassen und zu sehr zu interagieren, sondern ist sich bewusst, dass für das optimale Ergebnis jeder so unabhängig wie möglich denken können muss. Bei erfolgreichen Anwendungen lässt sich beobachten, dass nur sehr wenig direkt in der Gruppe interagiert wird. Jeder trägt zu einem Minimum am kollektiven, mit allen geteilten Wissen bei.
- Die dritte Voraussetzung ist *Dezentralität*. Damit ist die Abwesenheit einer zentralen Instanz gemeint, die Prozesse der Wissensteilung und Entscheidungsfindungsprozesse lenkt. Open-Source-Projekte zeigen, wie einzelne Experten durch Informationsaustausch voneinander lernen, sich verbessern und dadurch das Gesamtprodukt ebenfalls besser wird. Der Informationsaustausch muss aber mit einer gewissen Unabhängigkeit der Beteiligten ablaufen, um mehr diverse und intelligente Entscheidungen möglich zu machen.
- An diesem Punkt wird die oft als Schwäche des Internets betitelte Anonymität, hinter der man sich verstecken kann, zur Stärke, weil es die Tiefe der Beziehungen begrenzt. Das Prinzip beschrieb schon 1973 der Soziologe Mark D. Granovetter als »The Strength of Weak Ties«, also die Stärke von schwachen Verbindungen. Er zeigte dabei auch auf, wie die als schwach dargestellten sozialen Verbindungen eines Menschen, wie Freunde von Freunden und der weitere Bekanntenkreis eine grundlegende Rolle dabei spielen, Ideen schneller und weitreichender in den Umlauf zu bringen.
- Die *Verdichtung* der Antworten aller Individuen zu verständlichen Aussagen ist die vierte Voraussetzung für die Nutzbarmachung der Wisdom of the Crowd. Dafür gibt es in der Praxis zwei Modelle. Entweder man geht nach dem Prinzip vor: »Viele arbeiten an einer Lösung, einer findet die beste

Lösung und ein anderer entscheidet, ob das wirklich die beste Lösung ist« – wie zum Beispiel bei Linux. Oder aber Individuen aus dem Netzwerk stellen Lösungen – zum Teil auch gemeinsam – zur Verfügung und ermitteln per kollektiver Entscheidung, zum Beispiel durch ein Rating, welches das beste Resultat ist, wie bei der im zweiten Teil vorgestellten Crowdsourcing-Plattform Jovoto.

Sind alle diese beschriebenen Voraussetzungen erfüllt, kann der Schatz der kollektiven Weisheit mithilfe der richtigen Werkzeuge endlich gehoben werden. Für Unternehmen definiert Crowdsourcing.org fünf dieser Instrumente: Crowdfunding, Cloud Labour, Crowd Creativity, Distributed Knowledge und Open Innovation.

- Zunächst wäre da die schon vorgestellte Möglichkeit des *Crowdfunding*, die derzeit vor allem von Start-ups und kulturellen Projekten, zunehmend aber auch von Mittelständlern in Anspruch genommen wird. Crowdfunding ist das Einsammeln von Geld von einer verhältnismäßig großen Zahl von Menschen für ein Projekt. Dieses kann gemeinnützig oder kommerziell sein, die Geldgeber können als Investoren, Sponsoren oder Spender auftreten. Plattformen wie Kickstarter oder Seedmatch bieten den notwendigen Rahmen, um Crowdfunder zu finden und die Geschäfte rechtssicher abzuwickeln.
- Eine dem Outsourcing sehr ähnliche Variante des Crowdsourcings ist *Cloud Labour*. Darunter versteht man das Einsetzen einer dezentralen, »virtuellen« großen Gruppe von Arbeitskräften, die quasi jederzeit auf Abruf eine Reihe von zumeist eher einfachen Aufgaben erledigen. Meistens werden über Onlineplattformen die Arbeitskräfte mit der Nachfrage zusammengebracht. Beispiele dafür sind Clickworker oder Mechanical Turk.
- Für anspruchsvollere Aufgabenstellungen bietet sich die Methode der *Crowd Creativity* an. Es handelt sich dabei um

das Anzapfen eines großen Talentpools an Kreativarbeitern und Wissensarbeitern aus dem Bereich Medien, Marketing und Design, zu denen Plattformen wie 99designer, aber auch Jovoto einen direkten oder moderierten Zugang bieten.

- Weniger um kreative als eher um wissenschaftliche Aufgabenstellungen geht es bei der Nutzung von *Distributed Knowledge*. Damit wird die Entwicklung von Wissenskapital und Informationen durch einen dezentralen Pool an Mitwirkenden bezeichnet, die Wissen akquirieren, zusammenstellen, weiterentwickeln und zur Verfügung stellen, oft durch offene Frage-und-Antwort-Prozesse oder nutzergenerierte Wissensdatenbanken, Newsplattformen und Prognosen. Das Netzwerk InnoCentive etwa versammelt Wissenschaftler diverser Disziplinen, die sich kniffligen Herausforderungen stellen.

- *Open Innovation* ist das, was viele unter dem Überbegriff Crowdsourcing verstehen. Gemeint ist das Nutzen von Quellen und Ressourcen außerhalb der Organisation, um Ideen zu generieren, zu entwickeln und umzusetzen, die gemeinhin als Innovation gelten. Das Beispiel der Co-Creation aus dem zweiten Teil, etwa bei LEGO, nutzt diesen Prozess erfolgreich.

Während etablierte Organisationen sich den Möglichkeiten des Crowdsourcings langsam annähern, gibt es eine wachsende Anzahl an jungen Unternehmen, die es dabei nicht bewenden lassen. Vielmehr bauen sie ihr gesamtes Geschäftsmodell auf der Nutzbarmachung der Wisdom of the Crowd auf. Wer zum Beispiel seine neueste App von einer relevanten Gruppe auf Herz und Nieren überprüfen lassen will, bevor er sie auf den Markt bringt, wendet sich an das deutsche Start-up Testbirds. Die Firma sorgt dann dafür, dass eine Horde internetaffiner »Early Adopter« sich der Herausforderung stellt. Es geht dabei wohlgemerkt nicht um stumpfe »Klick-Leistung« die irgendwo in Asien über Nacht erbracht wird, sondern um relevantes Feedback von ausgewählten Vertretern von Peergroups, die potenzielle Nutzer repräsentieren. Und während Google sein Kartenmaterial mit eigenen Ressourcen erstellt, indem es seine Mitarbeiter auf die Straße schickt, um GPS-Daten zu sammeln, nutzt das israelische Start-up Waze seine eigenen Kunden für das Sammeln und Bewerten von Daten für ihr Kartenmaterial und stellt im Gegenzug das bereits erstellte Material kostenlos zur Verfügung. Bei Waze werden zunächst riesige Mengen an Daten über Straßen, Orte, Plätze, Hausnummern, Kreuzungen und Verkehrsregelungen vor Ort gecrowdsourct und im weiteren Verlauf von anderen Nutzern validiert oder verbessert. Mittlerweile werden sogar Daten für Streckenvorschläge, Verkehrsentwicklungen, Unfälle, Staus und Polizeikontrollen von den Nutzern direkt ins System eingespeist und anderen Nutzern sofort zur Verfügung gestellt. Dass damit echte Werte geschaffen werden können, die professionellen Diensten Konkurrenz machen oder diese sogar überflügeln können, lässt sich auch daran ablesen, dass Waze im Juni 2013 nach einem Bieterwettstreit zwischen Facebook und Google vom Suchmaschinenkonzern und Kartenanbieter übernommen wurde – für eine kolportierte Summe von 1,1 Milliarden Dollar.

Via Crowdsourcing lassen sich allerdings nicht nur Potenziale außerhalb, sondern auch innerhalb des Unternehmens anzapfen. Das zeigt das Unternehmen Morning Star, der Tomaten verarbeitende Konzern, der bereits im zweiten Teil vorgestellt wurde. Ein Detail allerdings wurde bisher nicht beleuchtet und wird auch in der vorhandenen Literatur zu den Prinzipien des Unternehmens eher als Randnotiz behandelt. Zu Unrecht, wie wir meinen, denn Morning Star bedient sich einer Art Crowdfunding-Planspiel, um das gesamte interne Unternehmenswissen für seine strategische Ausrichtung zu nutzen. Einmal im Jahr müssen die einzelnen Geschäftsbereiche ihren Plan für das kommende Jahr durch Experten überprüfen lassen. Aber anders als bei den meisten Unternehmen lädt Morning Star dazu keine Strategieconsultants einer großen Beraterfirma ein, sondern lässt die Strategien vor der eigenen Belegschaft präsentieren. Alle Mitarbeiter haben zu diesem Anlass die Möglichkeit, Spielgeld in die Strategie zu investieren, von der sie am meisten überzeugt sind. Für den Geschäftsführer Chris Rufer ist diese aggregierte Rückmeldung seiner Belegschaft ein klares Signal, welche Strategie und welche Geschäftsbereiche besonders zukunftsfähig sind.

Ob die Herausforderungen eines Unternehmens sich eher durch die Weisheit der Vielen lösen lassen oder durch eine kleine Gruppe eng vernetzter Experten, hängt im hohen Maße davon ab, welche Crowd mit welchen Mechanismen mit der Aufgabe betraut wird. Im Falle von Morning Star ist sowohl der Zuschnitt der Crowd aus Mitarbeitern, die alle zumindest als Semi-Experten in Morning-Star-Angelegenheiten gelten können, als auch die Art des Crowdsourcings sehr gut ausgewählt. Natürlich sollte sich der Einsatz in dieser Zusammensetzung auf Themen beschränken, die aus einer internen Perspektive besser zu bewerten sind als aus einer externen. Würde man sich bei einer Fragestellung, bei der externer Input wertvoll wäre, auf eine interne Crowd beschränken, wäre das im besten Fall verschenktes Potenzial, im schlimmsten Fall aber sogar schädlich.

Darüber hinaus muss die Antwort auf die Frage beantwortet werden, welche Motivation die Menschen, die man dafür gewinnen möchte, haben, sich in einer Crowd zu engagieren. Dabei spielen sowohl intrinsische als auch extrinsische Gründe eine Rolle. Bei vielen Crowdsourcing-Plattformen gibt es für die Lösung, für die sich der Kunde entscheidet, einerseits das ausgeschriebene Preisgeld, andererseits bekommen die involvierten kreativen Talente das direkte Feedback der anderen Mitglieder und somit die Möglichkeit, dazuzulernen. Gleichzeitig finden sie durch die Bewertung aller eingereichten Arbeiten heraus, wo sie im Vergleich zu ihren »Konkurrenten« stehen.

Es lässt sich konstatieren: Wie bei jedem einzelnen Menschen liegen auch in der Masse Genie und Wahnsinn ganz nah beieinander. Und beim Crowdsourcing geht es eben darum, die Genies im Wahnsinn zu finden und ihre Ideen nutzbar zu machen.

REMEMBER

- Die Idee der Schwarmintelligenz beruht auf der Annahme, dass sich Fehler, die durch die einseitig gefärbten Einschätzungen von Individuen entstehen, fast vollständig verlaufen, wenn man den Durchschnitt aus einer Vielzahl von Antworten ermittelt.
- Die Nutzbarmachung der »Wisdom of the Crowd« nennt sich »Crowdsourcing«. Darunter lassen sich Crowdfunding, Cloud Labour, Crowd Creativity, Distributed Knowledge und Open Innovation zusammenfassen.
- Ob Wisdom of the Crowd in Madness of the Crowd umschlägt, hängt vor allem von der Gestaltung des Crowdsourcing-Prozesses ab. Surowiecki hat daher vier Voraussetzungen definiert, die für die erfolgreiche Nutzung der Schwarmintelligenz erforderlich sind: Vielfalt in der Gruppenzusammensetzung, Unabhängigkeit der Einzelnen in der Gruppe voneinander, Dezentralität zur Wahrung der Unabhängigkeit und schließlich die Verdichtung der erzielten vielfältigen Ergebnisse zu einer geeigneten Lösung.

READ

- Abrahamson, Shaun; Ryder, Peter; Unterberg, Bastian: Crowdstorm. The Future of Innovation, Ideas, and Problem Solving. Hoboken, John Wiley & Sons 2013
  Crowdstorm ist vor allem lesenswert wegen seiner aktuellen Beispiele und seiner praktischen Perspektive.
- Crowdsourcing.org, Tools
  Dort findet sich ein schöner Überblick über Applikationen, Plattformen und Werkzeuge, die mithilfe der Crowd zustande kamen oder helfen, die Crowd nutzbar zu machen. Eine gute Inspirationsquelle, weil sie den Möglichkeitsraum aufspannt und greifbar macht.

- Granovetter, Mark S.: »The Strength of Weak Ties«. In: American Journal of Sociology, Volume 78, Issue 6 (May, 1973), S. 1360 – 1380
  In diesem Buch wird deutlich, wie sehr schwache soziale Verbindungen eines Menschen, wie Freunde von Freunden eine grundlegende Rolle dabei spielen, Ideen schneller und weitreichender in Umlauf zu bringen.
- Mackay, Charles: Extraordinary Popular Delusions. Mineola, Dover Publications 2003
  Eine herrliche Zeitreise in die Vergangenheit der »Madness of the Crowd«: mit seinen Beispielen »The Mississippi Scheme,« »The South-Sea Bubble,« und »Tulipomania« zeigt uns Mackay, dass Menschen schon lange vor dem Internet mit Massenhypes und -hysterien zu kämpfen hatten.
- Page, Scott E.: The Difference. How the Power of Diversity Creates Better Groups, Firms, Schools, and Societies. Princeton, Princeton University Press 2007
  Page erklärt nicht nur die Stärke, die Menschen in der Beziehung zu anderen entwickeln, sondern legt auch noch die Grundlage für ein richtiges Verständnis davon, wie Diversity zu einer Stärke werden kann.
- Surowiecki, James: »Independent Individuals and Wise Crowds«, Vortrag auf der Emerging Technology Conference am 16.03.2005, http://web.archive.org/web/20130729210015 id_/http://itc.conversationsnetwork.org/shows/detail468.html
  Eine kurzweilige Zusammenfassung der Forschungsergebnisse, die Surowiecki in seinem Buch »Wisdom of the Crowd« verarbeitete, mit dem paradoxen Fazit: Menschen handeln in Gruppen dann besonders intelligent, wenn ihnen die Gruppenzusammengehörigkeit nicht bewusst ist.
- Surowiecki, James: The Wisdom of Crowds. New York, Anchor 2005
  Surowiecki schrieb nicht nur das Werk, in dem der Begriff der Wisdom of the Crowd kreiert wurde, sondern ihm gelang damit auch ein absolutes Standardwerk zum Thema.

Projektnetzwerke und Netzwerkprojekte

Warum arbeiten wir so, wie wir arbeiten? Wie wollen wir arbeiten? Und wie wollen wir arbeiten lassen? Die Antworten auf diese Fragen unterliegen einem kontinuierlichen Wandel. Und dass viele Menschen heute anders denken, als es vor einigen Jahrzehnten der Fall war, wird gerne den neuen Möglichkeiten durch das Internet zugeschrieben. Gilt also »Möglichkeit schafft Nachfrage«? Und ist diese Nachfrage dann auch nur so legitim wie die Möglichkeit, die sie begründet – in diesem Fall das Internet?

Fest steht, dass das Internet nicht der Auslöser des Wandels in der Arbeitswelt war, sondern vielmehr ein Katalysator, der auf den fruchtbaren Boden eines bereits in Gang gesetzten, tief in der Gesellschaft verankerten Wandels traf. Genau diesen beschrieben der französische Soziologe Luc Boltanski und die Wirtschaftswissenschaftlerin Ève Chiapello schon 1999 – und damit deutlich vor dem Durchmarsch des Web 2.0 durch die Arbeitswelt. Abstrakt beschäftigten sich die beiden Autoren mit der Motivation der Menschen, zu einem marktwirtschaftlichen Wirtschaftssystem beizutragen, die über die bloße Profitmaximierung hinausgeht und eine Identifikation mit ihrer Erwerbsarbeit ermöglicht. Und schon im Titel ihres einflussreichen Werkes *Der neue Geist des Kapitalismus* deuten die Autoren an, dass ein grundlegender Wandel dieser Motivation stattgefunden hat.

Zur richtigen Einordnung gehen wir wieder einmal auf eine kleine Reise, diesmal durch die Entwicklung des Kapitalismus. An dessen Anfang stand das, was Chiapello und Boltanski »Familienkapitalismus« nennen, der seinen Ausgang im 19. Jahrhundert nahm. Am Markt war in der Zeit vor allem bürgerliches Unternehmertum in Form kleiner Familienbetriebe zu finden, deren Anreiz Fortschritt und die Befreiung der Lokalgemeinden war. Mit der Ausprägung der Massenproduktion sowie den sich stetig verbessernden Transport- und Kommunikationsmöglichkeiten folgte ab dem Beginn der 1930er-Jahre die Phase des »Konzernkapitalismus«. Weltweit agierende Großorganisationen mit komplexen Strukturen prägten die Wirtschaftslandschaft, angetrieben durch den Wunsch nach »Effizienz im Einklang mit der freien Welt«. Und schließlich kam die Phase des sich seit der zweiten Hälfte der 1960er-Jahre durchsetzenden »Netzwerkkapitalismus«, der heute aktueller ist denn je. Geprägt durch vernetzte Unternehmen, die Ausbreitung des Internets und die Globalisierung der Finanzen sind die Anreizstrukturen dieser Zeit ständiger Wandel, Innovation und Kreativität, während Gerechtigkeit durch eine »neue Form der Meritokratie, die Mobilität belohnt sowie die Fähigkeit, Netzwerke zu etablieren«, gewährleistet wird.

Die gesellschaftliche und persönliche Motivation des Einzelnen ist wichtig für den Erfolg eines marktwirtschaftlichen Systems. Und diese Motivation wiederum hängt davon ab, für welche Leistungen die Gesellschaft zu einem jeweiligen Zeitpunkt ihre Anerkennung vergibt. Aus der Leistung in diesen Kategorien ergibt sich ein gesellschaftlicher Rang, den die Autoren schlicht »relative Größe« nennen. Nachdem Boltanski und Chiapello zuvor sechs sogenannte Rechtfertigungslogiken für die Anerkennung von Größe in der Gesellschaft festgelegt hatten, entdeckten sie im Rahmen des Vergleichs von Managementtexten aus den 1960er- und den 1990er-Jahren einen Paradigmenwechsel.

Im Übergang vom Konzern- zum Netzwerkkapitalismus schienen die bis dato existierenden Rechtfertigungslogiken nicht mehr ausreichend, um die zeitgenössische Zuteilung von Anerkennung zu erklären, sodass es ihnen angebracht schien, eine neue, siebte Logik aufzustellen. Sie nennen sie die »Cité par projets« – in der deutschen Übersetzung: »projektbasierte Polis«. War es noch im Konzernkapitalismus vor allem die »industrielle Polis«, in der man durch Effizienz und berufliche Kompetenz Ansehen erlangte, gelten in der projektbasierten Polis vor allem Netzwerkkompetenzen als erstrebenswert. Um es weniger abstrakt zu machen, könnte man sich die Realisierung einer projektbasierten Polis zum Beispiel in einem Unternehmen vorstellen, dessen Aktivitäten aus einer Vielzahl von Projekten bestehen. In jedem von diesen arbeiten verschiedene Personen, die sich allerdings nicht nur auf ein Projekt beschränken, sondern an mehreren gleichermaßen beteiligt sind und sich so eine projektbasierte Sozialstruktur, ein eigenes Netzwerk mit einem eigenen Wertesystem erarbeiten. Wer sich in diesem Unternehmen durch seine Vernetzung, seine Flexibilität und seine Verfügbarkeit einbringt und die dazugehörigen Opfer bringt, dem wird von seinen Kollegen »Größe« zugestanden.

Dass dieser Wandel auf einer tief in unserer Gesellschaft angelegten Veränderung fußt, beweisen die Autoren mit einem Blick auf die Mechanismen, die Veränderungen in Systemen initiieren und treiben. Die Kritik der Gesellschaft am bestehenden System spielt dabei eine entscheidende Rolle. Sie fungiert als Bewährungsprobe für bestehende Wertesysteme, die in der Folge korrigiert oder durch neue ersetzt werden – vorausgesetzt die Kritik stellt sich als berechtigt heraus. Im Falle der Entwicklung vom Konzern- zum Netzwerkkapitalismus waren nach Boltanski und Chiapello zwei Formen der Kritik beteiligt. Zum einen gab es die Sozialkritik durch die Organisationen der Arbeiterbewegung, die den Kapitalismus als Quelle von Ausbeutung, Ungleichheit, Ungerechtigkeit und egoistischer Bereicherung sahen. Sie stand für soziale Gerechtigkeit und Gleichberechtigung, Beteiligung am Wachstum, Verbesserung der Arbeitsbedingungen und soziale Sicherheit. Zum anderen gab es die Künstlerkritik, deren Träger Intellektuelle und Künstler waren, die sich gegen Normierungstendenzen, Entfremdung und kühle Bilanzierung richteten, weil sie die Entfaltung, Kreativität, Authentizität, Individualität des Einzelnen und die Vielfältigkeit in der Gesellschaft einschränken würden. Sie aber suchten nach persönlicher Autonomie, schöpferischer Freiheit, Sinnhaftigkeit und Selbstverwirklichung.

Boltanski und Chiapello zeigen auf, wie es durch entsprechende Neustrukturierungen der Arbeitswelt in den 1970er- und

1980er-Jahren gelang, die Sozialkritik weitestgehend gegenstandslos zu machen. Was aber in Zeiten zunehmender Standardisierung blieb, war die Künstlerkritik. Sie wurde zu einem der wichtigsten Motoren für die Veränderungsdynamik. Das eigenverantwortliche, sich selbst verwirklichende, unabhängige Individuum in den Mittelpunkt rückend, erwirkte sie ein neues Verständnis und eine Befürwortung neuer Arbeitsplatzstrukturen und Unternehmensorganisationen, geprägt von Mechanismen wie Mitsprache, Mitgestaltung, Selbstorganisation und Vertrauen statt Kontrolle.

Genau in diesen Forderungen materialisiert sich die projektbasierte Polis – ohne dass die sechs anderen Rechtfertigungslogiken allerdings aufhören zu gelten. Sie ist die Heimat sowohl für den Wandel der Arbeit und ihrer Organisationsformen als auch für die emotionalen und mentalen Potenziale, die das Individuum in der vernetzten Welt einbringen kann und möchte. Sie zeichnet sich durch die Ablehnung hierarchischer Unterordnung und die Aufwertung von Eigeninitiative, Risikobereitschaft und Selbstorganisation aus. Die projektbasierte Polis ermöglicht die Identifikation der Individuen mit der projekt- und netzwerkförmigen Arbeit in der »konnexionistischen« – der vernetzungsorientierten und -getriebenen – Welt. In dieser gibt es nur noch wenige Strukturen, da das an sich unbegrenzte Netz – das Internet genauso wie auch unsere immer größer und wichtiger werdenden persönlichen Netzwerke – kaum Strukturen ermöglicht. Es ist zu entgrenzt und diffus, um eine verbindliche Struktur oder Ordnung zu bieten und die damit verbundene soziale Positionierung einzelner Menschen zu ermöglichen. Stattdessen wird jeder Mensch selbst zum Mittelpunkt der ihn umgebenden Welt, in der das Projekt zu einer temporären Schnittstelle wird, eine Art Knotenpunkt im diffusen Netz, um den herum er sich mit anderen Menschen zusammenfindet, organisiert, Tätigkeiten koordiniert und sich ins Verhältnis zu anderen setzt.

Im Unternehmen findet sich das zum Beispiel in abteilungsübergreifenden Projekten wieder, in denen sich Mitarbeiter aus unterschiedlichen Disziplinen zusammenfinden, die gleichzeitig aber auch in anderen Projekten innerhalb des Unternehmens tätig sind und so eine projektbasierte, austauschintensive Struktur jenseits des Organisationsdiagramms bilden. Die Größe eines Teilnehmers, so schreiben Boltanski und Chiapello in einem Aufsatz im *Berliner Journal für Soziologie*, wird nicht mehr an der erbrachten Arbeitsleistung im Sinne der Erwerbsarbeit, sondern viel übergeordneter am Grad seiner Aktivität gemessen: »Aktivität heißt, Projekte zu generieren oder sich in Projekte zu integrieren, die andere initiiert haben. Sie besteht darin, in Netzwerke einzudringen und diese zu untersuchen, um die eigene Isolation zu überwinden und Personen kennenzulernen, aus deren Kontakt man sich ein neues Projekt verspricht.«

Aus dieser Formulierung ist schon zu erkennen: Der Wandel bringt natürlich nicht nur für die Arbeitgeberseite Veränderungen mit sich, sondern betrifft auch die Arbeitnehmer. Für den Mitarbeiter in einer projektbasierten Polis heißt das, dass er zur Fachkompetenz auch noch Organisations- und Kommunikationskompetenz entwickeln muss, um dauerhaft beschäftigungsfähig zu sein. Birger P. Priddat ergänzt in seinem Buch *Organisation als Kooperation* das Portfolio an Eigenschaften, die der beschäftigungsfähige Mitarbeiter neben berufsspezifischen Kenntnissen und dem Willen, seine Arbeitskraft für Geld zur Verfügung zu stellen, entwickeln muss, um intrinsische Motivation wie Ehrgeiz, Arbeitsfreude und Professionalismus. Dazu kommen seine kooperativen Ressourcen wie etwa Kommunikationsfähigkeit, Loyalität, Zuverlässigkeit und Freundlichkeit. Und schließlich seine persönlichen Ressourcen, Talente und als positiv wahrgenommene Eigenschaften wie Verbindlichkeit, Charakter und die Fähigkeit, immer neue Verbindungen einzugehen. Was früher noch als Soft Skills galt, wird nun zu Hard Skills. Neben die Leistungswerte treten gleichberechtigt Kommunikationswerte, Kooperationswerte und moralische Werte.

Für Priddat ist vor allem bei unvorhergesehenen Umständen,

wie sie jede zukunftsorientierte Entwicklung mit sich bringt, der Mitarbeiter als Mensch gefragt – »mit seiner vollen Wissenskompetenz, transkognitiv und wahrnehmungsreagibel«. Boltanski und Chiapello beschreiben detaillierter, ein solcher Mitarbeiter »kann sich anpassen und ist flexibel. Er kann sich je nach Umständen sehr unterschiedlichen Situationen angleichen. Er ist polyvalent, fähig, Vorgehensweise und Werkzeug zu wechseln. Er ist einsetzbar. Das heißt, er ist dazu in der Lage, sich in ein neues Projekt einzubringen. Er ist aktiv und autonom. Er weiß Risiken einzugehen, um immer neue vielversprechende Kontakte zu knüpfen, und ist in der Lage, die richtigen Informationsquellen ausfindig zu machen, um redundante Verbindungen zu vermeiden.«

Auch die Soziologen Hans J. Pongratz und G. Günther Voß konstruierten bereits 1998 in ihrem einflussreichen Aufsatz »Der Arbeitskraftunternehmer. Eine neue Grundform der Ware Arbeitskraft?« ein ähnliches Bild eines Arbeitnehmers, der mit seiner eigenen Arbeitskraft wie ein Unternehmer umgehen muss. Dieser zeichnet sich durch verstärkte Selbstkontrolle, erweiterte Selbstökonomisierung, Selbstrationalisierung und Verbetrieblichung der Lebensführung aus. Als individualisierter Arbeitnehmer übernimmt er zugleich die klassische Managementfunktion selbst, entwickelt seine eigene Arbeitskraft eigenständig weiter und gestaltet proaktiv den Zusammenhang oder vielmehr das Ineinandergreifen von Arbeit und Leben.

Das neue Anforderungsprofil an den modernen Mitarbeiter hört sich für die Arbeitgeberseite ganz sicher vielversprechend an. Aber die Potenziale, die in solchen Profilen liegen, müssen auch entsprechend gehoben werden. Die Beschreibung des Mitarbeiters muss daher zugleich als Anforderung an das Arbeitsumfeld verstanden werden. »Er ist mobil. Nichts darf seine Fortbewegung unterbrechen. Er ist ein Nomade. Die Forderung nach Leichtigkeit setzt das Ablehnen von Stabilität, Verwurzelung, Bindung an Personen und Dinge voraus. Dem Besitz, der belastet und beschwert, zieht er vor, was den Zugang zur Freude an Dingen ermöglicht, etwa das Mietverhältnis. Aus denselben Gründen lehnt er auch institutionelle Verantwortung ab, die seine Mobilität beeinträchtigen könnte, weil er der Sicherheit die Autonomie vorzieht«, beschreiben Boltanski und Chiapello die Persönlichkeit, die die moderne Arbeitswelt fordert und gefördert hat.

Während der im Konzernkapitalismus etablierte und sozialisierte Erwerbstätige noch an der industriellen Polis mit ihren Werten Effizienz und fachliche Kompetenz festhält und die projektbasierte Polis eher als bedrohlich wahrnimmt, rückt derzeit eine Generation auf dem Arbeitsmarkt nach, die eine Form der Entwurzelung und den Mangel an Struktur tatsächlich als ihre Chance begreift. Dass es sich hier nicht um Zweckoptimismus, sondern tatsächlich um ein neues Weltverständnis handelt, zeigt sich deutlich an der Abkehr dieser Wissensarbeiter von den Großorganisationen, die ihre Strukturen und Methoden zunächst zu langsam und zu unflexibel weiterentwickeln und den neuen Anreizstrukturen der »projektbasierten Polis« nicht gerecht werden.

Der Mensch realisiert sich und seine Ideen in der Form von immer neuen Projekten mit anderen. Für die berufliche Entwicklung des Einzelnen bedeutet das, dass sich an die Stelle einer vordefinierten Karriereleiter eine breite Landschaft von Möglichkeiten auftut, in der er Projekte initiiert oder sich möglichst sichtbar in Projekte einbringen kann. Diese kann er anschließend als Sprungbrett für das nächste Projekt nutzen, das sich in dem sich um ihn herum verdichtenden Netzwerk entwickelt. »Gefragt zu sein ist ein entscheidender Indikator«, stellt auch Priddat fest. Selbst wenn diese Netzwerke genau genommen nur lose Kopplungen mit flüchtigen Kontakten sind, sind sie zugleich wichtige soziale Strukturen, die die neuen notwendigen sozialen Beziehungen stiften, deren Vorgänger sich zunehmend auflösen. Sie sind darüber hinaus die wissens- sowie reputationsgenerierenden Arenen, indem sie ihre Teilnehmer beobachten und bewerten, welche Qualitäten sie einbringen, wie tauschwillig und wie kompetent sie sind. So werden sie zu »sozialen Bewertungsinstanzen«.

Wie diese real funktionieren, verdeutlichen die Arbeitswissenschaftler Axel Haunschild und Doris Eikhof an einem Beispiel aus der darstellenden Kunst. In ihrem 2004 veröffentlichten Aufsatz »Arbeitskraftunternehmer in der Kulturindustrie« beschreiben sie anhand von Theaterschauspielern, die sich ebenso wie Filmschaffende schon immer in Projektnetzwerken bewegten: »Wie erfolgreich sich die schauspielerische Tätigkeit verkaufen lässt, ob neue Engagements oder begehrte Rollen angeboten werden, hängt nicht nur vom Talent, sondern sehr stark von Kontakten zu Regisseuren, Intendanten, Dramaturgen, Agenten, Kritikern, Filmproduzenten und Schauspielkollegen ab. Dieses ›soziale Kapital‹ hilft zum einen, Beschäftigungsflauten zu vermeiden oder zumindest zu mildern und so die generelle Unsicherheit über zukünftige Projekte und damit zukünftiges Berufs- und Privatleben zu mindern. Zum anderen ist die Reputation der Schauspieler und damit ihre Attraktivität für potenzielle Arbeitgeber abhängig davon, mit welchen Partnern sie in welchem Projekt zusammengearbeitet haben. Entsprechend bedeutet Erfolg für viele Schauspieler, von der Theaterleitung geliebt zu werden.«

Wer schon vor dem Einstieg in sein Arbeitsleben mit den neuen Anreizstrukturen aus der projektbasierten Polis sozialisiert wurde, begibt sich regelmäßig auf die Suche nach diesen Bewertungsinstanzen, die seinen Aktivitäten, seiner Netzwerkkompetenz, seiner Mobilität, seiner Verfügbarkeit und seiner Vielzahl an Kontakten einen besonderen Wert beimessen und sie anerkennen. Diese findet man zum Beispiel in Open-Source-Softwareprojekten. Bei diesen muss tatsächlich eine andere Motivation als die Profitmaximierung im Vordergrund stehen, da es in der Natur dieser gemeinnützigen Projekte liegt, dass Entwickler zunächst weder Geld für die Arbeit bekommen noch Eigentumsrechte an der Software erwerben. Dass es sich dabei nicht nur um eine intrinsische oder altruistische Motivation handelt, zeigen die Autoren Hind Benbya und Nassim Belbaly in ihrem Buch *Successful OSS Project Design and Implementation* auf. An ihrem Überblick über die Beweggründe der Teilnehmer einer Open-Source-Gemeinschaft wird zugleich deutlich, dass hier die Rechtfertigungslogik greift, die Boltanski und Chiapello mit dem neuen Geist des Kapitalismus beschreiben: Open-Source-Softwareprojekte bieten dem Teilnehmer eine Möglichkeit einerseits für das Einüben und andererseits für das Nachweisen der Fähigkeiten und Kompetenzen, für die er als mobiler, autonomer Nomade in einer komplexen und beweglichen Welt Anerkennung bekommt.

Indem der Teilnehmer seinen selbst geschriebenen Code kostenlos öffentlich zur Verfügung stellt, bekommt er die Chance, seine Fähigkeit bei einer relevanten Peergroup sichtbar zu machen und von dieser bewerten zu lassen. Interessant dabei ist der Aspekt, dass man nur Reputation im positiven Sinne dazugewinnen kann. Denn Open-Source-Softwareprojekte sind hochkommunikative und beobachtungsintensive Netzwerke, wie Birger P. Priddat und Alihan Kabalak in ihrem Aufsatz »Open Source als Produktion von Transformationsgütern« beschreiben, in denen zwar alle alles beobachten, aber nur besonderer Einsatz und Kreativität der Teilnehmer mit kommunikativ positiver Zuschreibung belohnt werden. Nichtleistung wird schlicht nicht kommuniziert. Neben der Darstellung der eigenen fachlichen Kompetenz geht es auch um die Netzwerkkompetenz. Proaktives Kommunizieren, konstruktives Feedback und das Teilen von Wissen sind Kompetenzen, ohne die eine aktive Teilnahme in einem Open-Source-Netzwerk unmöglich wäre, da Teilprojekte nur durch Eigeninitiative angestoßen und durch Kommunikation und Kooperation in das Gesamtprojekt eingebunden werden können.

Um an Open-Source-Projekten teilnehmen zu können, braucht man keine Referenzen oder Empfehlungsschreiben, sondern qualifiziert sich ausschließlich durch das Engagement. Niemand wird ausgeschlossen. Zum emotionalen Wert der

Zugehörigkeit gesellt sich in der Darstellung von Benbya und Belbaly noch eine weitere persönliche Motivation: das Ausleben der eigenen Kreativität, durch die der Entwickler durch das Programmieren in eine Art »Flow State« versetzt wird, wobei sich die Freude an der Tätigkeit maximiert und ein Zustand intensiver und fokussierter Konzentration erreicht wird. Der Flow State entsteht nach Meinung der Autoren dadurch, dass die Herausforderung genau den Fähigkeiten des Entwicklers entspricht und der Teilnehmer weder überfordert noch unterfordert ist. Der Schlüssel dazu ist die selbstbestimmte Auswahl von Aufgaben, die zur optimalen Balance zwischen Fähigkeit und Aufgabe führt.

Natürlich werden auf der Basis von Open Source oft auch eigene Geschäftsmodelle und Möglichkeiten für Erwerbsarbeit entwickelt, wie bei dem im zweiten Teil dargestellten Beispiel des Unternehmens Automattic Inc., das auf der Open-Source-Blogging-Software WordPress beruht. Priddat ergänzt diesen Aspekt um die wirschaftlichen Potenziale, die sich für die Teilnehmer aus ihrer Kompetenzentwicklung im Projektverlauf ergeben. Das Feedback und die Nachbearbeitung des Codes durch die anderen Teilnehmer macht das Produkt besser, aber auch die Teilnehmer selbst entwickeln ihre Fähigkeiten dadurch weiter. Priddat und Kabalak beschreiben das als »training on the job« und somit eine Investition in das eigene Humankapital.

Bei einer solch starken Durchmischung und gegenseitigen Beeinflussung extrinsischer und intrinsischer Motivationen, wie sie in Open-Source-Projekten zu beobachten sind, bleibt zusammenfassend vor allem eines festzuhalten: Dort wo netzwerkkompatible Fähigkeiten die höchste Anerkennung bekommen, werden vor allem nachrückende Generationen zunehmend in einer Netzwerkwelt leben wollen. Das berufliche und das private Milieu schieben sich ineinander. Besonders im digitalen Umfeld ist die Arbeit auch bei fest angestellten Mitarbeitern derart netzwerkeingebettet, dass die Grenzen von Unternehmen sich an der Peripherie öffnen und nach außen mit den Netzwerken der Mitarbeiter verschwimmen werden. Wo für klassische Unternehmen durchaus große Berührungsängste bestehen, liegt eine große Chance verborgen. Indem man den Mitarbeitern die Freiheit gibt, sich über die Unternehmensgrenzen zu vernetzen und zu kommunizieren, kann das Unternehmen einerseits die Netzwerke um die Mitarbeiter sowie die dort akkumulierten Erfahrungen, die Kompetenzen und das Wissen nutzen und andererseits durch die Anerkennung der Netzwerkkompetenz seine hochmobilen Mitarbeiter an sich binden.

Wir haben aufgezeigt, warum es wenig verwunderlich ist, dass »Beziehungsstörungen« zwischen denen, die im Konzernkapitalismus, und denen, die im Netzwerkkapitalismus sozialisiert wurden, auftreten. Es wird auch deutlich, dass diese Entwicklung nicht nur eine Mode ist, die der derzeitigen Marktlage entspricht, in der gut ausgebildete Junge gefragt sind und die Regeln diktieren. Vielmehr handelt es sich um eine Entwicklung, die Teil eines gesellschaftlichen Wandels ist. Und der lässt sich wahrlich nicht aufhalten – aber nutzen.

REMEMBER

- Nachrückende Generationen sind von einem anderen Motivations- und Legitimationsmodell geprägt als ihre Vorgänger. Während Fachkompetenz in den Hintergrund rückt, suchen sie vor allem nach Beschäftigungsmöglichkeiten, die ihnen Anerkennung ihrer Netzwerkkompetenz, Mobilität, Verfügbarkeit und eine Vielzahl an Kontakten vermitteln.
- Was vorher nur für Selbständige galt, findet man heute auch bei Festangestellten: Sie agieren zunehmend als Arbeitskraftunternehmer. Das sind Mitarbeiter, die sich und ihre Arbeitskraft selbst am Markt handeln, managen und wettbewerbsfähig halten. Diese Entwicklung zeichnet sich durch verstärkte Selbstkontrolle, Selbstökonomisierung, Selbstrationalisierung und Verbetrieblichung der Lebensführung der Arbeitnehmer aus.

- Das neue Anforderungsprofil an den modernen Mitarbeiter hört sich für die Arbeitgeberseite sicher vielversprechend an. Aber die Potenziale, die in solchen Profilen liegen, müssen auch entsprechend gehoben werden. Die Beschreibung des Mitarbeiters muss daher zugleich als Anforderung an das Arbeitsumfeld verstanden werden. Ein motivierendes Umfeld zu kreieren heißt, Netzwerksstrukturen im Unternehmen zu ermöglichen und Vernetzung auch außerhalb des Unternehmens zu fördern.

- Die Strukturen in der Branche der darstellenden Künste oder in Open-Source-Projekten veranschaulichen, wie Projektnetzwerke in Reinkultur funktionieren. Die Motivation für ein Engagement in diesem Bereich sind die Qualifikation durch das Engagement im Projekt und die Vernetzung mit den anderen Teilnehmern.

READ

- Benbya, Hind; Belbaly, Nassim: Successful OSS Project Design and Implementation. Farnham, Gower Publishing 2011
  Bei dem Buch handelt es sich um die wohl umfassendste Studie und Anleitung rund um das Thema Open-Source-Projekte und ihre Gestaltung.

- Boltanski, Luc; Chiapello, Ève: Der neue Geist des Kapitalismus. Konstanz, UVK 2003
  Auch wenn es sich um etwas härtere soziologische Kost handelt, eine Leseempfehlung, weil es eine umfassende Herleitung einer neuen Rechtfertigung für unsere Motivation, an der Marktwirtschaft teilzuhaben, enthält.

- Boltanski, Luc; Chiapello, Ève: »Die Rolle der Kritik in der Dynamik des Kapitalismus und der normative Wandel«. In: Berliner Journal für Soziologie, 2001 (Band 11), S. 459 – 477
  Wem Der neue Geist des Kapitalismus zu schwere oder aufwendige Kost ist, sei dieser zusammenfassende Artikel empfohlen. Kurz und knackig führt er durch die Argumentation der beiden Autoren.

- Eikhof, Doris; Haunschild, Axel: »Arbeitskraftunternehmer in der Kulturindustrie. Ein Forschungsbericht über die Arbeitswelt Theater«. In: Pongratz, Hans J.; Voß, G. Günter (Hg.): Typisch Arbeitskraftunternehmer? Befunde der empirischen Arbeitsforschung. Berlin, Edition Sigma 2004, S. 93 – 113
Wer glaubt, dass das vernetzte Arbeiten erst von der digitalen Boheme erfunden wurde, der möge sich von diesem Aufsatz am Beispiel der Künste eines Besseren belehren lassen.
- Priddat, Birger P.: Organisation als Kooperation. Wiesbaden, VS Verlag 2010
Priddats Werk ist sicherlich eines der besten deutschsprachigen Bücher, wenn es um die Entwicklung von Organisationstheorien insgesamt und die Hintergründe der Netzwerkökonomie im Besonderen geht.
- Priddat, Birger P.; Kabalk, Alihan: »Open Source als Produktion von Transformationsgütern«. In: Priddat, Birger P.: Organisation als Kooperation. Wiesbaden, VS Verlag 2010
- Voß, G. Günter; Pongratz, Hans J.: »Der Arbeitskraftunternehmer. Eine neue Grundform der Ware Arbeitskraft?«. In: Kölner Zeitschrift für Soziologie und Sozialpsychologie, 50 (1), 1998, S. 131 – 158
Schon bevor der Begriff New Work geprägt wurde und das Internet eine völlig neue Arbeitswelt und ein neues Verständnis von Arbeit und Beschäftigung ermöglichte, beschrieben diese beiden Soziologen diesen neuen Typ des Arbeitnehmers, der heute aktueller ist denn je.

Richtig statt riesig

In den letzten Jahrzehnten stand Größe für Erfolg. Nur wer es schaffte, seine *Economies of Scale* oder *Economies of Scope* – also Skalenvorteile oder Verbundvorteile – immer weiter zu optimieren, schien wettbewerbsfähig zu sein. Im Automobilsektor verschwanden immer mehr Marken unter dem Dach weniger, immer größer werdender internationaler Konzerne. Volkswagen, der europäische Inbegriff von Autos für den Massenmarkt, steht heute für eine Unternehmensgruppe, zu der neben der Marke Volkswagen selbst auch noch andere Masseanbieter wie Seat, Škoda und Audi, darüber hinaus aber auch Luxusmarken wie Ducati, Bugatti, Bentley, Lamborghini und natürlich Porsche zählen. Viele eigentümergeführte Handelsunternehmen im Bekleidungsbereich, die sogenannten Platzhirsche, wurden über die Jahre von den Filialkonzepten wie H&M, Zara oder Esprit immer weiter unter Druck gesetzt und mussten am Ende ganz aufgeben. Selbst von den großen Luxusmarken sind heute nur noch die wenigsten selbständig. Sie befinden sich mittlerweile unter dem Dach eines der großen Konzerne wie LVMH oder Kering. Bessere Einkaufskonditionen bei höherem Volumen, sinkende Forschungs- und Entwicklungskosten pro Einheit, Komplexitätsreduktion durch die Nutzung gemeinsamer Plattformen, bessere Finanzierungskonditionen oder überlegene Verhandlungsmöglichkeiten gegenüber dem Einzelhandel, all das bietet Vorteile, die Großkonzerne für sich geltend machen können. Doch reichen diese Beispiele aus, um die Überlegenheit von großen Strukturen zu beweisen?

Vielleicht hilft ein Blick in die Geschichtsbücher. Die MIT-Professoren Michael J. Piore und Charles F. Sabel sind schon 1984 in ihrem Buch *Das Ende der Massenproduktion* der Frage nachgegangen, ob Massenproduktion sich aufgrund ihrer relativen Überlegenheit über andere Strukturen in der Industriegesellschaft durchgesetzt habe, oder ob es vielleicht noch andere Faktoren gab, die diese Entwicklung begünstigten. Die Antwort mag überraschend klingen, scheint sich aber anhand der derzeitigen Entwicklungen in Wirtschaft, Politik und Gesellschaft zu bestätigen: Die Massenproduktion war auch früher schon keine an sich überlegene Strategie gegenüber Handwerkskunst oder etwa Genossenschaftsmodellen. Und so wagen die Autoren die These, dass der umfassende Erfolg der Massenproduktion, die Dominanz des Strebens nach Größe allein, ein geschichtlicher Irrtum war.

Dabei sollte man diese Aussage nicht falsch verstehen, denn sie ist keine grundsätzliche Absage an die Gültigkeit der Prinzipien der Arbeitsteiligkeit. Adam Smiths Beobachtung dazu, die er in einer Nadelfabrik machte, gilt bis heute als wegweisend und ist auch grundsätzlich unbestritten. Er stellte fest, dass deutlich mehr Nadeln in der gleichen Zeit hergestellt werden konnten, wenn man nicht einzelne Personen Nadeln komplett herstellen ließ, sondern einige sich auf die Spitzen und andere sich auf die Köpfe spezialisierten. Die Vorteile durch Erfahrung und Gewohnheit waren dabei genauso wichtig wie der Rückgang der »Rüstkosten« des einzelnen Arbeiters beim Wechsel der Tätigkeit. Mit dem Aufkommen von einfachen Maschinen wurde diese Tendenz noch verschärft. Die Überlegenheit der maschinenunterstützten Fertigung gegenüber der spezialisierten händischen Tätigkeit war eklatant und wurde umso deutlicher, je mehr Einheiten produziert wurden. Als die Produkte durch niedrigere Preise aufgrund der sinkenden Kosten für immer weitere Teile der Bevölkerung erschwinglich wurden, stieg der Wohlstand, der Markt wuchs und mit ihm die großen Unternehmen.

Aus dieser Perspektive gesehen ist es verständlich, dass die Überzeugung flächendeckend Einzug hielt, dass Massenproduktion endlich die Lösung aller bis dahin vorherrschenden Beschränkungen sein musste. Was das betraf, standen sogar Adam Smith, der als der Gründungsvater des Kapitalismus gilt, und Karl Marx, als unbedingter Gegner des Kapitalismus, Seit an Seit. Smith sah die Zeiten eines neuen Wohlstands aufziehen, Marx sah in der maschinellen Massenproduktion den Weg zur Befreiung der Arbeitnehmerschaft aus der Abhängigkeit – wenn eines Tages die gesamte Produktion nur noch von Maschinen geleistet würde.

Trotz der Entdeckung dieses vermeintlichen Königswegs, hielten sich dennoch überall, wo die industrielle Fertigung Einzug hielt, auch Unternehmen weiterhin am Markt, die nach ganz anderen Prinzipien organisiert waren. Es kamen sogar neue Modelle hinzu, wie etwa das genossenschaftliche. Piore und Sabel untersuchten dieses Phänomen näher und stellten fest, dass es sich bei diesen nicht etwa um unerklärbare Kuriositäten handelte, sondern um Unternehmen, die bewusst in den letzten Jahrhunderten dem Zeitgeist trotzten, obwohl der Wind deutlich in Richtung Massenproduktion blies, und es bis heute in weiten Teilen von Wirtschaft, Politik und Wissenschaft tut. Die öffentliche Debatte über die Überlegenheit der Massenproduktion zeigte dennoch Wirkung. So kam es, dass viele Unternehmen, die eigentlich weiterhin in ihren etablierten Strukturen wettbewerbsfähig gewesen wären, sich in Richtung industrieller Fertigung im großen Maßstab entwickelten – aus Angst, den Anschluss zu verlieren. Auf dem Weg dorthin büßten sie allerdings oft zunächst ihre Freiheiten, dann ihre Anpassungsfähigkeit und schließlich ihre Innovationsfähigkeit ein.

Manch einer verpasste zwar auf diese Weise zunächst nicht den Anschluss, aber verbaute sich dennoch den Weg in die Zukunft. Selbst Ford, der Vorreiter der Massenproduktion, hatte mit seiner institutionalisierten Inflexibilität zu kämpfen, als die Nachfrage zunehmend individueller wurde. Denn wer seinen Maschinenpark zur Produktion eines hoch standardisierten Produktes gerade erneuert hatte, musste mit diesem dann auch erst einmal große Mengen an Waren produzieren, um das investierte Kapital wieder hereinzuholen. Wenn sich in der Zwischenzeit die Marktlage änderte, wurde es besonders durch den finanziellen Druck, der mit der Neuanschaffung einherging, schwer für ihn, sich anzupassen. Auch wenn er mit dem Verkauf seiner Ware die aufgenommenen Kredite vielleicht noch abbezahlen konnte – den Anschluss an den Markt hatte er oft damit verspielt.

Genau an dieser Stelle kommt man an die ersten Grenzen der Gültigkeit von Modellen wie *Economies of Scope* und *Economies of Scale*, über deren Tellerrand wir im Folgenden hinausschauen wollen. Denn außerhalb des Hoheitsgebietes der klassischen Economies gab es auch schon zu ihren Hochzeiten viel Freiraum für wirtschaftliches Handeln und Profite. Da waren etwa die Qualitätsversprechen, für die Manufakturen und Genossenschaften standen, die von den Masseanbietern nicht erfüllt werden konnten. Denn auch damals gab es, genau wie heute, Bevölkerungsgruppen, die für Qualität oder Maßanfertigung bereit waren, mehr zu zahlen oder länger auf das fertige Produkt zu warten, als wenn sie Standardware von der Stange gekauft hätten. Darüber hinaus konnte die Massenproduktion auch in der Produktauswahl nicht alle Bedürfnisse des Marktes abdecken. Je höher die nachgefragten Stückzahlen waren, umso mehr profitierte sie. Sobald Märkte aber eher Nischen waren und große Stückzahlen gar nicht zuließen, war es mit der Pracht vorbei. Oder um es plastisch auszudrücken: Wer mit einem teuren Maschinenpark erfolgreich und profitabel ein Produkt für Rechtshänder herstellt, wird das gleiche Produkt nicht unbedingt auch profitabel für den viel kleineren Markt von Linkshändern anbieten können. Diese Profitchancen mussten die Massenproduzenten schon immer anderen überlassen.

Diesen kleineren Anbietern kam außerdem zugute, dass sie sich viel schneller an wandelnde Marktnachfragen anpassen konnten, so wie es auch heute noch bei Start-ups zu beobachten ist. Das lag zum einen daran, dass ihr Personal in der Breite deutlich besser ausgebildet und daher in der Lage war, sehr viel schneller seinen Tätigkeitsschwerpunkt zu ändern und trotzdem gute Leistungen zu bringen. Zum anderen lag es auch an der Behäbigkeit, die der industriellen Massenproduktion spätestens durch die Anschaffung teurer und hoch spezialisierter Maschinen inhärent war. So konnten die Kleinen aufgrund ihrer Flexibilität in den Übergangsphasen den Markt bedienen, zumindest so lange, bis die Massenfertigung umgestellt war und die Preise drückte. Daraufhin suchten sie sich wieder neue Nischen, die sie bedienen konnten, wodurch sie beweglich blieben. Einige bespielten eine andere Nische, die von der Massenproduktion nicht bedient werden konnte, und stellten die Spezialanfertigungen her, die die Großorganisationen für ihre

Produktion brauchten – und profitierten damit sogar von deren Entwicklung.

Bis heute hat sich trotz diverser Quantensprünge in der Produktionstechnologie und der enormen Weiterentwicklung der Märkte an dieser Beschreibung nur recht wenig geändert. Natürlich ist die Massenproduktion heute flexibler als vor einigen Jahrzehnten. In einem gewissen Spektrum ist auch das Bedienen von Kundenwünschen heute möglich, etwa in der Automobilindustrie, wo kaum noch zwei sich komplett gleichende Autos vom Band rollen. Wirklich beweglich und damit in der Lage, in einem sich zersplitternden Markt auch die vielen neu entstandenen Nischen zu bedienen, ist man allerdings bis heute nicht.

Am Beispiel des deutschen Versandhandels wird deutlich, dass auch die zunehmende Flexibilität der Großen nicht ausreicht, um den Trend aufzuhalten, dass sich die Balance zunehmend zulasten der Großen in die Richtung der kleinen Anbieter verschiebt. Während die Branche früher von zwei Handvoll relevanter Player dominiert wurde, gibt es heute, rein auf Schätzungen basierend, wohl mehr als 100 000 Onlineshops alleine in Deutschland. Zwar erwirtschaften die wenigsten von ihnen die Umsatzvolumina, die für etablierte Händler attraktiv erscheinen. Und das gilt oftmals selbst dann, wenn sie von namhaften Firmen betrieben werden. Ihre Existenzberechtigung haben sie aber dennoch. Und vor allem greifen sie in kleinen Häppchen das Marktvolumen weg, was sich über die Zeit zu beträchtlichen Summen und Marktanteilen summiert, die den etablierten Händlern schmerzlich fehlen.

Diese scheitern zum Teil schon daran, dass sie von den eigenen Onlinemodellen Zahlen erwarten, die diese einzeln kaum liefern können. Es herrscht immer noch die Hoffnung vor, mit einzelnen Konzepten hohe zwei- oder gar dreistellige Millionenumsätze zu generieren oder sogar das nächste Amazon oder Zalando zu finden. Aber genau deshalb – und weil die internen Verrechnungspreise auf den Massenmarkt ausgelegt sind und jedes kleine Unternehmen gleich am Anfang zu erdrücken drohen – schafft man es dann nicht, attraktive Marktnischen zu erschließen. Das übernehmen die immer neuen, kleinen Online-shops gerne – und verschärfen damit das Problem der Großen nur weiter. Wären diese in der Lage, sich mit einer wachsenden Zahl kleiner, beweglicher Ansätze zu positionieren, es würde ihnen helfen und früher oder später einen positiven Beitrag zu den Unternehmenszahlen leisten. Und ganz nebenbei wäre das auch der richtige Weg, um vielleicht doch den einen, ganz großen Treffer zu landen. Denn der Markt hat in den letzten Jahren bewiesen, dass er für Überraschungen gut ist und aus einer Nische auch schnell ein richtig großes Thema werden kann. Davon hat man aber nur etwas, wenn man zuvor schon in der Nische dabei war.

Als Antwort auf die beschriebenen Entwicklungen bilden sich seit einigen Jahren in vielen Branchen Hybridformen aus Größe und alternativen Prinzipien heraus. Ein Beispiel für solch einen Hybriden ist das Einzelhandelsunternehmen Engelhorn aus Mannheim. In inzwischen über 120 Jahren hat es zwei Welt-kriege und mehrere Rezessionen überstanden, indem die Unter-nehmensleitung immer wieder gegen den Trend investierte. Engelhorn war zudem einer der ersten regionalen Händler, der auf einen Onlineshop setzte, neue Themen wie Sport oder Acces-soires schneller aufgriff als andere und frühzeitig auf den Genera-tionswechsel setzte, wo in anderen Firmen die Seniorchefs bis zu ihrem Tod die Finger nicht vom operativen Geschäft lassen konn-ten. Mit geschätzten 150 Millionen Euro Jahresumsatz bewegt sich Engelhorn auf einer Ebene mit vielen Handelsunternehmen, die Filialen über ganz Deutschland verteilt betreiben. Engelhorn konzentriert sich aber bis heute auf Mannheim sowie drei weitere Niederlassungen in Viernheim und am Frankfurter Flughafen. Und während die kleineren Filialisten in den letzten Jahren fast ausnahmslos unter Druck kamen, weil sie sich im selben Seg-ment wie die großen Namen H&M, Zara und Co. bewegen, mit deren Einkaufskonditionen und Logistik allerdings nicht mithal-ten können, ist Engelhorn in Mannheim immer noch unangefochtener Platzhirsch und hält selbst deutlich größere Unternehmen wie Peek & Cloppenburg ohne Probleme auf Distanz.

Ebenfalls erfolgreich in der Kombination aus Flexibilität und Kundennähe einerseits und Skalierung andererseits ist eine Gruppe von Unternehmen, die es in dieser Form nach westlichem Standard gar nicht geben dürfte. Unter dem Label »Shanzhai« werden vor allem in China von einer schier unüberschaubaren Zahl von Unternehmen am laufenden Band illegale Kopien von Produkten entwickelt, die auf den ersten Blick bekannten amerikanischen und europäischen Marken ähneln, im Detail aber doch deutliche Unterschiede aufweisen. Unabhängig davon, wie man diesen Ansatz rechtlich und moralisch bewertet, ist das Geschäftsmodell spannend. Nicht nur die Geschwindigkeit, mit der bekannte Designs übernommen werden – zumeist geht es nur um wenige Wochen –, sondern vielmehr die Weiterentwicklung der bekannten Produkte und die damit angestrebte Anpassung an die Bedürfnisse der Kundengruppen vor Ort ist beeindruckend.

Während etwa das iPhone keine Möglichkeit bietet, eine kaputte Batterie selbst auszutauschen, ist das bei seiner Nachbildung ebenso möglich wie die Nutzung von zwei Sim-Karten gleichzeitig oder die Option, dank einer ausziehbaren Antenne lokales Fernsehen zu empfangen. Ein Shanzhai-Produkt, das aussieht wie ein iPad I, bietet genau die Schnittstellen, die an Apples Originalen schmerzhaft vermisst wurden, und darüber hinaus auch noch eine eingebaute Kamera, die die Amerikaner erst der zweiten iPad-Version spendierten.

Kreative Designs, die von den ursprünglichen Herstellern nicht angeboten werden, und spannende Produkterweiterungen, wie etwa die Hülle, die aus einem einfachen iPod ein funktionsfähiges Telefon macht, festigen das entstandene Bild: Es handelt sich nicht um billige Kopien der Originale, sondern um eigenständige Produkte, die das imitierte Design zwar für ihr Marketing nutzen, sich ansonsten aber ganz an den Bedürfnissen ihrer Kunden orientieren. Das wird umso einfacher mög-

259

lich, als die Produktion nur in Kleinserien abläuft und somit regelmäßig neue Modelle und Produktiterationen auf den Markt schwappen, während man auf die nächste Generation des iPhones gerne einmal über ein Jahr warten muss.

Was die Shanzhai-Firmen und Engelhorn so erfolgreich macht, ist das, was Wissenschaftler »organisationale Ambidextrie« nennen. Frei übersetzt geht es dabei um die Ausbildung einer »Beidhändigkeit«, was die Fähigkeit meint, gleichzeitig effizient und anpassungsfähig zu sein. James G. March beschreibt es in seinem Artikel »Exploration and Exploitation in Organizational Learning« als die organisatorische Fähigkeit, ein ausgewogenes Zusammenspiel der Ausnutzung von Bestehendem und der Erkundung von Neuem zu ermöglichen. Das Unternehmen geht effizient mit heutigen betriebswirtschaftlichen Belangen um und fördert gleichzeitig die Forschung, die Auseinandersetzung mit der Zukunft und lässt Raum für vorausschauende Anpassungen an zukünftige Veränderungen der Umwelt.

Weniger abstrakt lässt sich die Idee anhand des Beispiels von W. L. Gore & Associates illustrieren, bekannt durch ihr Produkt Gore-Tex. Ambidextrie ist dort nicht etwa eine Managementstrategie, sondern in die organisationale Struktur und damit in die Unternehmens-DNA eingewoben. Denn trotz der inzwischen 9500 Mitarbeiter in 30 Ländern, eines Umsatzes von über drei Milliarden Dollar und einer von Skaleneffekten profitierenden Produktpalette schafft Gore es, flexibel und anpassungsfähig zu bleiben. Dabei hilft enorm, dass man einerseits sehr flache Hierarchien und andererseits die Größe der Einheiten innerhalb der Firma auch an den Produktionsstandorten nach der sogenannten Dunbar-Regel auf jeweils 150 Mitarbeiter beschränkt hat, um intensiven Kontakt, Austausch und Zusammenarbeit zwischen den Mitarbeitern zu ermöglichen, was für eine hohe Innovationskraft sorgt.

W. L. Gore & Associates beweist, wovon auch der Musikproduzent und ehemalige Geschäftsführer von Universal in Deutschland, Tim Renner, überzeugt ist, wenn er in seinem

Buch *Kinder, der Tod ist gar nicht so schlimm!* schreibt: »Große Systeme an sich sind nicht das Problem, solange sie die Verantwortung in geschlossenen Blöcken verteilen. Der Einzelne darf sich nicht als Rad im Getriebe fühlen, der nur einen Auftrag für ›die da oben‹ ausführt und nicht begreift, in welchem Gesamtzusammenhang sein Tun steht.«

Die Relevanz der Bestimmung der richtigen, adäquaten Größe beschränkt sich allerdings nicht auf die bisher beleuchteten Aspekte, sondern betrifft weitere Themen, wie etwa die Zusammensetzung der Kundschaft. Dabei gilt dies vor allem für Firmen, die im B2B-Bereich tätig sind. Normalerweise wünschen sich Unternehmen, egal ob Werbeagenturen oder Unternehmensberatungen, Callcenter-Dienstleister oder Automobilzulieferer, vor allem große Kunden. Denn die bringen stabilen Umsatz und binden in der Regel relativ weniger Kapazitäten in Akquisition und Betreuung als viele mittlere und kleinere Kunden. Allerdings haben auch die Kunden mit immer unsicherer werdenden Märkten zu kämpfen, ihre Anforderungen verändern sich dauernd – und manchmal verschwinden sie auch ganz vom Markt. Prinovis etwa, eines der größten Druckereiunternehmen Deutschlands, gab Anfang 2013 bekannt, dass es seinen zweitgrößten Standort in Itzehoe schließen muss – unter anderem, weil der lukrative – und gleichzeitig riesige und dominante – Auftrag, zwei Drittel der Auflage des Quelle-Katalogs zu drucken, durch die Pleite von Quelle weggebrochen war.

Das kann zum Beispiel der Softwarefirma 37signals nicht passieren, wie Mitgründer Jason Fried in seinem Artikel »Big Customers? Who needs 'Em?« zu Protokoll gibt. Ihn machen große Kunden sogar nervös. Denn »wer einem am meisten bezahlt, hat auch die meiste Kontrolle über einen«. Er sieht nicht nur das kurzfristige finanzielle Risiko, das sich aus einem plötzlichen Verlust eines großen Kunden ergibt, sondern auch das langfristige produktseitige: »Wenn einem einige Kunden deutlich mehr zahlen als andere, wird das Produkt am Ende

unvermeidlich immer weiter auf deren spezielle Wünsche zugeschnitten werden. In anderen Worten: Wenn man General
Electric als Kunden gewinnt, wird man zum Berater von General Electric.«

37 signals hat aus diesem Grund ein Preismodell gewählt,
was es zwar nicht unmöglich macht, an große Kunden zu liefern. Allerdings sorgt es dafür, dass diese nicht mehr Macht bekommen als andere Kunden – weil sie umsatzseitig nicht wichtiger sind als diese. Wie das funktioniert? Man hat sich bei
37 signals entschieden, von jedem Kunden gleichermaßen eine
Lizenzgebühr zu verlangen, die mit 150 Euro relativ überschaubar ist und alle Einzelplatzlizenzen bereits abdeckt – egal ob es
nun zwei, 200 oder 20 000 sind. »Wir lassen vermutlich Geld
auf dem Tisch liegen«, erklärt Fried. »Aber wir lassen gleichzeitig auch Kompliziertheit auf dem Tisch liegen. Und Kompliziertheit ist wie ein Loch im Dach. Es fängt klein an. Aber
über die Zeit sorgt es für beträchtlichen Schaden. Und wenn
dieser Prozess erst einmal begonnen hat, ist es schwer, ihn zu
stoppen.«

Sich in einem Markt zu bewegen, in dem kleine, flexible
Strukturen an Einfluss gewinnen und einem Start-ups mit ihren
pragmatischen und zum Teil unkonventionellen Methoden
Marktanteile streitig machen, heißt, sich und seinen eigenen
Vehikeln ähnliche Freiheiten zu erlauben, ohne die Vorteile großer Strukturen dabei aufzugeben. Schafft man dies, dann reizt
man zwar die Economies of Scale oder Scope nicht aus, profitiert aber von dem, was wir *Economies of Adequacy* nennen wollen. Hinter diesem Begriff liegt natürlich keine mathematische
Formel, weil sie im Sinne der Idee für jedes Unternehmen, jede
Branche, jeden Markt und jeden Zeitpunkt schließlich anders
lauten müsste. Aber der Begriff zeigt, dass wir es für deutlich
wichtiger halten, eine adäquate Positionierung des Unternehmens auf den drei Achsen Größe, Verbund und Flexibilität gleichermaßen zu erreichen als auf einer der Achsen ohne Rücksicht
auf die anderen Dimensionen zu optimieren. In dieser Logik

kann das Gesamtsystem durchaus groß und trotzdem überlebensfähig sein, wenn die einzelnen Einheiten beweglich bleiben.

REMEMBER

- Wenn Größe und Masse lange Zeit Stärke und Stabilität bedeuteten, stehen sie heute meist für Unbeweglichkeit und werden zur Gefahr auf dem immer dynamischer werdenden Markt. Um die Unbeweglichen herum bilden sich immer größer werdende Nischen, in denen sich vor allem die Flexiblen durchsetzen, die in vielen kleinen Portionen den Etablierten die Marktanteile streitig machen.
- Flexibel zu werden bedeutet nicht zwingend, die Größe des gesamten Unternehmens zu verändern, sondern die Einheiten des Unternehmens klein, autark und beweglich zu gestalten. Das Ziel heißt organisationale Ambidextrie, was heißt, gleichzeitig effizient und anpassungsfähig zu sein.
- Die Relevanz der Bestimmung der richtigen, adäquaten Größe betrifft auch die Zusammensetzung der Kundschaft. Bisher wünschten sich Unternehmen vor allem große Kunden, die stabilen Umsatz bringen und weniger Kapazitäten binden, als viele mittlere und kleinere Kunden. Nun wird deutlich, dass große Kunden auch Risiken bergen, weil sie Kontrolle über das Unternehmen und seine Produktentwicklung übernehmen und einen hohen finanziellen Schaden bedeuten, wenn sie plötzlich wegbrechen.

READ

- Friebe, Holm; Ramge, Thomas: Der Aufstand der Massen gegen die Massenproduktion. Frankfurt am Main, Campus Verlag 2008
  Die Autoren zeigen mit vielen Beispielen, wie Konsumenten mithelfen, den Massenmarkt zu individualisieren und auf diese Weise die Grenzen zwischen Produzenten und Konsumenten verschwimmen zu lassen. Das Beste an diesem Buch: Jedes Exemplar ist ein handgemachtes Unikat.

- Fried, Jason: »Big Customers? Who needs 'Em?«. In: Inc., http://
  www.inc.com/magazine/201206/jason-fried/huge-accounts-
  make-me-nervous-it-takes-a-village.html
  Der Artikel stellt eine vermeintlich unumstößliche Wahrheit infrage
  und formuliert im Kontext der unruhigen Zeiten eine wichtige Auf-
  gabe für jeden Manager: Wie abhängig darf man von einzelnen
  Kunden sein?
- March, James G.: »Exploration and Exploitation in Organizational Learning«. In: Organization Science, Vol. 2, No. 1, Special
  Issue: Organizational Learning: Papers in Honor of (and by)
  James G. March (1991), S. 71 – 87
  Dieser Artikel beschreibt wissenschaftlich die Beziehung zwischen
  Risiko, Wissensmanagement und organisationalem Lernen im Span-
  nungsfeld zwischen der Nutzung existierender Gegebenheiten und
  der Erschließung neuer Möglichkeiten.
- Piore, Michael J.; Sabel, Charles F.: Das Ende der Massenproduktion. Frankfurt am Main, Fischer Taschenbuch Verlag 1989
  Als das Buch 1984 geschrieben wurde, dürfte es bei einigen Men-
  schen Kopfschütteln ausgelöst haben. Drei Jahrzehnte später zeigt
  sich, dass die Autoren recht hatten. Den Weg nachzuvollziehen heißt
  in diesem Fall, nach vorne hin klarer zu sehen.
- Renner, Tim: Kinder, der Tod ist gar nicht so schlimm!. Frankfurt
  am Main, Campus Verlag 2004
  Dass es nicht unbedingt auf die Größe von Einheiten ankommt,
  beschreibt Renner nicht nur, sondern er beweist es auch mit seiner
  eigenen Firma.

Nähe durch Distanz

Es gab Zeiten, da saßen wir kopfschüttelnd vor einem selbst geschriebenen Text und mussten uns von der Rechtschreibkorrek-
tur haufenweise Fehler anzeigen lassen. Und das, wo wir doch
zu Schulzeiten richtige Rechtschreibexperten gewesen waren –
zu Zeiten, als man »Flussschifffahrt« mit »ß« und nur zwei »f«

schrieb. Schuld war die große Rechtschreibreform von 1996, die
der deutschen Rechtschreibung ein Facelift verpasste. Obwohl
sich alle einig waren, dass es dringend einer Reform bedurfte,
stellte sich hinterher heraus, dass man es sich irgendwie anders
vorgestellt hatte. Der Reformprozess ging dann auch nicht ohne
erheblichen Widerstand über die Bühne. Ein Volksentscheid in
Schleswig-Holstein etwa stimmte mehrheitlich für die Wie-
dereinführung der alten Regelung, eine Lehrerinitiative zog mit
einem Kieler Elternpaar bis vor das Verfassungsgericht, um die
Rechtschreibreform zu stoppen und die altehrwürdige *Frankfurter Allgemeine Zeitung* wechselte zwischenzeitlich sogar für
einige Jahre wieder zurück zur alten Version und hoffte damit
vermutlich, die Reform aufhalten zu können. Am Ende aber
gab auch sie klein bei. Es sollte trotzdem zehn Jahre dauern, bis
alle die neuen Regeln akzeptiert hatten.

Warum tun sich Menschen so schwer damit, ihr Verhalten
anzupassen, selbst wenn die Anpassung eine Verbesserung oder
sogar Fortschritt bedeutet? Mit eben dieser Frage beschäftigt
sich seit einigen Jahren Paul Romer. Er ist Wirtschaftswissen-
schaftler an der Stern School of Business der New York University und untersucht in Bezug auf soziale und wirtschaftliche
Veränderungen das, was er »die kleinsten Einheiten von vorher-
sagbarer sozialer Interaktion« nennt: Regeln. Wie kommt es,
dass Menschen sich an manche davon gemeinhin halten, andere
wiederum dauernd zu unterlaufen bereit sind? Wieso hält man
sich etwa an die Verkehrsregel, nicht bei Rot über die Ampel zu
fahren, aber nicht an die Regel, nur in eine Kreuzung einzufah-
ren, wenn sie frei ist? Und warum blockieren Mitarbeiter oder
Manager manchmal den Zugang und die Verbreitung neuer
Technologien im Unternehmen, die sie selbst zu Hause mit
Freude nutzen? Romer ist überzeugt, dass Fortschritt vor allem
von der Dynamik der Regelwerke abhängig ist. Zumindest
unter der Annahme, dass jeder sich an diese hält. Und damit
wird auch schon der Haken an der Sache deutlich, denn so
ticken Menschen eben nicht. Regeln bewegen sich nicht im

luftleeren Raum, sondern sind hochgradig vom Kräftespiel der Normen abhängig. Will man also Regeln anpassen, muss man zuvor die Normen einer Häutung unterziehen. Das ist leichter gesagt als getan.

Normen sind die Basis des Zusammenlebens und werden vor allem im menschlichen Miteinander festgelegt. Durch soziale Interaktion bestätigt man sie sich einander immer wieder aufs Neue. An dieser Stelle wird Veränderung schwierig, denn Menschen ist Bestätigung durch soziale Interaktionen wichtiger als die Einhaltung anonymer Gesetze. Je enger und intensiver Menschen zusammenleben und interagieren, umso schwieriger wird es, ineffiziente Normen in einer Gruppe zu verändern. So können sie rein theoretisch ewig weiterexistieren, wider besseres Wissen und trotz anderslautender Gesetze. Wie sehr man sich damit selbst im Weg steht, wird am Beispiel der Adaption von neuen Technologien deutlich: Sie verändern mit ihrem Auftauchen die soziale Interaktion, weshalb parallel dazu dringend die davon betroffenen Regelungen angepasst werden müssten, sei es beim Thema Datenschutz oder beim Umgang mit geistigem Eigentum. Doch leider verhindern etablierte Normen, in diesem Falle eingefahrene Denkweisen, genau das. So ist man plötzlich gefangen irgendwo zwischen dem, was unsere Gesellschaft stabil hält, und dem, was sie fortschrittlich machen würde.

Dabei ist die Entwicklung der modernen Zivilgesellschaft ein Beweis dafür, dass Normen durchaus anpassungsfähig sind. Die Frage ist allerdings, wie lange es braucht, bis Fortschritte sichtbar werden – und ob die Geschwindigkeit für den Einzelnen ausreichend ist. Die Rechtschreibreform brauchte zehn Jahre, um allgemeine Akzeptanz zu finden. Stellt man das in den Kontext geschichtlicher Normenänderungszyklen, ist das extrem schnell. Wie lange brauchte man etwa in Europa, um statt des Trennenden die Gemeinsamkeiten in den Vordergrund zu stellen und die Kanonen einzumotten? Stellt man die zehn Jahre allerdings in einen unternehmerischen Kontext, müsste man von einer Ewigkeit sprechen – und gleichzeitig von einer Katastrophe. Die gute Nachricht ist: Es geht auch schneller.

Allerdings muss man sich bei dem Versuch, eine Abkürzung zu finden, oftmals auf einen Umweg einlassen. Für ein Land kann dieser Umweg zum Beispiel eine Sonderwirtschaftszone sein. In abgegrenzten Gebieten innerhalb eines Staates werden in Bezug auf rechtliche und administrative Systeme andere, für Investoren und Unternehmer attraktivere Regeln festgelegt als im Rest des Landes. So können nationale Wirtschaftssysteme im Kleinen sehr viel flexiblere Bedingungen anbieten, als sie im gesamten Staat möglich wären, und dort wirtschaftliche und technologische Entwicklung heranzüchten, die schließlich als Impulse in den Gesamtstaat zurückgetragen werden können.

Ein Beispiel für solch eine Sonderwirtschaftszone ist seit 1980 Shenzhen in China. Die Stadt, ganz in der Nähe von Hongkong gelegen, gilt heute als eines der bedeutendsten Ziele für ausländische Investitionen und ist eine der am schnellsten wachsenden Städte der Welt. Dabei war sie zwar stets unter der Kontrolle des sozialistischen Pekings, wandte aber an vielen Stellen im Rahmen erweiterter Freiräume kapitalistische Prinzipien an. Mehr als zehn Millionen Menschen zogen binnen weniger Jahrzehnte nach Shenzhen, um dort einen Job und bessere Lebensbedingungen zu finden. Shenzhen ist derzeit neben Hongkong und Macao die Stadt mit dem höchsten Pro-Kopf-Einkommen in China. Und von diesem Erfolg profitiert das alte System direkt, ohne von einem neuen System überrannt zu werden.

Damit ist die Geschichte allerdings erst zur Hälfte erzählt. Denn ähnlich wie die TUI, die nicht wusste, dass sie einen eigenen Coworking Space braucht, bevor nicht einige Mitarbeiter mit dem Konzept Erfahrung gemacht hatten, brauchte auch China zunächst einen Impuls von außen. Und dieser Impuls hieß Hongkong. Bevor Hongkong von den Briten 1843 zur Kronkolonie gemacht wurde, war es ein kleiner Fischerort mit gerade einmal einem Tausendstel der heutigen Einwohnerzahl.

Durch die Liberalisierungen im Handelsrecht, die die Briten nach den Opiumkriegen etablierten, wurde Hongkong zu einer wichtigen Freihandelszone in Ostasien und im Laufe der Geschichte immer wieder zum Zufluchtsort für religiös und politisch andersdenkende Chinesen. Zahlreiche dieser Einwanderer verließen die Stadt mit der Zeit wieder und trugen ihre Erfahrungen in ihre Heimat zurück. Das zeigte Wirkung, und so gewann die Idee, mit Shenzhen eine eigene Sonderwirtschaftszone einzurichten, an Kontur. Als dann 1997 auch noch Hongkong zurück an die Chinesen fiel, konnten die sich doppelt freuen: Sie hatten nicht nur schon vorher von Hongkong direkt profitiert und dadurch Shenzhen erfolgreich selbst entwickeln können, sondern sie bekamen über Nacht noch eine zweite, schon funktionierende Sonderwirtschaftszone mit erweiterten Freiheiten, weshalb sie Sonderverwaltungszone genannt wird, hinzu. Mit Macao folgte schon 1999, nach der Übernahme von den Portugiesen, die dritte.

Wenn die Idee der Sonderwirtschaftszonen nicht nur in Richtung einer Sonderverwaltungszone, sondern auch im Sinne von politischen und gesellschaftlichen Freiheiten zu Ende gedacht wird, spricht man von sogenannten Charta-Städten, wie sie vermehrt im US-Bundesstaat Kalifornien zu finden sind. Diese werden zumeist durch ihre Bürger selbst verwaltet und haben einen verhältnismäßig hohen Grad an Flexibilität bei der Regierungsform und der Erlassung von Gesetzen. In Bereichen, die nicht gesondert geregelt sind, sind sie weiterhin den höheren Institutionen ihres Staates oder ihrer Region untergeordnet. Charta-Städte haben, wenn auch nicht unter diesem Namen, eine lange Tradition, wie zum Beispiel die unabhängigen Stadtstaaten im Spätmittelalter. Der Hansestadt Lübeck etwa gestand Kaiser Friedrich II. schon im Jahre 1226 die Reichsfreiheit zu, wodurch sie dem Kaiser direkt unterstand, was in der Realität hieß, dass Lübeck ein großes Maß an Autonomie genoss und von seinen eigenen Bürgern in einem unabhängigen Rat regiert werden konnte. Als Handelsstadt profitierte Lübeck lange von seiner unabhängigen Stadtregierung und blühte innerhalb kurzer Zeit als Wirtschaftsmacht in der Ostseeregion auf.

Die Idee von weitgehend autonomen Stadtstaaten ist in den letzten Jahren wieder in Mode gekommen. Nicht zuletzt durch Paul Romer, der in der Errichtung von Charta-Städten eine Möglichkeit sieht, entwicklungsschwache Länder wettbewerbsfähig zu machen. Charta-Städte eignen sich nämlich auch dazu, den unkontrollierten Abfluss von Humankapital aus den alten Systemen zumindest zum Teil zu stoppen. Seit dem Fall der Berliner Mauer gibt es nur noch wenige Länder, die ernsthaft versuchen, ihre Einwohner davon abzuhalten, das Land zu verlassen, wenn diese es wirklich wollen. Der Braindrain zulasten dieser Staaten ist dabei schon seit Jahren enorm – und schadet der wirtschaftlichen Entwicklung. Um das zu verhindern, könnten neu entwickelte und gebaute Planstädte eine interessante Alternative sein. Vorausgesetzt man ermöglicht ihnen ein eigenes, modernes Regierungs- und Verwaltungssystem nach dem Vorbild der Charta-Städte.

Zu Ende gedacht heißt das, die Charta-Stadt dient als Spielwiese, um die leistungsfähige Elite im Land zu halten und ein anderes wirtschaftliches System, neue Gesetze und Rechtsprechung sowie gesellschaftliche Normen an einem Ort ohne Vorfestlegung zu testen und bei Erfolg von dort aus in den Rest des Landes zurückzutragen. Wie agile Schnellboote, die als Kundschafter schon einmal vorab Erfahrung einsammeln, können sie den schwer zu wendenden Dampfer bei der Neuausrichtung mit Wissen über den richtigen Kurs versorgen. Romer betont, dass derartige Charta-Städte allerdings nur funktionieren können, wenn die Bewohner freiwillig dorthin auswandern, ein großes Interesse an der Veränderung haben und zugleich ausreichend in der Ursprungskultur verankert sind, um einen Rücktransfer des Wissens aus dem neuen in das alte System zu gewährleisten.

Setzt man nun an die Stelle von Staat »Großkonzern« und an die Stelle von Charta-Stadt zum Beispiel »Inkubator«, »Ausgründung« oder »Start-up«, wird deutlich: Das Problem vieler Zweite-Welt-Länder, vor allem derer mit großer Bevölkerungszahl, ist dem vieler großer Unternehmen nicht unähnlich. Auch sie sind sich oft bewusst, dass sie ihre Normen anpassen müssen, können dies aber nicht über Nacht erreichen. Sie müssen andere Wege finden. Dabei bleiben gewisse Normen, wie etwa die der Gewinnerzielungsabsicht, unangetastet. Andere wiederum unterscheiden sich oder sind sogar das Gegenteil von dem, was man kannte. Der neutrale Raum, der mit der notwendigen Distanz vom Kern des Systems geschaffen wird, erlaubt es, neue Arbeitskulturen, neue Formen der Kooperation und des Wirtschaftens sowie die dazugehörigen neuen Technologien zu testen. Die Beibehaltung der notwendigen Nähe garantiert, dass man in der Lage ist, auch in der Zentrale zu lernen und die neuen Methoden und Denkweisen nach und nach zu integrieren.

Es gibt unterschiedliche Ansätze, ein gesundes Verhältnis zwischen Distanz und Nähe herzustellen. Aus dem Status quo heraus, in dem die Nähe dominiert, ist das Schaffen von Distanz inzwischen kein grundsätzliches Problem mehr. Denn organisatorisch ist die Abwesenheit vom Firmengelände kein Hindernis mehr, um seine Arbeit zu erledigen und sich mit den Kollegen auszutauschen. Dank der Kommunikationstechnologien, die für alle Wissensarbeitsprozesse heute bereits die wichtigste Infrastruktur bilden, steht das Unternehmen permanent im Austausch mit seinen Mitarbeitern. Die wiederum haben von überall auf der Welt jederzeit Zugang zu allem, was ihren Job ausmacht: Mitarbeiter, Software und Datenbanken. Virtuelle Aktenschränke, virtuelle Schreibtische sogar virtuelle Teeküchen bieten den Mitarbeitern die gemeinsame Plattform für kollaboratives Arbeiten mit ihren Kollegen – von Projektmanagement über Filesharing bis zum Gruppenchat. Nur eben das Büro teilen sie in Zukunft immer seltener – oder nur noch mit den Kollegen, die bei ihnen in der Nachbarschaft wohnen.

Es ist inzwischen zu beobachten, dass sich immer mehr Festangestellte in den Coworking Spaces der Start-ups und Freelancer einmieten – mit dem Segen ihrer Vorgesetzten. Sie docken dort an, wo sich viele Vertreter der Kreativ- und Gründerszene in den Großstädten heute schon finden lassen. Besonders Mitarbeiter, die sich mit digitalen Themen beschäftigen, leben nicht nur eng vernetzt, sondern wollen auch so arbeiten. Und oft auch am liebsten dort, wo sie leben. Nicht nur in ihrer Wohnung, denn ausschließlich im Homeoffice zu arbeiten ist für viele Menschen auf Dauer auch eine Belastung. Sie verlassen ihre Wohnungen, um ihr Wissen, ihre Projekte und Büroflächen mit ihresgleichen zu teilen, bleiben dabei aber gerne in ihren Stadtteilen: in den Cafés, den Coworking Spaces oder den freien Büroplätzen der Agentur um die Ecke.

Das Arbeiten an diesen offenen Orten in der direkten Nachbarschaft erspart ihnen auch noch die Autofahrt in die Vororte zum Büro auf dem Firmengelände. Die Zeitdiebe wie Rushhour und die ewige Parkplatzsuche am Abend entfallen endlich. Und die Vernetzung mit den anderen Coworkern, die selbst beschäftigt oder bei anderen Firmen fest angestellt an ganz ähnlichen Themen arbeiten, macht diesen Schritt auch für ihre Arbeitgeber attraktiv. Solche Hubs selbst zu fördern oder zu eröffnen, wo sie noch nicht existieren, ist ein Schritt, den Unternehmen in Zukunft gehen können, wenn sie zunehmend auf die Vernetzung und den interdisziplinären Wissensaustausch ihrer Mitarbeiter angewiesen sind.

Eine zweite Möglichkeit, eine ausgewogene Mischung aus Distanz und Nähe herzustellen, ist die, den Abstand zu weit entfernten Ansprechpartnern zu verkürzen. Das gewinnt besonders dort an Bedeutung, wo Unternehmen es nicht schnell genug schaffen, neue Technologien selbst zu entwickeln, neue Märkte zu erschließen oder in ihren Veränderungsprozessen nicht schnell genug voranzukommen, und wo der Zukauf der nötigen Kompetenzen, etwa in Form von Start-ups, als einzige Möglichkeit erscheint. Wie gekaufte Nähe in die falsche Richtung laufen kann, haben wir am Beispiel von Yahoo! und Flickr im ersten Teil genauer ausgeführt. Anstatt der jungen Idee und ihrer

Mannschaft den Freiraum zu lassen, das Produkt zunächst weiterzuentwickeln und es stärker in der Fangemeinde zu verankern, machten die rücksichtslos wirkenden Integrationsbemühungen des in die Tage gekommenen Internetriesen das junge Unternehmen Flickr zu einem Technologiezombie, der weder leben noch sterben konnte und so langsam in Vergessenheit geriet. Wer sich also in junge, aufstrebende Unternehmen einkaufen will, um ganzheitlich von deren Ideen, Arbeitsweisen und Geschwindigkeiten zu profitieren, steht vor der Frage, wie viel Nähe erlaubt ist, damit sie nicht das Netzwerk, den Austausch oder die Kreativität – und damit im schlimmsten Fall das Geschäftsmodell – erdrückt.

In Deutschland läuft dieser Prozess des »Sich-Einkaufens« für größere Unternehmen – anders als bei den Internetriesen wie Yahoo! oder Google – zumeist über Tochterunternehmen ab, die sich allein mit der Verwaltung von Venture Capital beschäftigen, sodass die Unternehmen eher selten als Käufer, sondern häufiger als Investoren auftreten. Diese Verbindung über Kapital ist grundsätzlich langfristig angelegt – was für beide Seiten Chance und Risiko zugleich ist. Joel Kaczmarek, der Herausgeber von *Gründerszene*, einem der bekanntesten Onlinemagazine über die deutsche Start-up-Szene, bringt es auf den Punkt: »Es ist schwerer, sich von einem Investor zu trennen, als geschieden zu werden.« Und sowohl die Gründerszene als auch die Investorenszene haben damit mittlerweile ihre Erfahrungen gesammelt und sind erwachsener geworden.

Besonders Gründer, die über eine spannende Idee hinaus auch ein funktionierendes Produkt oder Geschäftsmodell haben, können sich mittlerweile in der Situation wiederfinden, sich ihre Investoren aussuchen zu dürfen. Sie sind inzwischen kritischer geworden und haben eine klarere Vorstellung davon, wie viel Distanz sie zum Investor benötigen, um ihre Idee weiterentwickeln zu können, und wie viel Nähe ihnen guttut, um vom Erfahrungsaustausch mit den etablierten Unternehmen zu profitieren. Denn die wenigsten Gründer wollen Geld, das an die

Bedingung geknüpft ist, dass jemand ins operative Geschäft hineinregieren darf. Aber ebenso wenig interessiert sie »dummes Geld«. Sie entscheiden sich lieber für Geldgeber, die in der Lage sind, mit Kontakten und Kapazitäten zu unterstützen, die einen entsprechend langen Atem haben und nicht schon nach kurzer Zeit oder nach kleineren Fehlschlägen nervös werden.

Die Nähe wird also über die Kapitalbeziehung zwar initiiert, aber durch inhaltlichen Austausch langfristig genährt. Diese Form der wechselseitigen Beziehung bietet beiden Seiten den nachhaltigen Mehrwert, der auch dem engagierten Investor Wettbewerbsvorteile auf mehreren Ebenen verschafft. Er schärft nicht nur seine Kompetenzen und sein Profil als Investor, sondern sammelt auch Erfahrung über die Menschen, die Kultur und die Entwicklungspotenziale der Start-up-Szene, die direkt in den Mutterkonzern zurückfließen können. Dieses Bild ist durchaus vergleichbar mit der Situation Chinas, als es 1997 Hongkong von den Briten übernahm, um es mit seiner Doktrin, die die parallele Existenz zweier unterschiedlicher Wirtschaftssysteme zuließ, behutsam genug integrierte, um weiterhin von den wirtschaftlichen Vorteilen Hongkongs profitieren zu können.

Auch die etwas anders gelagerte Shenzhen-Variante lässt sich übrigens in den Unternehmenskontext übertragen. Die entsprechende Analogie wäre die Ausgründung eines unternehmensinternen Projektes oder eine Abteilung zu einem eigenständigen Unternehmen – einem Spin-off. In seiner inhaltlichen sowie personellen Zusammensetzung bleibt das jeweilige Projekt zumeist genauso bestehen wie vorher, geht dabei aber in eine neue organisatorische Struktur über. Das macht vor allem dann Sinn, wenn eine Idee oder ein Projekt im bisherigen Umfeld eher vor sich hindümpelte und zugleich aber das Potenzial besteht, dass es in einem neuen Umfeld aufblühen und wachsen kann. Der gewünschte Effekt ist, dass das neue Unternehmen vom Rückhalt durch das Mutterunternehmen weiterhin profitieren kann, ohne dass die neue Geschäftsidee durch das nicht unbedingt zuträgliche Image, die Geschichte, Kultur oder Struktur der Mutter beeinflusst wird.

Hier wird die Relevanz des richtigen Verhältnisses zwischen Distanz und Nähe noch einmal gut sichtbar. Distanz entsteht durch die mit der Unternehmensgründung verbundene Schaffung eigener Strukturen und die Öffnung zum Markt hin – die die Bildung neuer Allianzen und die Akquise einer größeren Vielfalt an Kunden ermöglicht. Nähe wiederum entsteht durch die für beide Seiten wirtschaftlich sinnvolle Unterstützung des Mutterunternehmens, das sich in Themen wie die Bereitstellung der Infrastruktur und administrativer Dienstleistungen einbringt, oftmals auch der erste Kunde des ausgegründeten Unternehmens ist und ihm damit besonders in der Startphase auf die Beine hilft.

Inhaltliche Nähe zu ermöglichen heißt oft, eine strukturelle Distanz zu wahren. Die Frage, die damit einhergeht, ist: Wie viel Distanz in organisatorischen, strukturellen oder administrativen Fragen ist möglich, ohne dass die inhaltliche Nähe darunter leidet? Denn die Distanz darf nicht zu einer institutionalisierten Friktion oder gar zur Entfremdung führen, die den eigentlich angestrebten inhaltlichen Austausch unmöglich macht.

REMEMBER

- Um das Verhalten einer Gruppe und ihrer einzelne Mitglieder zu verändern, ist eine Regeländerung oftmals nicht ausreichend, sondern eine Anpassung der dahinter stehenden Normen nötig. Die Veränderung von Normen braucht allerdings sehr viel mehr Zeit oder bleibt sogar langfristig erfolglos.
- Was in einem Wirtschaftsraum oder einem politischen System die Sonderwirtschaftszone oder die Charta-Stadt sein kann, ist im Unternehmen die Gründung eines eigenen Inkubators oder Coworking Space. Sie dienen als neutraler Raum, der die strukturelle Distanz und den Freiraum bietet, sich losgelöst von existierenden Normen und Strukturen zu entfalten und neue Arbeitskulturen, neue Formen der Kooperation und des Wirt-

schaftens sowie die dazugehörigen neuen Technologien zu testen.

- Anstatt selbst Ansätze zu entwickeln und interne Veränderungsprozesse voranzutreiben, besteht auch die Möglichkeit des Zukaufs von innovativen Start-ups. Die Nähe wird über die Kapitalbeziehung initiiert, muss aber durch inhaltlichen Austausch in beide Richtungen langfristig genährt werden. Damit dies fruchtbar bleibt, ist ein gewisses Maß an Distanz allerdings nicht zu unterschreiten.

READ

- Romer, Paul: »Why the World Needs Charter Cities«. TED Talk: http://www.ted.com/talks/paul_romer.html
  Kurzweilig und überzeugend erläutert Paul Romer in knapp 20 Minuten sein radikal neues Modell für Wachstum und Entwicklung.

Die Spirale des Überlebens

Joseph A. Schumpeter, der große Nationalökonom, ist tot. Und zwar seit mehr als sechs Jahrzehnten. Der von ihm 1939 in seinem Buch *Kapitalismus, Sozialismus und Demokratie* erstmals geprägte Begriff der »schöpferischen Zerstörung« hat allerdings bis heute überlebt. Und nicht nur das, er ist sogar so aktuell wie nie zuvor, liefert er doch das Motiv für ein Vorgehen, das unternehmerisches Handeln mit Kreativität vereint. Diese Vereinigung ist einer der wichtigsten Aspekte für Veränderung zum Besseren in einer Zeit, die von Unsicherheit und Zerstörung geprägt ist.

Dabei ist es wichtig, dass die volkswirtschaftlichen Überlegungen Schumpeters für die betriebswirtschaftliche Ebene richtig übersetzt und eingesetzt werden. Wenn zu den Hochzeiten des Shareholder-Value-Denkens als schöpferisch verstanden wurde, was den Unternehmenswert kurzfristig hebt, und im gleichen Atemzug die Restrukturierungen und Kostensenkungen als die dafür notwendige Zerstörung deklariert wurden, kann man im besten Fall von einer reduzierten Definition der Idee sprechen. Denn ein Unternehmen kann damit zwar kurzfristig finanzielle Werte schöpfen, kommt aber langfristig nicht vom Fleck, zumal der Mehrgewinn dem Unternehmen oftmals als Dividende direkt wieder entzogen wird. Konzentriert sich ein Unternehmen alleine auf diesen Weg, ohne sein Produkt oder andere wettbewerbskritische Faktoren nennenswert weiterzuentwickeln, muss es sich im Sinne Schumpeters jeglichen Unternehmergeist absprechen lassen. Und nur dieser ist der eigentliche Treiber der schöpferischen Zerstörung – und damit die Basis für langfristigen Erfolg –, wie Schumpeter sie verstanden hat.

Um diese Aussage richtig einordnen zu können, lohnt es sich, ein wenig auszuholen. Schumpeter verstand das Wirtschaftssystem nicht als statischen Zustand, sondern als einen organischen Prozess: »Der Kapitalismus ist also von Natur aus eine Form oder Methode der ökonomischen Veränderung und ist nicht nur nie stationär, sondern kann es auch nie sein.« Für diese ökonomischen Veränderungen reichen ihm allerdings die linearen Vorwärtsbewegungen nicht aus, die im Gleichschritt und aufgrund der natürlichen Evolution der Dinge stattfinden. Diese Form der Entwicklung bezeichnet Schumpeter sogar als »bewegungslose Marktwirtschaft«, in der Unternehmen sich in eingefahrenen Bahnen bewegen und Produktion und Produkte lediglich marginal weiterentwickelt werden. Schumpeter stellt dieser statischen Entwicklung eine dynamische Wirtschaft gegenüber, die als Spirale begriffen werden kann, da sie sich aus sich selbst heraus weiterentwickelt und daher permanent ihre Bahnen verändert – und zwar ruckweise, wie Schumpeter erklärt. Von Ruhephasen sollte man sich nicht täuschen lassen, denn: »Der Prozess als ganzer verläuft jedoch ununterbrochen – in dem Sinne, dass immer entweder Revolution oder Absorption der Ergebnisse der Revolution im Gange ist.« Das wiederkehrende auslösende Element für diesen spiralförmigen Prozess bilden Innovationen – also Neuerungen von Produkten und Prozessen. Damit sind aber nicht etwa Erfindungen gemeint, sondern die Veränderung und Erneuerung, die durch die immer neuen Kombinationen von Wirtschaftsfaktoren entstehen, sich erfolgreich durchsetzen und so das Etablierte schließlich verdrängen.

Die Entdeckung und Verbreitung dieser neuen wirtschaftlichen Potenziale stören zugleich das Gleichgewicht der Wirtschaft, da der »Revolution« ein sprunghafter Anstieg bei den Gründungen neuer Unternehmen folgt, die ebenfalls anstreben, diese Potenziale auszuschöpfen. Für Schumpeter ist dieser Prozess, »der unaufhörlich die Wirtschaftsstruktur von innen heraus revolutioniert, unaufhörlich die alte Struktur zerstört und unaufhörlich eine neue schafft«, also die Spirale der schöpferischen Zerstörung, das für den Kapitalismus wesentliche Faktum. Auch in vielen der in diesem Buch beschriebenen Beispiele ist diese Tendenz der »Rekombination« wiederzuerkennen.

Der derzeit andauernde Trend des Aufstiegs von Start-ups – und der damit verbundene Niedergang namhafter Großorganisationen – ist also kein Zufallsprodukt, sondern Teil dieser Dynamik. Hier findet nicht etwa ein moderner Klassenkampf statt, in dem eine Kaste oder Glaubensrichtung die andere ins Verderben schicken will. Vielmehr sind es die im System angelegten Mechanismen, durch die die schöpferischen Aktivitäten von Start-ups erst ihre zerstörerische Wirkung entfalten. Allerdings verändert sich über die Zeit oft auch deren Rolle. Sind sie am Anfang noch selbst der Herausforderer, laufen sie mit der Zeit Gefahr, selbst zum Herausgeforderten zu werden. In diesem Kontext lässt sich auch verstehen, wieso die gleiche Strategie, die ein Unternehmen über viele Jahre erfolgreich gemacht hat, plötzlich für den Niedergang des gleichen Unternehmens verantwortlich sein kann.

Die Schlüsselrolle in dieser wirtschaftlichen Dynamik spielt ein Menschentypus, den Schumpeter den »dynamischen Unternehmer« nennt, der sich dadurch auszeichnet, dass er immer

wieder nach neuen Kombinationen existierender Wirtschaftsfaktoren sucht. Dieser Akteur grenzt sich deutlich von denen
ab, die sich lediglich anschicken, Existierendes zu verwalten.
Auch von den reinen Investoren unterscheidet sich der »dynamische Unternehmer« dahin gehend, dass seine Motivation für
das unternehmerische Handeln nicht allein Profitmaximierung
ist, sondern unter anderem auch die Freude am Gestalten »an
der Neuschöpfung als solcher«.

Dabei beschränkt sich der aktive Part der schöpferischen Zerstörung heute allerdings nicht mehr notwendigerweise auf die,
die Schumpeter bei seiner Idee des »dynamischen Unterneh-
mers« im Sinn gehabt haben mag – und die wir heute Entrepreneure nennen. Bruce Nussbaum etwa, Professor für Innovation
und Design an der Parsons The New School of Design in New
York City und ehemaliger Herausgeber der *Business Week*, bringt
den Konsumenten mit ins Spiel. In seinem 2013 erschienenen
Buch *Creative Intelligence. Harnessing the Power to Create, Connect, and Inspire* prägt er dazu die Idee des »Indie Capitalism«
und lehnt sich dabei mit dem Begriff »Indie« an die Musikbe-
wegung an, die von den vorherrschenden Vorgehensweisen und
Regeln der Industrie unabhängig ist. Auch die Indie-Bewegung
der Marktwirtschaft zeichnet sich dadurch aus, dass sie urban ist
und auf die in den Städten vorhandenen kulturellen und unternehmerischen Bewegungen aufsetzt. Sie ist maßgeblich durch
Kreativität getrieben, ihre Akteure sind »Maker«, also Menschen, die Dinge selbst produzieren, verändern oder »hacken«
und so neue Kombinationen existierender Produkte entstehen
lassen – für sich selbst oder andere.

Nussbaum baut sein Konzept auf drei grundlegenden Prinzipien auf. Wie Richard Florida ist er überzeugt, dass Kreativität
eine Quelle für wirtschaftlichen Mehrwert ist, die anders als
Effizienz nicht mehr aus dem herausholt, was schon da ist, sondern zu der Originalität führt, die zu Marktvorteilen und größeren Margen führt. Außerdem ist Kreativität die Grundlage
für den Kapitalismus. Wie schon durch Schumpeter aufgezeigt,

entsteht auch der Indie Capitalism mit seinen Neuerungen und deren wirtschaftlicher Mehrwert aufgrund der Ineffizienzen des etablierten Marktes: Die Unzulänglichkeiten des Marktes lassen Lücken entstehen, die die etablierten Akteure am Markt selbst nicht reparieren, weil sie sie nicht erkennen, anerkennen oder schließen wollen. Diese Lücken werden dann von ihren Konsumenten geschlossen, indem diese selbst zu Produzenten werden. Möglich wird das durch die Demokratisierung der Produktions- und Distributionsmittel, die es jedem Menschen erlauben, zu einem Unternehmer im schumpeterschen Sinne zu werden.

Die so entstandenen Produkte haben zumeist einen ganz eigenen Mehrwert, sei es, weil sie durch das Recycling alter Materialien entstanden sind, besonders soziale Herstellungsprozesse durchlaufen oder eine sonst wie geartete ganz besondere Qualität haben. Das zahlt auf das sich immer stärker ausprägende Interesse der Menschen daran ein, woher Produkte und ihre Materialien stammen, wer sie verarbeitet und unter welchen Bedingungen dies geschieht. Der Unternehmer antwortet darauf, indem er bereit ist, vordergründige Wettbewerbsvorteile gegen eine nachhaltigere Geschäftsentwicklung einzutauschen. Um diese Produkte, die die Glaubenssätze der Konsumenten verkörpern, entstehen Gemeinschaften, zu denen man sich durch das bewusste und offene Produzieren und Konsumieren dieser Produkte zugehörig erklärt. In diesen Gemeinschaften verschwimmen die Grenzen zwischen Konsument, Produzent und Investor – durch Mechanismen wie Crowdfunding und Co-Creation gepaart mit Do-it-yourself-Ansätzen.

Ein Beispiel für ein Vakuum, in das der Indie Capitalism eindringen kann, ist die Stadt Detroit. Als 1903 die Ford Motor Company in Detroit gegründet wurde, legte sie den Grundstein für das, was als die »Motor City« bekannt wurde. Weitere Pioniere aus der Fahrzeugindustrie folgten. Mit den »Großen Drei« – General Motors, Ford und Chrysler – wurden Detroit und sein Umland schließlich zur einem der größten Wirtschaftszentren der USA. 1950 wohnten in Detroit knapp 1,8 Millionen Menschen. Heute ist davon nur noch wenig übrig: Detroit wirkt mit seinen gerade noch 700 000 Einwohnern wie eine Geisterstadt. Der Technologiewandel, die zunehmende Automatisierung in der Produktion, die Zusammenschlüsse in der Automobilbranche, aber auch eine unvorteilhafte Steuerpolitik führten zum Abwandern der Unternehmen und der Produktion und so zu einem langsamen, aber unaufhaltsamen Verfall. Mit dem Schwinden der Kaufkraft verließen bis auf die Kasinos und die Alkoholläden fast alle Geschäfte die Stadt. Leerstand, hohe Arbeitslosigkeit, Perspektivlosigkeit und der Zusammenbruch der städtischen Infrastruktur führten dazu, dass Detroit heute vor allem für seine Kriminalitätsrate berühmt ist.

Seit sie von den großen Arbeitgebern und der Hoffnung verlassen wurden, dass jemand anderes es für sie richten könnte, beginnen die Bewohner in Eigenregie, sich eine neue Wirtschafts- und damit Lebensgrundlage zu erschließen. Der Grundstein für diese, von den Einwohnern Detroits selbst getragene Entwicklung wurde bereits 1984 mit dem »Zentrum für Neue Arbeit« gelegt, das der Philosoph und Begründer der New-Work-Bewegung Frithjof Bergmann gemeinsam mit General Motors in der Metropolregion von Detroit in Flint gründete. Die Idee dieses Zentrums war und ist, gemeinsam mit den von Arbeitslosigkeit betroffenen Menschen – vor allem Jugendlichen und Obdachlosen – Alternativen zur Arbeit in den Produktionsstätten der schrumpfenden Automobilhersteller zu kreieren. Langfristig soll so eine Art nachhaltiges urbanes Dorf im Vakuum der schwindenden Großstadt entstehen, dessen Gemeinschaft sich durch Selbstbestimmung, Eigenständigkeit und wirtschaftliche Unabhängigkeit von großen Strukturen auszeichnet, die es auf Basis neu entstehender Technologien, neuen Wissens und neuer Ressourcen und der Gründung neuer Unternehmen nachhaltig zu sichern vermag.

Nach einem Besuch in der Stadt beschreibt die Journalistin Lu Yen Roloff die Aktivitäten und Akteure in Detroit als den Versuch eines »Gegenentwurfs zum Big Capitalism« – das abschreckende Beispiel der maroden Autokonzerne vor Augen. Lokal und nachhaltig, das heißt auch in Kooperation mit der Gemeinschaft in den Stadtteilen, entstehen in Detroit immer mehr junge Unternehmen, die mit kreativen Ansätzen und einem sozialen Anspruch mit den Rohstoffen der Stadt – Leerstand, Arbeitskraft und recycelten Materialien – eine nachhaltige Zukunft gestalten wollen. Während sich woanders in Amerika die kreativen Gründer kaum die Mieten für ihre Wohnungen leisten können, entsteht hier Social Business nicht aus Lifestyle-Gründen, sondern aus Notwendigkeit. Gemeinnützige oder genossenschaftliche Unternehmen wie die Motor City Blight Busters befreien ganze Stadtteile von ihren verfallenen Häusern. Damit befreien sie ihre Stadt nicht nur von traurigen Zeugnissen einer besseren Zeit, sondern schaffen neuen Raum, auf dem die umliegenden Anwohner ebenso wie Obdachlose und gemeinnützige Organisationen Obst und Gemüse anbauen können.

Was in New York unter dem Begriff »Urban Gardening« als Trend für bewusster lebende reiche Innenstädter anfing, gehört in Detroit zur Überlebensstrategie. Die zum Großteil zunächst für den Eigenbedarf genutzten kleinen Gemüsegärten auf den leeren Grundstücken der Stadt sind mittlerweile eine wichtige Wirtschaftsgrundlage für die Detroiter. Nach einem Zusammenschluss unter dem Label »Grown in Detroit« verkaufen die Innenstadtbauern nun ihre Erzeugnisse auf einem der vielen Frischemärkte ihrer Nachbarschaft und schließen so auch noch eine wichtige Versorgungslücke in der Stadt. Mit ihrem Ansatz, Neugründung mit »Community Organizing« zu verbinden, schaffen die Detroiter es nicht nur, ihre Produkte bei der Kundschaft in der Region zu verankern, sondern heben auch noch nachhaltig die Lebensqualität in der Innenstadt.

Ähnliches lässt sich auch in europäischen Krisenländern wie Portugal oder Island beobachten. Gerade der kleine Inselstaat nördlich von Großbritannien hatte mit Einschnitten zu kämpfen, die nur kurz vorher kaum denkbar waren. Stand Island noch 2005 an der Spitze des Human Development Index und war damit offiziell das am weitesten entwickelte Land der Welt, wurde es nur kurz danach durch die Probleme des überdimensionierten Bankensektors in den Abgrund gezogen. 2008 sorgte das gar dafür, dass dem Land die Devisen auszugehen schienen, die man benötigte, um Nahrungsmittel auf dem internationalen Markt einzukaufen, und in den schlimmsten Szenarien war von einer drohenden Hungersnot die Rede. Die isländische Krone musste zwischenzeitlich um 80 Prozent abwerten, die Wirtschaft schrumpfte um zweistellige Prozentzahlen. Man hatte im Boom vergessen, weiter nach vorne zu schauen, und wurde für die Bequemlichkeit bestraft. Und spät, aber dann mit Macht, begann man sich darüber Gedanken zu machen, wie es danach weitergehen könnte. Was blieb den Isländern auch anderes übrig, wurde ihnen doch so klar wie noch selten einem Industrieland zuvor aufgezeigt, dass mehr von dem Gleichen nicht mehr die Antwort sein konnte. Die überschaubare Größe des Landes hilft den Isländern bei allen politischen Problemen, die sie bis heute haben, Dinge in Bewegung zu setzen. Man setzt auf Technologie und Netzwerke. Und auf die eigenen Ressourcen, wie junge Designer, kreative Nahrungsmittelproduktion und vor allem eine neue Bescheidenheit.

Das, was sich in Island und Detroit beobachten lässt, beschreibt der Zukunftsforscher Matthias Horx in seinem Buch *Das Megatrend-Prinzip*: »Zukunft entsteht synthetisch: in Schleifenbewegungen, die das Alte auf einer komplexeren Ebene mit dem Neuen verbinden.« Angestiftet wird dieser Prozess durch Krisen, die man nicht nur negativ verstehen sollte. Denn Krisen sind Hinweise auf Systemversagen, ob im Finanzsystem, in der EU oder im privaten Leben. Und erst durch die Krise lässt sich wirklich gut erkennen, wo das System sich ändern muss. »Wenn wir nüchtern die Lage begutachten, müssen wir eingestehen, dass es vor allem die Brüche sind, die uns in Richtung Zukunft bewegen. Im Kleinen wie im Großen. Erst das Nicht-mehr-Funktionierende forderte uns zu komplexerem (koordinierterem, strategischerem, ›intelligenterem‹) Verhalten heraus«, führt Horx weiter aus. Komplexität ist – anders als im Volksmund, wo es als ein anderes Wort für Kompliziertheit missbraucht wird – dabei im luhmannschen Sinne als Ausdruck für die Verwobenheit und Ausdifferenziertheit von Dingen zu verstehen, die die Voraussetzung für ihre Stabilität sind. Wo in Detroit zuvor wenige große Konzerne den entscheidenden Einfluss auf das Schicksal der Stadt hatten, bildet sich jetzt ein vielfältiges und vielschichtiges, dezentrales Netz, das von vielen unterschiedlichen Akteuren mitgetragen und mitgestaltet wird, eine definitiv komplexere, aber dafür auch deutlich stabilere hybride Verbindung aus Altem und Neuem.

Nun hat man aber in Detroit und in Island erst reagiert, als die Entwicklung schon über einen hinweggerollt war. Nicht der Beginn der Krise, sondern die Zerstörung hat die Menschen wieder dazu gebracht, schöpferisch tätig zu werden. Dabei war von vornherein klar, dass es für die beiden Beispiele immer irgendwie weitergehen würde. Städte oder Länder verschwinden auch mit dem Bankrott nicht von der Landkarte. Und auch wenn ein Teil der Menschen in Krisenzeiten wegzieht, um anderswo sein Glück zu machen, wird ein anderer Teil immer bleiben. Weil er muss, oder weil er sich bewusst dafür entscheidet – um gemeinsam neue, bessere Lösungen zu finden.

Schöpferische Zerstörung ist volkswirtschaftlich betrachtet unproblematisch, wenn die Schöpfung in einer die Zerstörung in einer anderen Einheit ist. Aus Sicht der betroffenen Unternehmen sieht das aber natürlich ganz anders aus. Dort ist die Zerstörung oftmals so endgültig, dass nichts mehr bleibt, aus dem sich schöpferisch etwas machen ließe. Für sie ist es also umso wichtiger, Schumpeter richtig zu verstehen und einzusetzen. Innerhalb ein und desselben Unternehmens muss sowohl Schöpfung betrieben als auch die dadurch ausgelöste Zerstörung zugelassen werden – auch gegen den »Gegendruck, mit dem die soziale Umwelt jedem begegnet, der überhaupt oder wirtschaftlich etwas Neues tun will«, wie Schumpeter es beschreibt. Dieser Widerstand beruht allein auf der Zwiespältigkeit, die hervorgerufen wird, weil eben nicht nur Neues geschaffen, sondern dadurch auch Bestehendes bedroht und zerstört wird. Wer von den zerstörerischen Effekten einer Neuerung mehr betroffen ist, wird Widerstand gegen die Veränderung und auch den Unternehmer leisten, wohingegen derjenige, der von ihrer schöpferischen Seite profitiert, dem Unternehmen weitere Anreize geben kann. So herausfordernd die Spirale der schöpferischen Zerstörung sein mag, erst durch die Auseinandersetzung, die ein Unternehmen bei der internen Durchsetzung von Veränderungen aushalten muss, kann der wirtschaftliche Fortschritt immer wieder im Unternehmen verankert werden.

REMEMBER

- Der Kreislauf der schöpferischen Zerstörung beginnt mit der Schöpfung, mit der Neuerung oder einer Innovation, die sich gegenüber dem Etablierten durchsetzt und es dadurch obsolet macht – also zerstört. Diese Impulse sind das wiederkehrende, auslösende Element für diesen Prozess. Man darf sie allerdings nicht als Erfindungen falsch verstehen, sondern es sind vielmehr die Veränderungen gemeint, die durch die Rekombination von existierenden Wirtschaftsfaktoren entstehen.
- Marktwirtschaft ist von Natur aus dynamisch, ein stetiger Prozess, der nie ruht. Ökonomische Veränderungen sind dabei allerdings keineswegs lineare Vorwärtsbewegungen, die aufgrund der natürlichen Evolution der Dinge stattfinden, sondern gleichen eher einer Spirale, in der Phasen, in denen Neuerungen vermehrt und oftmals ruckartig auftreten, und ruhigere Phasen, in denen Integration und Absorption dieser Neuerungen stattfindet, sich abwechseln.
- Indie Capitalism ist der Überbegriff für im urbanen Raum entstehende, kulturelle und unternehmerische Bewegungen innerhalb des Kapitalismus, deren Akteure Menschen sind, die Dinge selbst produzieren, verändern oder »hacken«. Entstanden ist er in den

Lücken, die die Unzulänglichkeiten des Marktes hinterlassen haben. Hier findet die für den Indie Capitalism charakteristische Verschmelzung der Produzenten- und der Konsumentenrolle statt.

READ

- Bergmann, Frithjof: Neue Arbeit, Neue Kultur. Ein Manifest. Freiamt im Schwarzwald, Arbor Verlag 2004
  Bergmanns Buch ist ein Appell, Arbeit nicht als milde Krankheit zu ertragen, sondern daran zu bauen, dass Arbeit uns wirklich Freude macht und Sinn ergibt.
- Horx, Matthias: Das Megatrend-Prinzip. Wie die Welt von morgen entsteht. München, Deutsche Verlags-Anstalt 2011
  Wie entsteht Zukunft? Dieses Buch erklärt die Mechanismen, deckt auf, wo man hinschauen muss, und zeigt anhand der derzeitigen Megatrends, welche Entwicklungen in den nächsten Jahren zu erwarten sind.
- Nussbaum, Bruce: Creative Intelligence: Harnessing the Power to Create, Connect, and Inspire. New York, HarperCollins 2013
  Nussbaum stellt sehr lesenswert dar, wie Menschen, Unternehmen und Nationen ihre »Kreative Intelligenz« entdecken und nutzbar machen - und so die Entwicklung neuer, innovativer Problemlösungen vorantreiben.
- Roloff, Lu Yen: »Detroit als Gesellschaftslabor: Willkommen in Reformmotor City!«. In: Spiegel Online, http://www.spiegel.de/wirtschaft/unternehmen/detroit-menschen-erarbeiten-sich-neue-lebensgrundlagen-a-898789.html
  Ein kurzes Porträt der Akteure, die in der alten Autostadt Detroit eine neue Lebens- und Arbeitsgrundlage schaffen.
- Schumpeter, Joseph A.: Kapitalismus, Sozialismus und Demokratie. Stuttgart, UTB 2005
  Keine ganz leichte Kost, bildet aber die Grundlage all dessen, was heute unter schöpferischer Zerstörung und dem schumpeterschen Unternehmer verstanden wird.
- Schumpeter, Joseph A.: Theorie der wirtschaftlichen Entwicklung. Eine Untersuchung über Unternehmergewinn, Kapital, Kre-

dit, Zins und den Konjunkturzyklus. Berlin, Duncker und Humblot
1997
Ebenfalls keine leichte Kost, aber mit dem heutigen Wissen darüber,
wie sich die Marktwirtschaft entwickelt hat, absolut spannend und,
wenn man es richtig deutet, in vielen Teilen hochaktuell.

Auch du, mein Sohn . . .

Unternehmen müssen sich also Gedanken über die Zukunft
machen. Damit sind sie allerdings nicht alleine. Dieses Buch
richtet sich zwar in erster Linie an diejenigen, die in Unternehmen Verantwortung tragen; und genau aus dieser Perspektive
heraus haben wir bis hierher auch die Entwicklungen und
Handlungsoptionen beschrieben. Allerdings beschränken sich
viele der Beobachtungen und Vorschläge nicht auf diese Adres-
saten, sondern sind in ähnlicher Form auch für andere Organisationen oder Protagonisten zutreffend, die dem Zeitenwandel
in ähnlicher Form ebenfalls ausgesetzt sind. Vor allem Gewerkschaften und Parteien, aber auch Universitäten müssen sich mit
denselben Themen wie Unternehmen auseinandersetzen. Dies
ist der Versuch, die Gedanken aus diesem Buch in die anderen
Bereiche zu übersetzen.

Wir wollen dazu Gabor Steingart, den ehemaligen Herausgeber des *Handelsblatts*, zitieren, der schon 2011 in seinem Buch
Das Ende der Normalität eine schöne Beschreibung der neuen
Situation lieferte. »An die Stelle der einen großen Wirklichkeit«,
so schreibt er, »ist eine Vielzahl von Flüchtigkeiten und Instabi-
litäten getreten, bilden sich Gruppen und Zustände, entstehen
Stimmungen und Überzeugungen, die kurz darauf schon wieder zerfallen, um sich neu zu konfigurieren. Das äußert sich
etwa daran, dass es in manchen Städten mehr Scheidungen als
Eheschließungen gibt. Die Zahl der Kirchenbesucher hat sich
miniaturisiert, in Ostdeutschland zählt man mehr Ungetaufte
als Christen. Nur eine Minderheit verbringt ihr Arbeitsleben

noch bei einem Arbeitgeber. [...] Wenn die SPD-Mitglieder-
entwicklung so weitergeht wie in den letzten 40 Jahren, macht
im Jahr 2050 der letzte Sozialdemokrat im Willy-Brandt-Haus
das Licht aus.« Dabei beklagt Steingart nicht etwa die Veränderungen an sich, sondern vielmehr »die Tatsache, dass die alten
Ordnungskräfte des Lebens durch keine neuen ersetzt wurden«.

Es gibt also genug zu tun für die Protagonisten der sozialen Marktwirtschaft, die Nachkriegsdeutschland maßgeblich
geprägt haben – aber nun kontinuierlich an Einfluss verlieren.
Sich den neuen Herausforderungen mit alten Rezepten zu
nähern ist keine Option. Es gilt auch für sie, am Puls der Zeit
zu bleiben, um der Gesellschaft zukunftsfähige Programme und
Dienstleistungen anbieten zu können. Das ist den meisten Parteien und Gewerkschaften in den letzten beiden Jahrzehnten
eher schlecht als recht gelungen, und so leiden beide Organisationsformen fast ausnahmslos unter massivem Mitgliederrück-
gang.

Die Gewerkschaften haben dabei zum einen mit der Auf-
splitterung der Beschäftigungsmodelle zu kämpfen, auf die sie
bis heute keine zufriedenstellende Antwort gefunden haben. So
gestaltet sich das Verhältnis zur Gruppe der Freiberufler besonders schwierig, obwohl beide Seiten in ihrem Streben, Arbeitsbedingungen besser zu gestalten, eine gute Gesprächsgrundlage
miteinander hätten. Die Freien können allerdings wenig anfangen mit dem Spießertum, das die Gewerkschaften für sie verkörpern. Und das wird sich auch kaum ändern, solange die
Gewerkschaften den Selbständigen ihren Lebensstil vorwerfen
und sie deshalb als »Prekariat« beschimpfen, ohne ihnen gleichzeitig passende Angebote zu machen, die einen institutionalisierten Zusammenschluss als »freie Arbeitnehmer« schmackhaft
machen würden.

Zum anderen tun sich die Gewerkschaften mit der unaufhaltsamen Internationalisierung der Beschäftigungsmodelle immer
noch sehr schwer. Während sich gerade große Unternehmen
immer stärker international aufstellen und die Möglichkeiten

der Globalisierung für sich nutzen, während sich Privatpersonen entlang von Interessen weltweit vernetzen und Wissen, Dateien, Bekenntnisse und Katzenvideos austauschen, sind die Gewerkschaften immer noch weitestgehend in ihren nationalen Silos gefangen. Sie vertreten Berufsbilder, die immer seltener werden, und sind auf Industrien zugeschnitten, die maßgeblich aus großen und mittelständischen Unternehmen bestehen. Und sie verweigern sich neuen Ansätzen, wenn diese auf den ersten Blick das klassische Normarbeitsmodell bedrohen könnten, das sie vertreten. Obwohl dieses sowieso immer seltener wird – und damit auch die Menschen, die sich von Gewerkschaften vertreten fühlen.

Dabei sind die Gedanken, die die Gewerkschaftsbewegung stark gemacht haben, heute genauso aktuell, wie sie es immer waren. Humane Arbeitszeiten, ordentliche Bezahlung, Nichtdiskriminierung – all diese Themen wurden über die Jahrhunderte von Arbeitnehmervertretungen erkämpft und geraten gerade in der globalisierten Welt erneut unter Druck. Gewerkschaften hätten die notwendige Infrastruktur, um als Plattform für eine breit angelegte Diskussion zu fungieren, wie mit diesen neuen Herausforderungen umgegangen werden sollte. Diese Aufgabe nehmen sie aber nicht an. Das heißt nicht, dass es die Diskussion nicht gäbe. Sie findet nur weitgehend ohne Beteiligung der Gewerkschaften statt.

Ähnliches wie für die Gewerkschaften gilt auch für die Parteien. Zwar haben diese durchaus ein Interesse daran, attraktiv zu sein für die Freiberufler und Gründer, Kreativen und Hacker – denn auch deren Stimmen sind Wählerstimmen –, eine gemeinsame Sprache sprechen beide Seiten aber bisher nicht. Ein Blick in die Parteiprogramme zeigt, was man dort eigentlich unter Wirtschaft versteht: Großkonzerne, Mittelstand, Handwerk. Gründung wird zumeist im Kontext von Arbeitslosigkeit oder mit Blick auf Handwerksbetriebe diskutiert. Dass es Menschen gibt, die nicht aus Verzweiflung oder aufgrund der Tradition ihres Berufsstandes den Weg in die Selbständigkeit suchen, sondern aus Überzeugung, fällt vielen Politikern immer noch schwer zu verstehen. Erst ganz zaghaft bildet sich eine Lobby von Gründern und Start-ups heran, aber sie kämpft immer noch damit, dass es in Parteien und Fraktionen für sie keine klar definierten Ansprechpartner gibt. Man hängt irgendwo zwischen Netz-, Technologie- und Mittelstandspolitik – und passt doch nirgends so richtig hinein.

Solange es Abgeordnete wie Unionsmann Ansgar Heveling gibt, seines Zeichens Mitglied der Internet-Enquete des Deutschen Bundestags, der sich in einem Gastbeitrag für das *Handelsblatt* damit zu profilieren versuchte, dass er die »Netzgemeinde« als komplett irrelevant und das Web 2.0 als vorübergehendes Phänomen abtat, kann attestiert werden: Die Politik hat aus den Umbrüchen in der Wirtschaft noch nicht genug gelernt. Vielmehr feiern sich die Ewiggestrigen dafür, dass die Piraten als ernsthafter Wettbewerber schon wieder verschwunden scheinen und sie es schon immer gewusst haben wollen. Ähnlich ging es auch den Versandhandelsdinosauriern Neckermann und Quelle, als der Neue Markt zusammenbrach. Das Ende ist bekannt. Und in Anlehnung an Alvin Toffler, den amerikanischen Futurologen, lässt sich sagen: Zu glauben, es würde alles wieder wie früher, ist ungefähr so realistisch wie die Prognose derjenigen, die 1830 das Ende der industriellen Revolution gekommen sahen, weil einzelne Textilfabriken schließen mussten. Toffler ist Jahrgang 1928, CDU-Mann Heveling wurde 1972 geboren. Zukunftsfähigkeit ist also nicht zwangsläufig eine Generationenfrage, sondern vielmehr eine Frage der Geisteshaltung.

Immerhin: Philipp Rösler war im Jahr 2012 der erste deutsche Minister überhaupt, der in offizieller Mission das Silicon Valley besuchte. Er war, so lassen es die Presseberichte zumindest vermuten, hellauf begeistert von den Eindrücken, die er dort gewinnen konnte, und ließ sich mit dem Satz zitieren: »Wir brauchen in Deutschland den Geist des Silicon Valley!« Dass er 2013 mit einer Delegation von etwa 100 Vertretern deutscher Start-ups für einige Tage dorthin zurückkehrte, um Türen zu öffnen, lässt vermuten, dass er das durchaus ernst meint. Völlig zu Recht übrigens, gehen doch alleine 20 Prozent der Produktivitätssteigerungen in Deutschland inzwischen auf das Konto von IT-Neugründungen.

Damit das noch besser wird, fördert das Bundeswirtschaftsministerium fleißig an all den Stellen, wo es glaubt, etwas bewirken zu können. Die Zahl derjenigen Start-ups, Coworking- oder Hackerspaces, in denen an der Zukunft gebastelt wird, die schon einmal einen Bundestagsabgeordneten aus der Nähe gesehen haben, hält sich allerdings in engen Grenzen. Während, wie ganz zu Anfang beschrieben, in den Vereinigten Staaten in der ersten Amtszeit von Barack Obama 1000 Schulen mit 3-D-Druckern ausgestattet wurden, um den Kindern schon möglichst früh einen Zugang zu neuen Technologien zu ermöglichen, wurde in Niedersachsen auf Betreiben der Grünen ein Modell, in dessen Rahmen einige Schulen im Land mit Gentechniklabors ausgestattet worden waren, kurzerhand gestrichen. Die Reaktion der betroffenen Schüler war heftig und ließ sich auf Facebook gut nachvollziehen, ohne allerdings ein Umdenken zu erreichen. Man fühlt sich ein wenig ins Jahr 1987 zurückversetzt, als im Wahlprogramm der noch recht jungen grünen Partei gegen die »Informatisierung der Gesellschaft« agitiert und unter anderem die Einführung von ISDN und Glasfaserverkabelung abgelehnt sowie die Forderung nach einem »Stopp des Kabel- und Satellitenfernsehens« formuliert wurde. Aus heutiger Sicht hört sich das absurd an, aber die Fortschrittsfeindlichkeit ist in der Politik immer noch weitverbreitet. Und während in Amerika und anderswo Kinder und Jugendliche unter Aufsicht mit 3-D-Druck und Gentechnik experimentieren, wird in Deutschland eben doch noch mit Feile und Sandpapier an Specksteinen gearbeitet.

Auch die Prozesse und Strukturen innerhalb der Parteien sind bei Weitem nicht so modern, wie es die Äußerungen ihre Protagonisten oftmals vermuten lassen würden. Zwar hat sich seit dem Auftauchen der Piratenpartei auch in den Altparteien einiges zum Besseren gewandelt. Aber der Weg ist noch lang. Dort macht sich dann auch bemerkbar, dass der Parteienwettbewerb eben doch ein im Vergleich zur Wirtschaft recht sanfter ist. Die Fünfprozenthürde erlaubt nur in Ausnahmefällen das Auftauchen neuer, kreativer Konkurrenz – und wenn man sich nicht ganz dumm anstellt, hat man zumindest die Stimmen seiner Stammwähler sicher. Warum sollte man sich vor diesem Hintergrund ernsthaft mit mehr Partizipationsmöglichkeiten für Mitglieder und Nichtmitglieder, ortsunabhängiger Mitarbeit oder digitalen Abstimmungsverfahren auseinandersetzen? Nun, weil man ansonsten die, die an Deutschlands Zukunft arbeiten, eher nicht für sich gewinnen kann. Dabei sind diejenigen, die heute irgendwo in Berlin, Hamburg, Köln oder anderswo in ihren kreativen Quartieren wirken, alles andere als unpolitisch. Im Gegenteil, sie sind durchaus aktiv. Nur eben in lokalen Initiativen oder NGOs, spontan organisiert und ohne Rechtsform, je nachdem, wie es gerade passt. Und nicht in Parteien, die ihnen nichts zu bieten haben und in denen ihre Themen überhaupt noch nicht angekommen sind.

Das kann man mit Fug und Recht tragisch nennen, denn die Unfähigkeit der Politik, sich den Herausforderungen zu stellen, zeigt sich auch immer wieder darin, dass die Gesetzgebung spät, gar nicht oder falsch reagiert. Das Thema Urheberrecht etwa bleibt eine Baustelle. Und während in Berlin noch über den Umgang mit den Bereichen Musik, Video und Druck-Erzeugnisse diskutiert wird, steht die nächste Herausforderung schon vor der Tür. Wer aus dem Asienurlaub zurückkommt, wird immer wieder von eifrigen Zollbeamten in Empfang genommen, die auf der Suche nach Plagiaten von Markenware sind. Wie geht man aber damit um, wenn man sich einen Teil der gerne gefälschten Produkte in Zukunft nicht mehr in Thailand oder China kaufen muss, sondern sie mit den entsprechenden Vorlagen zu Hause mit 3-D-Drucker, Lasercutter und CNC-Fräse zusammenbaut? Und wie will man die Unternehmen davor schützen, dass anhand ihrer geleakten Konstruktionsanleitungen nicht nur schlechte Fälschungen, sondern ebenbürtige Kopien in Umlauf kommen, die überhaupt nicht mehr vom Original zu unterscheiden sind? Wir haben keine Antworten auf die Fragen, aber wir glauben, dass es wichtig wäre, dass sich schlaue Menschen damit auseinandersetzen. Und zwar jetzt und nicht erst in ein paar Jahren, wenn man wieder einmal der Entwicklung hinterherhinken wird.

Die Vielfalt der Themen ist immens und stellt die Art und Weise, wie in der Vergangenheit Gesetze gemacht und umgesetzt wurden, infrage. Was bringt ein Gesetz, das zwar moralisch richtig sein mag, für dessen Durchsetzung es aber kaum eine Handhabe gibt? Wie formuliert man Gesetze, die nicht bei jeder technologischen Veränderung angepasst werden müssen? Wie vermeidet man Regulierung, die für gewisse Bereiche sinnvoll ist, gleichzeitig aber in anderen Bereichen sinnvolles Handeln blockiert oder sogar kriminalisiert? Und wie geht man mit Bereichen um, die bisher hoch reguliert waren, nun aber zunehmend unregulierbar werden?

Mit dem 3-D-Druck ergeben sich nicht nur neue Möglichkeiten, Spielzeug zu drucken, sondern auch Waffen. Wer jetzt glaubt, es handelt sich dabei um ein unrealistisches Horrorszenario, liegt daneben. Erstens neigen wir nicht dazu, in technischer Neuerung zuerst die Gefahren zu sehen – außer vielleicht die Gefahren, die sie für etablierte Unternehmensstrukturen bedeuten. Und zweitens gilt auch hier wieder, was wir schon ganz zu Anfang des Buches geschrieben haben: Wir schauen nicht in die Glaskugel, sondern beschreiben das, was schon da ist. Nachdem Thingiverse, eine der größten Download-Plattformen für CAD-Vorlagen für 3-D-Drucker, den Upload von Vorlagen zur Herstellung von Waffen verboten hat, sind diese inzwischen gesammelt bei Defense Distributed zu finden. Während Präsident Obama darum kämpft, die Möglichkeiten des legalen Waffenerwerbs zu begrenzen, arbeitet im Internet also bereits eine Community daran, jegliche mögliche neue Regelung zu unterlaufen. In Amerika ist die Diskussion darüber bereits in den Massenmedien angekommen – eine praktikable Idee, wie man damit umgehen sollte, hat sich bisher allerdings nicht gefunden.

Nicht ganz unähnlich verhält es sich mit dem Thema Biohacking. Wie weiter vorne beschrieben, hat die breite Verfügbarkeit von Technologien, die früher großen Industriebetrieben vorbehalten waren, dafür gesorgt, dass es eine immer größer werdende Szene von Hackern gibt, die in ihrer Freizeit im Keller oder in der Garage mit Genkopierern hantieren und DNA manipulieren. Wie im IT-Bereich auch darf man guten Gewissens davon ausgehen, dass die übergroße Mehrzahl der Biohacker nichts Schlimmes im Schilde führt und sogar eher davon träumt, mit einer Entdeckung die Welt ein kleines Stückchen besser zu machen. Aber was, wenn sich auch dort eine kleine Gruppe von Menschen findet, deren Ziel das genaue Gegenteil ist? Was, wenn der Computervirus der Zukunft ein echter Virus ist, der Menschen krank machen oder sogar töten kann? In den Vereinigten Staaten ist das FBI mit der Szene längst im Gespräch, wie *Biohacking*-Mitautor Hanno Charisius zu berichten weiß. Zwar schätzt er die Wahrscheinlichkeit, dass jemand tatsächlich im Heimlabor eine schreckliche Biowaffe heranzüchtet, als äußerst gering ein. Aber es ist eben nicht unmöglich. Und wenn es passieren würde, könnten die Auswirkungen katastrophal sein.

Der Blick auf die beiden gerade beschriebenen Szenen rund um Biohacking und 3-D-Druck beschreibt eigentlich auch schon recht gut die Herausforderungen, mit denen sich auch Bildungsträger und -institutionen in der Zukunft konfrontiert sehen. Schon in der Vergangenheit waren akademische Titel und Diplome zwar hilfreich, nicht aber notwendig, um »Forschung von klein bis bedeutend zu machen«, wie die *Biohacking*-Autoren richtig formuliert haben. Genau wie die erste Generation von Hackern das Programmieren nicht an Universitäten gelernt hatte – wo es natürlich auch noch keine entsprechenden Kurse gab –, sondern im eigenen Kinderzimmer, werden die Biohacker auch nicht unbedingt einen Doktor in Biologie oder Chemie machen, bevor sie loslegen.

Verfolgt man die derzeit sowieso schon recht kritisch geführte Debatte über den Bologna-Prozess, die Pseudotransparenz durch Hochschulrankings und die Austauschbarkeit von MBA-Programmen, scheint es nicht allzu gewagt, zumindest in Teilen der Wirtschaft ein tatsächliches Umdenken vorherzusagen. Aber wo bleiben die Hochschulen, wenn Bildungsabschlüsse an sich an Wert verlieren und an anderer Stelle gewonnene Kenntnisse und erworbene Fähigkeiten an Bedeutung gewinnen? Und was haben eigentlich die FH in Paderborn oder die Uni in Jena noch entgegenzusetzen, wenn in Zukunft die Vorlesungen der Top-Professoren von den Top-Unis weltweit im Netz übertragen werden?

Der *Spiegel* hatte schon Ende 2011 berichtet, wie der deutsche Stanford-Professor Sebastian Thrun es mit dem Experiment, seine Vorlesungen zum Thema künstliche Intelligenz im Netz kostenlos zugänglich zu machen, von 200 Zuhörern im Hörsaal auf 160 000 Zuhörer im Internet schaffte. Werden Universitäten vielleicht bald nur noch Treffpunkte sein, an denen sich die Studenten aus der Gegend selbst organisiert versammeln, um in Kaffeehausatmosphäre Gruppenarbeit zu erledigen? Diese These stellen zumindest Louis-Jacques Darveau und Patrick Tanguay in ihrem Text »Coffeeshopification« für die erste Ausgabe von *The Alpine Review* in den Raum. Und das wäre nur die Spitze des Eisberges einer Entwicklung, die Graham Brown-Martin »Napsterfication« des Bildungswesen nennt, womit er nichts anderes meint, als dass diesem nun eine disruptive Entwicklung bevorstehe, die in der Dimension vergleichbar mit den Auswirkungen von Napster auf die Musikbranche sein wird.

Wie die Herausforderungen der nächsten Zeit aussehen, ist kein Geheimnis. Neue Formen von Produktion und digitaler Zusammenarbeit verlangen nach einem neuen Skill Set auf Basis alter Prinzipien, nämlich denen des Humanismus. So sieht es auch Professor Claus Dierksmeier, Direktor des renommierten Weltethos-Instituts an der Universität Tübingen. Dabei hält er die Entwicklung der Wirtschaftswissenschaften in den letzten Jahrzehnten sowieso für einen historischen Irrtum. »Ökonomisches Denken war über Jahrtausende immer eingebettet in metaphysische, theologische und moralische Betrachtungen«, stellt er klar. »Der Normalfall waren Theorien eines sittlich eingebundenen Wirtschaftens; die Ausnahme das, was wir in den letzten Jahren erlebt haben: die Elogen auf rücksichtslose Profitmacherei.«

Der Versuch der Ökonomen, ihre Wissenschaft so eindeutig und berechenbar zu machen wie die Naturwissenschaften, führte erst um das Jahr 1800 dazu, dass man aufhörte, die komplexe Realität zu erklären, sondern vielmehr mit vereinfachten Annahmen und pseudogenauen Berechnungen die Realität nach den Ideen der Theorie zu formen versuchte. Die neoklassische Managementtheorie und der *Homo oeconomicus* als maßgebliche Gegenstände der modernen universitären Ausbildung sind das Ergebnis eines längeren Weges. Das ändert allerdings nichts daran, dass sie verkürzte Theorien bleiben, die das Wesen des Menschen – und damit das Wesen von Wirtschaft – im besten Falle unzureichend, im schlechtesten sogar falsch wiedergeben. Der Glaube, dass in einem perfekten Markt genau ein Gleichgewicht möglich ist, gaukelt vor, dass dieses dann auch mit Algorithmen zu erreichen wäre. »Denkt man das weiter, dann bliebe dem Manager nur noch die Aufgabe, den Prozess möglichst effizient zu gestalten; Entscheidungen wären keine mehr zu treffen«, gibt Professor Dierksmeier zu bedenken. »In der Neoklassik wird der Manager streng genommen also zum reinen Profitrechner, das heißt zum Technokraten.«

Nun könnte man meinen, dass die Absolventen von Business Schools in der Lage sein sollten, von der Theorie zu abstrahieren und deren Prinzipien nicht auf eine Realität überzuwälzen, die offensichtlich keine perfekten Märkte oder rein wirtschaftlich denkende Individuen kennt. Immerhin beginnen manche Professoren ihre Vorlesungsreihen mit der Erklärung, dass im Folgenden nicht die Welt gezeigt, sondern Modelle gebildet, und nicht alles erklärt, sondern nur einiges berechnet werde. Aber weit gefehlt: »Es gibt zig Untersuchungen, die zeigen, dass das Studieren von Modellen, die auf den Annahmen des Homo oeconomicus beruhen, die moralische Intuition und die ethische Verhaltensbereitschaft von Studierenden schwächen«, erklärt Dierksmeier. »Und das Ironische dabei ist«, fügt er hinzu, »dass es ebenso viele Studien gibt, die belegen, dass ethisches Wirtschaften – wenn es denn ernsthaft und strategisch betrieben wird und nicht als Augenwischerei – durchaus zum langfristigen Erfolg von Unternehmen erheblich beiträgt.«

Der eingeschlagene Weg führt also unzweifelhaft in die falsche Richtung. Und das wusste man schon von Aristoteles bis hinein ins 18. Jahrhundert. Noch Adam Smith benannte den sozialen Ausgleich und moralisches Handeln explizit als zwei von vier Voraussetzungen für gesellschaftlichen Fortschritt und wirtschaftlichen Erfolg. »Seine Wahrnehmung als Vordenker eines Laisser-faire-Kapitalismus hat vielleicht auch damit zu tun, dass seine Gedanken dazu am Anfang seines Werkes *The Wealth of Nations* steht, wohingegen die Überlegungen zur politischen Einhegung der Wirtschaft weiter hinten zu finden sind«, mutmaßt Dierksmeier. Denn die wenigsten Ökonomen könnten aufrichtig behaupten, sie hätten das dicke Buch von vorne bis hinten durchgelesen, das sie so gerne und oft zitieren.

Wer etwas am Denken in Unternehmen – und darüber hinaus – ändern will, wird also nicht umhinkommen, die Managementausbildung zu verändern. Ein erster Schritt wäre, das Verständnis von dem, wie Märkte funktionieren, anzupassen. Das, was Produkte erfolgreich macht, ist heute immer seltener im Voraus berechenbar, sondern wird von emotionalen Phänomenen wie Design, Usability oder Werteorientierung getrieben. So gestrickten Märkten können sich nur Manager stellen, denen man mehr Freiheiten gibt, als die bestehenden Prozesse effizienter zu machen und Quartalszahlen zu optimieren. Mit der neuen Freiheit erweitern sich die Möglichkeiten für die Unternehmenslenker. »Und mit mehr Macht kommt automatisch auch ein größeres Maß an Verantwortung«, zitiert Dierksmeier augenzwinkernd aus *Spiderman 3*. Manager müssen viel mehr noch als früher auf qualitative Impulse reagieren und für eine Nachhaltigkeit ihres Geschäftsmodells sorgen. Der Gedanke, dass man dorthin am besten kommt, indem man auch bei Kundenbindung, Produktion und Produktgestaltung auf Nachhaltigkeit setzt, drängt sich fast auf.

Dierksmeier empfiehlt das Studium von »Social Entrepreneurs«. Diese handelten ja nicht nach der Devise »Erst die Kohle, dann etwas CSR«, sondern umgekehrt: »Erst ein ökologisch oder sozial sinnvolles Projekt, das die Welt besser macht, und dann und dadurch Geld verdienen.« Das Beispiel dieser Sozialunternehmer sei entscheidend, denn: »Wirklichkeit beweist Möglichkeit. Was denen gelingt, steht im Prinzip allen offen. Wir müssen uns nicht mit dem Mythos abfinden, dass Erfolg und Ethik – oder besser: Markt und Moral – notwendigerweise überkreuz liegen müssen.« Aber, so gibt Dierksmeier ebenfalls zu bedenken, leider »werde das noch viel zu wenig an den Unis analysiert und gelehrt«. Sein eigenes Institut, das Weltethos-Institut, will da gegensteuern mit neuen Lehrprogrammen, die sich gerade solchen Themen eines innovativ-verantwortlichen Wirtschaftens widmen. Eigentlich aber müsste es Aufgabe aller Business Schools sein, dieses Denken populär zu machen.

REMEMBER

- Der beschriebene Wandel trifft nicht nur Unternehmen, sondern auch andere Akteure wie Parteien, Gewerkschaften oder Universitäten. Gewerkschaften finden keinen Draht zu Arbeitnehmern, die neue Arbeitsmodelle leben. In den Parteiprogrammen ist das Thema Unternehmertum von traditionellen Vorstellungen geprägt. Auch Forschung und Bildung muss heute nicht mehr in den traditionellen Bildungsinstitutionen stattfinden. Die Prin-

Teil 3

zipien, mit denen Unternehmen sich der Zukunft stellen können, gelten genauso für die Protagonisten in den beschriebenen Bereichen, müssen aber zunächst akzeptiert und dann in konkrete Handlungen übersetzt werden.

READ

- Brown-Martin, Graham: »The Napsterfication of Learning«. In: Learning Without Frontiers, http://www.learningwithoutfrontiers. com/2011/04/the-napsterfication-of-learning/
  Der Autor denkt in diesem Text darüber nach, wie ein Lernansatz aussehen kann, der den Zeiten angemessen ist. Angereichert mit interessanten Links und Videos.
- Charisius, Hanno; Friebe, Richard; Karberg, Sascha: Biohacking. Gentechnik aus der Garage. München, Carl Hanser Verlag 2013
  Die Autoren beschreiben in ihrem augenöffnenden Buch, wie sich auch Privatleute an die Entschlüsselung naturwissenschaftlicher Rätsel machen können und was in Zukunft alles möglich sein wird.
- Cicero, Simone: »The Revolution at Hand«. In: Shareable, http://www.shareable.net/blog/the-revolution-at-hand
  Cicero schlägt den Bogen von Veränderungen im wirtschaftlichen Umfeld zur Politik und zeigt dabei auf, welche Kraft die neuen Entwicklungen auch dort entfalten können.
- Darveau, Louis-Jacques; Tanguay, Patrick: »Coffeeshopification«. In: The Alpine Review, 1/2013
  Die beiden Autoren machen eine alte Idee mit ihrem Beispiel greifbar. Davon abgesehen lohnt sich ein Blick in The Alpine Review allemal, weil sie inhaltlich stark und mit viel Liebe gemacht ist.
- Dierksmeier, Claus: »The Freedom-Responsibility Nexus in Management Philosophy and Business Ethics«. In: Journal of Business Ethics, (2011) 101: S. 263–283
  Der Text ist im besten Sinne aufklärerisch und erlaubt es, manche Fehlentwicklungen der letzten Jahre in einem größeren Kontext besser zu verstehen.

- Steingart, Gabor: Das Ende der Normalität. Nachruf auf unser Leben, wie es bisher war. München, Piper Verlag 2011
  Steingart liefert keine Antworten, aber er beschreibt treffend die Herausforderungen dieser Zeit. Als einer der Geschäftsführer des altehrwürdigen Handelsblatts steht er zudem nicht im Verdacht, Modetrends allzu leicht aufzusitzen.

Raus aus der Komfortzone

Das Ende eines Buches macht aus, dass man es normalerweise liest, wenn man die ersten Gedanken schon wieder vergessen hat. Manche lesen auch das Ende von Büchern zuerst – oder beschränken sich ganz darauf, was wir natürlich nicht hoffen. Allen gemeinsam soll aber dieses letzte Kapitel in all seiner Kürze dienen. Die nachfolgenden Punkte sind eine Verdichtung unserer Überzeugung, die teilweise schon vor Beginn dieses Buches bestand, in Teilen aber auch im Laufe der Recherchen gewachsen ist.

Wir sind mehr denn je überzeugt, dass es möglich ist, große Dinge in Bewegung zu setzen, auch wenn man klein anfangen muss. Auf jeden Fall macht es Sinn, bei dem Versuch, große Räder zu drehen, auch einen Blick auf die vermeintlich kleinen zu werfen, insbesondere auf die, die neu entstehen: die Start-ups. Sie entwickeln permanent – nicht immer freiwillig, dafür aber umso wirkungsvoller – einen ganzen Strauß von Prinzipien, der ihnen das Überleben in einer rauen Umwelt ermöglicht, auch ohne dass sie mit allzu viel Puffer ausgestattet sind. Vor dem Hintergrund, dass diese Fähigkeiten auch für große Unternehmen zunehmend relevant werden, weil sich niemand mehr sicher fühlen kann, sind diese Fähigkeiten nicht hoch genug zu bewerten. Und wie wir in diesem Buch versucht haben zu zeigen: Jeder hat die Möglichkeit, die Prinzipien für sich zu übersetzen und ebenso erfolgreich anzuwenden. Um das zu erleichtern, haben wir sie aus ihrem jeweiligen aktuellen Kontext befreit und ihren Kern offengelegt.

Beim Versuch, die wichtigsten Punkte aus diesem Buch noch einmal kurz zusammenzufassen, haben wir es uns nicht leicht gemacht. Wir wollten weder zu kleinteilig das wiederholen, was wir über viele Seiten zuvor ausgeführt haben noch, wollten wir triviale Allgemeinplätze abgeben. Die folgenden Punkte sind die, von denen wir uns wünschen würden, dass sie im Gedächtnis bleiben:

- Die klassische Optimierung von Unternehmensprozessen stößt an ihre Grenzen. Gleichzeitig schreitet die Emanzipation der Arbeitnehmer voran. In diesem Spannungsfeld müssen individualisierte neue Formen der Arbeit und der Zusammenarbeit in Unternehmen gefunden werden. Manager müssen nun nicht mehr den Menschen führen, sondern ihm beim Gestalten seiner Kooperationen und Schnittstellen zur Seite stehen, um das beste Ergebnis für das Unternehmen zu erreichen. Diese Herausforderung anzunehmen erfordert eine umfassende *Managementinnovation*.

- Die Struktur des Internets fördert und ist zugleich das Vorbild für strukturelle Veränderung. Die Verbindungen zu Partnern, Kunden, Kollegen und Mitarbeitern werden offen, vernetzt, demokratisch, antihierarchisch und dynamisch wie das Netz gestaltet. Jedes Unternehmen kann sich an der Peripherie öffnen – durch seine Mitarbeiter und ihre Vernetzungsfähigkeit. Das zuzulassen ist wichtig zur Bildung starker *Projektnetzwerke*.

- Das gesamte Weltwissen wird mittlerweile in globalen Netzwerken strukturiert, geteilt, erweitert, festgehalten, gefeedbackt und zugleich allen anderen zugänglich gemacht. Diese Netzwerke profitieren von der Stärke schwacher Beziehungen – und wer am Austausch nicht teilnimmt, stößt schnell an seine eigenen Grenzen. Zukunft entwickelt sich in der menschlichen Interaktion. Und diese für das Unternehmen nutzbar zu machen geht durch *Crowdsourcing*.

- Neue Technologien entstehen zwar oft in den Forschungszentren der Etablierten, aber es sind Unternehmer, die sie massentauglich machen. Der Anstoß dazu kommt oft von dort, wo es Reibungsflächen zwischen verschiedenen gesellschaftlichen Gruppen gibt. Das Silicon Valley ist das mächtigste Beispiel dafür, aber auch für deutsche Unternehmen ohne Bezug nach Kalifornien gibt es die Möglichkeit, ins Gespräch zu kommen mit den Protagonisten einer aktiven *Gegenkultur*.

- Das Implodieren großer Strukturen hat ein Vakuum hinterlassen, das nun von den Agilen, Flexiblen und Dynamischen zuerst erobert wird. Sie wollen einen Unterschied machen, Sinn stiften und etwas Gutes dabei tun, probieren alternative Produktionsmethoden, binden potenzielle Kunden in die Produktentwicklung mit ein und testen verschiedene Geschäftsmodelle – um schließlich auch mit ihren Ideen Geld zu verdienen. Aber in diesem Vakuum ist noch Platz. Und den können auch alteingesessene Unternehmen für sich nutzen, wenn sie echte Problemlösungen anbieten, frei nach den Prinzipien des *Indie Capitalism*.

- Neue Ideen und Projekte, aber auch neue Regeln oder Normen, die einen Kulturwandel in einem festgefahrenen Umfeld ermöglichen sollen, sterben oft schon, bevor sie richtig geboren wurden. Um einen Wandel zu erwirken, muss man Distanz zulassen und einen Umweg gehen, um die Abkürzung zu finden. Konkrete Möglichkeiten dazu sind *Beteiligungen an und Ausgründungen von Start-ups*.

- Dem Trend, den hart erarbeiteten Besitzstand zu wahren und zu optimieren, folgt der Gegentrend, immer nur dem Neuen zu folgen. Sich als Unternehmen zukunftssicher aufzustellen heißt aber, effizient, vernetzt und flexibel gleichermaßen zu sein. Die alleinige Optimierung der Economies of Scale und Scope führt dabei in die Irre. Wenn man ihnen aber mit Anpassungsfähigkeit eine dritte Dimension zur Seite stellt, hat man ein neues, bewegliches Optimierungsziel: die *Economies of Adequacy.*

Vielleicht schaffen wir es damit, einen Handlungsraum aufzuspannen, der so tatsächlich für alle Unternehmen gleichermaßen gelten kann, so unterschiedlich sie auch sein mögen. Gemeinsam haben alle Punkte, dass sie in der konkreten Umsetzung unbequem sein mögen. Aber von nichts kommt nichts. Oder anders gesagt: Wer sich nicht aus seiner Komfortzone herausbewegt, wird niemals die Magie der Veränderung erleben. Und im schlechtesten Falle sogar vom Markt gefegt.

Wir wollen die Themen auch in Zukunft im Blick behalten – und gerne ins Gespräch kommen. Dazu gibt es verschiedene Möglichkeiten, zum Beispiel die Webseite www.new-business-order.de, eine Mail an post@new-business-order.de oder besucht uns auf facebook: www.facebook.com/NewBusinessOrder.

Ansonsten halten wir es zum Ende mit einem, der in diesem Buch nicht umsonst seinen Platz gefunden hat: Joseph A. Schumpeter. In seiner Bonner Abschiedsrede 1932 sagte er: »Ich wünsche nie, Abschließendes zu sagen. Wenn ich eine Funktion habe, dann die, Türen nicht zu- sondern aufzumachen, […] ich will nur, wie es mir die Stunde zuführt, Anregungen geben – gute, wenn es geht, und schlechte, wenn es nicht anders geht.«

DANK

Unser Dank gilt allen, die uns mit ihren Projekten, Unternehmungen und ihrer Expertise in langen und spannenden Gesprächen inspiriert haben:

Am Anfang steht unsere Agentin Hanna Leitgeb, die uns immer mit Rat und Tat und in den richtigen Momenten auch mit kritischen Fragen zur Seite steht. Martin Janik und das Team vom Hanser Verlag haben früh an uns geglaubt und *uns* geglaubt und es hoffentlich nicht bereut. Ali Jelveh diskutierte mit uns über die Zukunft der Zivilgesellschaft und der Cloud, Bastian Unterberg über die Zukunft von Innovation und Crowdsourcing und Detlef Gürtler über die Zukunft der Wirtschaft. Clas Beese zeigte uns, welche Macht die Crowd hat. Detlef Lohmann stand uns als Experte für Selbstorganisation im Unternehmen zur Verfügung, Detlev Repenning und Florian Hempel als Experten für neue Energiekonzepte. Florian Guckelsberger fungierte als Vernetzer, Frank Roebers erklärte uns Wikis und LiquidFeedback im Unternehmen und Hanno Charisius die Magie der eigenen Gene – und was man mit diesen anstellen kann. Isabelle Droll diskutierte mit uns die Zukunft des vernetzten Arbeitens in Großorganisationen und Jens Ullrich die Frage, wie man Inkubatoren aufbaut. Jeremy Abbett gab uns Anstöße dazu, wie man Innovationsfähigkeit in Unternehmen trägt, und Vanessa Boysen berichtete uns dazu aus ihrer jahrelangen Beratungspraxis. Juergen Erbeldinger zeigte uns, was in der Realität alles möglich ist – und Markus Hermelink zeigte uns, dass es auch ganz anders geht. Zukunftsforscher Matthias Horx dachte mit uns über Megatrends nach, Philipp Glöckner über die Zukunft des Sharings und Jörn Hendrik Ast über die Zukunft von fluiden Netzwerken. Robert Rudnick machte sich gemeinsam mit uns Gedanken über die Zukunft der Kooperation von Klein und Groß, Uni-Gründer Stephan A. Jansen über die Zukunft der Beziehungsfähigkeit im Management. Claus Dierksmeier half uns, Adam Smith besser zu verstehen, Thomas Jaenisch half uns, in den DIY-Trend einzutauchen, und Toni Schneider erklärte uns, wie man erfolgreich verteilt arbeiten kann.

Besonderer Dank geht an Arbeitswissenschaftler Axel Haunschild und Unternehmensberater Christoph Biallas, weil sie sich so intensiv mit unseren Gedanken und Texten auseinandergesetzt haben, immer die richtigen Fragen gestellt und mit uns viele Antworten gefunden haben. Kaspar Fuglsang als Fotograf und Pamela Dansoh als Hair und Make-up Artist haben es ganz wunderbar geschafft, uns in Szene zu setzen. Und natürlich gilt der Dank auch all denen, die hier zwar nicht namentlich genannt werden, aber in der einen oder anderen Form, und sei es durch Verständnis, ein Lächeln oder ein nettes Wort zur richtigen Zeit, zum Gelingen dieses Buches beigetragen haben.

LITERATUR

Abrahamson, Shaun; Ryder, Peter; Unterberg, Bastian: *Crowdstorm. The Future of Innovation, Ideas, and Problem Solving.* Hoboken, John Wiley & Sons 2013

Adams, Douglas: »How to Stop Worrying and Learn to Love the Internet«. In: *The Sunday Times*, 29. August 1999

Barabba, Vincent: *The Decision Loom. A Design for Interactive Decision-Making in Organizations.* Axminster, Triearchy Press 2011

Benbya, Hind; Belbaly, Nassim: *Successful OSS Project Design and Implementation.* Farnham, Gower Publishing 2011

Bergmann, Frithjof: *Neue Arbeit, Neue Kultur. Ein Manifest.* Freiamt im Schwarzwald, Arbor Verlag 2004

Boltanski, Luc; Chiapello, Ève: »Die Rolle der Kritik in der Dynamik des Kapitalismus und der normative Wandel«. In: *Berliner Journal für Soziologie*, 2001 (Band 11), S. 459–477

Boltanski, Luc; Chiapello, Ève: *Der neue Geist des Kapitalismus.* Konstanz, UVK 2003

Brand, Stewart: »We owe it all to the Hippies«. In: *Time Magazine*, 1. März 1995

Brown-Martin, Graham: »The Napsterfication of Learning«. In: *Learning Without Frontiers*, http://www.learningwithoutfrontiers.com/2011/04/the-napsterfication-of-learning/

Bungay, Stephen: *The Art of Action.* London/Boston, Nicholas Brealey Publishing 2011

Charisius, Hanno; Friebe, Richard; Karberg, Sascha: *Biohacking. Gentechnik aus der Garage.* München, Carl Hanser Verlag 2013

Cicero, Simone: »The Revolution at Hand«. In: *Shareable*, http://www.shareable.net/blog/the-revolution-at-hand

Coners, Enno et al.: *Die Commodore-Story.* Winnenden, CSW-Verlag 2012

Crowdsourcing.org, Tools

Darveau, Louis-Jacques; Tanguay, Patrick: »Coffeeshopification«. In: *The Alpine Review*, 1/2013

Dierksmeier, Claus: »The Freedom-Responsibility Nexus in Management Philosophy and Business Ethics«. In: *Journal of Business Ethics*, (2011) 101: S. 263–283

Eikhof, Doris; Haunschild, Axel: »Arbeitskraftunternehmer in der Kulturindustrie. Ein Forschungsbericht über die Arbeitswelt Theater«. In: Pongratz, Hans J.; Voß, G. Günter (Hg.): *Typisch Arbeitskraftunternehmer? Befunde der empirischen Arbeitsforschung.* Berlin, Edition Sigma 2004, S. 93–113

Erbeldinger, Juergen; Ramge, Thomas: *Durch die Decke denken.* München, Redline Verlag 2013

Florida, Richard: *The Rise of the Creative Class.* New York. Basic Books 2002

Friebe, Holm; Lobo, Sascha: *Wir nennen es Arbeit.* München, Heyne Verlag 2006

Friebe, Holm; Ramge, Thomas: *Der Aufstand der Massen gegen die Massenproduktion.* Frankfurt am Main, Campus Verlag 2008

Fried, Jason: »Big Customers? Who needs 'Em?«. In: *Inc.*, http://www.inc.com/magazine/201206/jason-fried/huge-accounts-make-me-nervous-it-takes-a-village.html

Fried, Jason; Heinemeier Hansson, David: *Rework. Business – intelligent & einfach.* München, Riemann Verlag 2010

Gigerenzer, Gerd: *Risiko. Wie man die richtigen Entscheidungen trifft.* München, C. Bertelsmann Verlag 2013

Granovetter, Mark S.: »The Strength of Weak Ties«. In: *Ameri-*

can Journal of Sociology, Volume 78, Issue 6 (May, 1973), S. 1360–1380

Gürtler, Detlef: *Die Zukunft der Führung. Eine Trendstudie.* Zürich, Schweizerisches Institut für Betriebsökonomie 2013

Hamel, Gary: »First, Let's Fire all the Managers«. In: *Harvard Business Review*, Dezember 2011

Hamel, Gary: *The Future of Management.* Boston, Harvard Business Review Press 2007

Hammersley, Ben: *64 Things You Need to Know Now for Then. How to face the digital future without fear.* London, Hodder & Stoughton 2012

Haque, Umair: »Is Your Innovation Really Unnovation?«. *Harvard Business Review* Blog: http://blogs.hbr.org/2009/05/unnovation/

Haque, Umair: *The New Capitalist Manifesto.* Boston, Harvard Business Review Press 2011

Horx, Matthias: *Das Megatrend-Prinzip. Wie die Welt von morgen entsteht.* München, Deutsche Verlags-Anstalt 2011

Howe, Jeff: »The Rise of Crowdsourcing«. In: *Wired Magazine*, Juni 2006, http://www.wired.com/wired/archive/14.06/crowds.html

Isaacson, Walter: *Steve Jobs: Die autorisierte Biografie des Apple-Gründers.* München, C. Bertelsmann Verlag 2011

Jarvis, Jeff: *Was würde Google tun? Wie man von den Erfolgsstrategien des Internet-Giganten profitiert.* München, Heyne Verlag 2009

Kaczmarek, Joel: »Welcher Investor ist der richtige?«. In: *Gründerszene*, 03.05.2013, http://www.gruenderszene.de/allgemein/investor-finden

Kelley, Braden: »Innovation is All About Value«. http://www.innovationexcellence.com/blog/2011/08/01/innovation-is-all-about-value/

Koelman, Manuel: »Don't Become an Entrepreneur Unless You Are Insane«. In: *Lean Entrepreneur*, http://leanentrepreneur.com/dont-become-an-entrepreneur-unless-you-are-insane/

Kolko, Jon: »Sensemaking«, In: *The Alpine Review*, 1/2013

Leberecht, Tim: »How To Nurture Your Company's Rebels, And Unlock Their Innovative Might«. In: *Fast Company Design*, 24.09.2012, http://www.fastcodesign.com/1670668/how-to-nurture-your-companys-rebels-and-unlock-their-innovative-might

Levy, Steven: *Hackers: Heroes of the Computer Revolution.* New York, Penguin 1994

Lohmann, Detlef: *… und mittags geh ich heim.* Wien, Linde Verlag 2012

Mackay, Charles: *Extraordinary Popular Delusions.* Mineola, Dover Publications 2003

Malik, Fredmund: »Brief an junge Ökonomen«. In: *Spiegel Online*, http://www.spiegel.de/karriere/berufsstart/brief-an-junge-oekonomen-die-mission-der-manager-von-morgen-a-755834.html

March, James G.: »Exploration and Exploitation in Organizational Learning«. In: *Organization Science*, Vol. 2, No. 1, *Special Issue: Organizational Learning: Papers in Honor of (and by) James G. March* (1991), S. 71–87

Nussbaum, Bruce: *Creative Intelligence: Harnessing the Power to Create, Connect, and Inspire.* New York, Harper Collins 2013

Obama, Barack: *State of the Union Address 2013.* http://www.whitehouse.gov/state-of-the-union-2013

Owen, Harrison: *Open Space Technology. A User's Guide.* San Francisco, Berrett-Koehler Publishers/McGraw-Hill Professional 1997

Page, Scott E.: *The Difference. How the Power of Diversity Creates Better Groups, Firms, Schools, and Societies.* Princeton, Princeton University Press 2007

Piore, Michael J.; Sabel, Charles F.: *Das Ende der Massenproduktion.* Frankfurt am Main, Fischer Taschenbuch Verlag 1989

Priddat, Birger P.: *Organisation als Kooperation.* Wiesbaden, VS Verlag 2010

Renner, Tim: *Kinder, der Tod ist gar nicht so schlimm!*. Frankfurt am Main, Campus Verlag 2004

Ries, Erik: *The Lean Startup*. New York, Crown Business 2011

Roebers, Frank: *WEB 2.0 im Unternehmen. Theorie & Praxis – Ein Kursbuch für Führungskräfte.* Hamburg, tredition Verlag 2010

Roloff, Lu Yen: »Detroit als Gesellschaftslabor: Willkommen in Reformmotor City!«. In: *Spiegel Online*, http://www.spiegel. de/wirtschaft/unternehmen/detroit-menschen-erarbeiten-sich-neue-lebensgrundlagen-a-898789.html

Romer, Paul: »Why the World Needs Charter Cities«. TED Talk: http://www.ted.com/talks/paul_romer.html

Russo, Beatriz et al.: *Design Thinking. Business Innovation*. Rio de Janeiro, MJV Press 2012

Schulte Beerbühl, Margrit: »Das Netzwerk der Hanse«. In: *Europäische Geschichte Online*, http://www.ieg-ego.eu/schultebeer-buehlm-2011-de

Schumpeter, Joseph A.: *Kapitalismus, Sozialismus und Demokratie.* Stuttgart, UTB 2005

Schumpeter, Joseph A.: *Theorie der wirtschaftlichen Entwicklung. Eine Untersuchung über Unternehmergewinn, Kapital, Kredit, Zins und den Konjunkturzyklus.* Berlin, Duncker & Humblot 1997

Semler, Ricardo: *Maverick. The Success Story Behind the World's Most Unusual Workplace.* London, Random House 2001

Simon, Fritz B.: *Gemeinsam sind wir blöd!?.* Heidelberg, Carl-Auer-Systeme Verlag und Verlagsbuchhandlung 2013

Steingart, Gabor: *Das Ende der Normalität. Nachruf auf unser Leben, wie es bisher war.* München, Piper Verlag 2011

Surowiecki, James: »Independent Individuals and Wise Crowds«, Vortrag auf der Emerging Technology Conference am 16. 03. 2005, http://web.archive.org/web/20130729210015id_/ http://itc.conversationsnetwork.org/shows/detail468.html

Taleb, Nassim Nicholas: *Antifragilität. Anleitung für eine Welt, die wir nicht verstehen.* München, Albrecht Knaus Verlag 2013

Literatur

Taleb, Nassim Nicholas: *Der Schwarze Schwan. Die Macht höchst unwahrscheinlicher Ereignisse*, München, Carl Hanser Verlag 2008

Surowiecki, James: *The Wisdom of Crowds*. New York, Anchor 2005

Voß, G. Günter; Pongratz, Hans J.: »Der Arbeitskraftunternehmer. Eine neue Grundform der Ware Arbeitskraft?«. In: *Kölner Zeitschrift für Soziologie und Sozialpsychologie*, 50 (1), 1998, S. 131–158

Weinberger, David: *Small Pieces Loosely Joined. A Unified Theory of the Web*. New York, Basic Books 2002

Welter, Tonia; Olma, Sebastian: *Das Beta-Prinzip*, Berlin, Blumenbar Verlag 2011

REGISTER

Register

HARRO VON SENGER

Die Klaviatur der 36 Strategeme

In Gegensätzen denken lernen

304 Seiten, ISBN 978-3-446-43684-8, auch als E-Book erhältlich

Harro von Senger gilt als *der* Experte für chinesische Planungs-
kunst und insbesondere für die *36 Strategeme*, die er im Westen
bekannt gemacht hat. Die 36 Strategeme sind »Techniken der
List« in Gestalt von Sprachformeln wie »Das Schaf mit leichter
Hand wegführen« oder »Den dürren Baum mit Blüten schmü-
cken«. So gut wie jeder Chinese kennt sie und wendet sie an,
während ihre Bedeutung hierzulande unterschätzt oder gar ignoriert wird.

In seinem neuen Buch ordnet der Autor die 36 Strategeme erstmals in ein Gesamtkonzept chinesischen Planungsdenkens ein
und macht dieses in praktischer Form
nutzbar. So verstehen wir eine Beson-
derheit chinesischen Denkens: das raf-
finierte Verbinden von Gegensätzen,
wo wir nur unversöhnliche Alternativen sehen; das verblüffende Kombi-
nieren von konventioneller Planung
mit listigen Wegen zum Ziel. Wer an
dieser geistigen Flexibilität nicht wie
die meisten westlichen Menschen
scheitern, sondern sie für sich nutzen
will, braucht dieses Buch.